近代数学講座 7

函数解析

竹之内 脩 著

朝倉書店

小松　勇作
編　集

ま え が き

函数解析という数学の分野が何であるかということは，数学の他の諸分野と同じく定義することは困難である．その対象とするものは，函数の集合であり，その中にトポロジーやその他の構造を導入し，またその上の函数に対して，代数的，解析的諸概念を導入して解析学の理論を展開しようとするものであるというのが，その大体の内容といえるであろうか．普通には，もとになる函数の集合としてはベクトル空間をなすものを考えるので，ヒルベルト空間，バナッハ空間の話をまず展開することになる．勿論，その他の構造を持った空間，またベクトル空間でない空間も考察の対象であるわけであるが，本書は入門書として，ヒルベルト空間，バナッハ空間の一応の理論を叙述した．

そもそも，函数解析の最も先駆的な仕事は，ヒルベルトによる対称核の積分方程式論であり，それをシュミットが更に整理して，L^2 空間の理論がはじまった(1900—1910)．そして，数学の抽象化の方向と相俟って，また一方には量子力学の数学的基礎の確立のために非有界な線形作用素の議論が要求されて，フォンノイマンによるヒルベルト空間の公理系の設定，および自己共役作用素のスペクトル分解理論の展開となる(1929)．（本書第1部） また一方，一般トポロジー理論の発展と共に，函数空間にトポロジーを導入して考えようとする議論が，バナッハを中心とするポーランド学派によってくりひろげられた(1932)．（本書第2部） これらを土台として，函数解析は，それ自身の中で，あるいは数学の他の分野との関連において，幅広い発展をして来て，現在も活発に研究されているのである．

我国でも，三村征雄，吉田耕作，中野秀五郎，角谷静夫，深宮政範の諸先生によって，早くからこの方面の研究は盛んであり，ことに吉田先生は，その多くの著書によって，「位相解析」を日本に紹介された．本書が，また更に多くの人々に，この分野への関心をよぶよすがとなることを，著者は願っている．

以下，本書の叙述上の 2，3 の点に関し，記しておく．

1.　本書はまずヒルベルト空間で十分議論の仕方を会得してもらうことを意

図し，スペクトル分解定理なども，迂遠な方法をとった．それは，この方が，内容がよくわかると考えたからである．

2. 本書は最初第3部として，位相ベクトル空間の1章を設けていたのであったが，紙数の制約で割愛せざるを得ないこととなった．そのため，やや不満の点を残したが，読者の寛容を乞う次第である．

3. 本書では，あまり他分野との関連を考慮しなかった．それは，他分野への応用を論じようとすれば，その方面での，或程度の知識を要求することになり，また本書としても，或程度の説明を加えねばならず，与えられた紙幅をもってしては，虻蜂取らずの結果になりかねないからである．

4. 本書を読むにあたって，予備知識としては，線形代数，リーマン積分（リーマン・スティルチェス積分），距離空間のトポロジー理論等が一通り理解されていれば十分である．一部でルベッグ積分を用いたが，知らない人はそこをとばして読んでも，後の理解のためには差支えない．また，本書の最後のいくつかの§（§33—35）においては，一般トポロジー理論の相当程度の知識を必要とするが，それは僅かの部分である．トポロジー的説明のところでは，拙著「トポロジー」（広川書店）を引用した．

5. 本書の多くの個所で，系などは証明をつけずに述べてある．それは，例えば p. 58 で見られる如く，せいぜい数行の証明ですむようなものであり，こまごまと全部証明を述べることは，かえって煩雑になると考えたからである．しかし，これらの証明は，すべて，本講座「函数解析演習」に採録してあるから，そちらを参照していただけば，すべての部分は詳細に説明してあることとなる．なお，［演 §…，例題…］，［練…-A（又は B）．…］は，この「演習」の対応する場所を示している．

終りに，本書の執筆をすすめて下さり，また出版までに一方ならぬ御世話をたまわった小松勇作先生に厚く御礼申上げたい．また畏友山本稔君，熊原啓作君は，原稿を通読し，校正に協力されて，いろいろ有益な注意を与えられた．ここに記して感謝の意を表する．

1967 年 12 月

著者しるす

目　　次

第1部　ヒルベルト空間

第1章　ヒルベルト空間

第2章　線形作用素，線形汎函数

第3章　スペクトル分解

第1部　ヒルベルト空間

第1章　ヒルベルト空間

§1. ベクトル空間[1)]

本書においては数——スカラー——はすべて実数か複素数かを意味し，その他のものは考えない．実数の全体(実数体)を示すには $\mathbf{R}$，複素数の全体(複素数体)を示すには $\mathbf{C}$ を用いるが，そのどちらでもかまわないときには $\mathbf{K}$ で示すことにする．$\mathbf{K}$ とは，したがって，実数体または複素数体のことである．

定義 1.1. 集合 V が $\mathbf{K}$ 上の**ベクトル空間**[2)]であるというのは，V の要素の間に加法と呼ばれる演算： $x, y\in \mathrm{V} \Rightarrow x+y\in \mathrm{V}$ と，V の要素に $\mathbf{K}$ の要素を乗ずるスカラー倍と呼ばれる演算： $\alpha\in\mathbf{K}$, $x\in\mathrm{V}\Rightarrow \alpha x\in\mathrm{V}$ が定義されていて，これらの演算が次の諸性質を満足することをいう．($x, y, z, \cdots$ は V の要素，$\alpha, \beta, \cdots$ は $\mathbf{K}$ の要素を示す.)

Ⅰ. 1. $x+y=y+x$.

2. $(x+y)+z=x+(y+z)$.

3. 任意の $x, y\in\mathrm{V}$ に対して，$x+z=y$ を満足する $z\in\mathrm{V}$ が存在する.

Ⅱ. 1. $\alpha(x+y)=\alpha x+\alpha y$.

2. $(\alpha+\beta)x=\alpha x+\beta x$.

3. $\alpha(\beta x)=(\alpha\beta)x$.

4. $1\cdot x=x$.

係数体 $\mathbf{K}$ が実数体 $\mathbf{R}$ であるとき，実ベクトル空間，複素数体 $\mathbf{C}$ であるとき，複素ベクトル空間という．

---

1) この § の内容は，線形代数学で教えられるところのものであり，一応以下に用いるためにまとめたものである．証明を要する事柄については，証明はすべて [演§1] の例題にゆずった．

2) 線形空間ともいわれる．

この定義から直ちにI.3における z が一意的に定まることが知られる．それを $z=y-x$ と書くことにする．$x-x$ はすべての $x\in \mathrm{V}$ について一定の要素であって，それを0で示す[1]．また $0-x$ を単に $-x$ と書く．そうすれば $y-x=y+(-x)$ である．また $0x=0$，$(-1)x=-x$，$\alpha 0=0$．（[練 1-B.1]）

定義 1.2. V の部分集合 W が，

(1.1)　　$x, y\in \mathrm{W}$ ならば，任意の $\alpha, \beta\in \mathbf{K}$ に対して，$\alpha x+\beta y\in \mathrm{W}$.

を満足するとき，**部分ベクトル空間**という．

部分ベクトル空間はそれ自身1つのベクトル空間である．また函数解析においては，部分ベクトル空間となっていない部分集合を考察するときは部分集合と呼ぶので，部分ベクトル空間は，単に，**部分空間**といわれるのが普通である．

定義 1.3. ベクトル空間 V の部分集合 A に対して，A を含む最小の部分空間を，A によって**生成される部分空間**といって，$\mathcal{V}(\mathrm{A})$ で示す．

部分空間の族 $\{\mathrm{W}_\lambda ; \lambda\in \Lambda\}$ があるとき，それらの共通部分はまた部分空間となるから，A によって生成された部分空間 $\mathcal{V}(\mathrm{A})$ とは，A を含む V のすべての部分空間の共通部分である．また，$\mathcal{V}(\mathrm{A})$ は，A の要素の一次結合の全体である．（[演 §1. 例題 1]）

定義 1.4. ベクトル空間 V において，V の有限個[2]の要素 $x_1, x_2, \cdots, x_n$ にスカラーを乗じて加えたもの

(1.2)　　$$\alpha_1 x_1+\alpha_2 x_2+\cdots+\alpha_n x_n$$

を，これらの要素の**一次結合**という．

V の部分集合 A に対して，A からとった有限個の要素の一次結合を，単に，A の要素の**一次結合**という．

A の要素の一次結合 (1.2) をどのようにつくっても，その係数がすべて0である場合を除いてこの一次結合が0となることがないならば，A は**一次独立な系**であるという．A が一次独立な系でないとき，**一次従属な系**であるという．

---

1)　この0は V の要素であって，スカラーとしての体 $\mathbf{K}$ の要素0とは区別されるべきものであるが，実際問題として混同されるおそれはまずないので，普通同じ文字を用いている．

2)　以下有限個というとき0個というのは考えない．

また V の要素 x が A の要素の一次結合として表わされないとき，x は A と**一次独立**であるという．

定義 1.5. ベクトル空間 V の部分空間 W が，有限個の一次独立な要素の系 A によって生成されているとき，A の要素の個数は一定である．（[演 §1. 例題 2]）これを W の**次元**といって dim W で示す．また A を W の1つの**基**という．もしも W を生成する有限集合が存在しないときは，W は**無限次元**であるという．

定義 1.6. ベクトル空間 V と，その部分空間 W があるとき，$x \in \mathrm{V}$ に対して V の部分集合 $x+\mathrm{W}=\{x+y\,;\,y\in\mathrm{W}\}$ を1つの**剰余類**，x をその代表元という．$x+\mathrm{W}$ は2つずつ一致するか，または共通部分をもたないかであるが，このようなものの全体のつくる集合系を $\overline{\mathrm{V}}$ とし，$x+\mathrm{W}$ をその要素と考えるとき $\bar{x}$ で示す．$\bar{x}, \bar{y} \in \overline{\mathrm{V}}$ のとき，$\alpha\bar{x}+\beta\bar{y}$ を $\overline{\alpha x+\beta y}$（すなわち $\alpha x+\beta y+\mathrm{W}$）と定義することにより，$\overline{\mathrm{V}}$ はベクトル空間となる．この $\overline{\mathrm{V}}$ を**商ベクトル空間**といって，また V/W で表わす．（[演 §1. 例題 3]） そして，各 $x \in \mathrm{V}$ に x を含む剰余類 $\bar{x}=x+\mathrm{W}$ を対応させる V から $\overline{\mathrm{V}}$ の上への写像を**自然写像**という．

定義 1.7. ベクトル空間 V の各要素に $\mathbf{K}$ の値を対応させる函数 $f(x)$ が，

$$f(x+y)=f(x)+f(y) \qquad (x, y\in\mathrm{V}),$$
$$f(\alpha x)=\alpha f(x) \qquad (\alpha\in\mathbf{K}, x\in\mathrm{V})$$

をみたすとき，f は V 上の**線形汎函数**であるという．

記号. 一般に，ベクトル空間 V において，集合 $\mathrm{A}, \mathrm{B}\subset\mathrm{V}$，および，$\alpha\in\mathbf{K}$，$\mathbf{A}\subset\mathbf{K}$ に対し，

(1.3) $\mathrm{A}+\mathrm{B}=\{x+y\,;\,x\in\mathrm{A}, y\in\mathrm{B}\}$，$\mathrm{A}-\mathrm{B}=\{x-y\,;\,x\in\mathrm{A}, y\in\mathrm{B}\}$，

(1.4) $\alpha\mathrm{A}=\{\alpha x\,;\,x\in\mathrm{A}\}$，$\mathbf{A}\mathrm{A}=\{\alpha x\,;\,\alpha\in\mathbf{A}, x\in\mathrm{A}\}$

なる記号を用いる．

問 1. V 上の線形汎函数の全体を V′ とすれば，V′ の要素の間の加法およびスカラー倍を，

$$f, g\in\mathrm{V}' \text{ に対して，} (f+g)(x)=f(x)+g(x) \quad (x\in\mathrm{V})$$
$$\alpha\in\mathbf{K},\ f\in\mathrm{V}' \text{ に対して，} (\alpha f)(x)=\alpha f(x) \quad (x\in\mathrm{V})$$

によって定義すれば，V′ はベクトル空間をなす．

$f_1,\cdots,f_n\in V'$ をとるとき，各 $x\in V$ に対して，$(f_1(x),\cdots,f_n(x))$ は $\mathbf{K}^n$（$\mathbf{K}$ の n 個の直積）の点を表わすが，

$$f_1,\cdots,f_n \text{ が一次独立} \rightleftarrows \{(f_1(x),\cdots,f_n(x))\ ;\ x\in V\}=\mathbf{K}^n.$$

（[練 1-A.1]）

§2. 前ヒルベルト空間

定義 2.1. 複素ベクトル空間 H の任意の2つの要素 x, y に対して，1つの複素数 (x, y) が対応して定められ，これが次の性質を有しているとする．

(2.1) $(x, y)=\overline{(y, x)}$[1]．

(2.2) $(x+y, z)=(x, z)+(y, z)$．

(2.3) $(\alpha x, y)=\alpha(x, y)$[2]．

(2.4) $(x, x)\geqq 0$．かつ $(x, x)=0$ となるのは $x=0$ のときに限る[3]．

このとき (x, y) を x と y の**内積**または**スカラー積**といい，内積の定義されている C 上のベクトル空間 H を**前ヒルベルト空間**という．

系 2.1. 次の式が成立する．

(2.2′) $(x, y+z)=(x, y)+(x, z)$．

(2.3′) $(x, \alpha y)=\bar{\alpha}(x, y)$[4]． （問 2.1）

系 2.2. 次の不等式が成立する．

(2.5) $|(x, y)|^2\leqq(x, x)(y, y)$．

ここで等号が成立するのは，x, y が一次従属の場合，すなわち $y=\xi x$（または $x=\xi y$）となるような $\xi\in\mathbf{C}$ が存在するとき，かつそのときに限る．

証明. 任意の複素数 α に関して，(2.4) から，$(\alpha x+y, \alpha x+y)\geqq 0$ である．ところで，(2.2)，(2.2′)，(2.3)，(2.3′) を用いれば，

$$\begin{aligned}(\alpha x+y, \alpha x+y)&=\alpha\bar{\alpha}(x, x)+\alpha(x, y)+\bar{\alpha}(y, x)+(y, y)\\&=|\alpha|^2(x, x)+\alpha(x, y)+\overline{\alpha(x, y)}+(y, y)\\&=|\alpha|^2(x, x)+2\mathfrak{R}\alpha(x, y)+(y, y).\end{aligned}$$

---

1) 複素数 ξ に対して $\bar{\xi}$ は共役複素数，$\mathfrak{R}\xi$ は実数部分，$\mathfrak{I}\xi$ は虚数部分を示す．

2) (2.1)，(2.2)，(2.3) をみたす (x, y) はエルミット形式と呼ばれる．

3) この (2.4) の性質を強調するために，正値内積ということがある．

4) (2.2)，(2.3)，(2.2′)，(2.3′) をみたす (x, y) は共役一次形式，又は準一次形式と呼ばれる．

さて，(2.5) は $(x,y)=0$ ならば明らかであるから，$(x,y)\neq 0$ として，$\alpha=t\overline{(x,y)}$ (t は実数) とすれば，

$$t^2|(x,y)|^2(x,x)+2t|(x,y)|^2+(y,y)\geqq 0$$

が，すべての実数 t について成立することとなる．これより，

$$|(x,y)|^4\leqq|(x,y)|^2(x,x)(y,y).$$

$|(x,y)|^2$ で割って，(2.5) を得る．

$(x,y)\neq 0$ のとき，等号は，$t^2|(x,y)|^2(x,x)+2t|(x,y)|^2+(y,y)=0$ となる実数値 t が存在するとき，かつそのときに限って成立する．その t の値に対して，$\alpha=t\overline{(x,y)}$ は $(\alpha x+y,\alpha x+y)=0$ を満足する．故に $\alpha x+y=0$ ((2.4))．$(x,y)=0$ のとき，等号は，$(x,x)=0$，または $(y,y)=0$，すなわち $x=0$ または $y=0$ のときに成立する．（証明終）

定理 2.1. H の要素 x に対して $\|x\|=\sqrt{(x,x)}$ とおけば，$\|x\|$ は次の性質をもつ．

(2.6)　$\|x\|\geqq 0$．$\|x\|=0$ となるのは $x=0$ のときに限る．

(2.7)　$\|x+y\|\leqq\|x\|+\|y\|$．（**ミンコフスキーの不等式**）

(2.8)　$\|\alpha x\|=|\alpha|\|x\|$．

(2.7) で，等号は，$y=\xi x$（または $x=\xi y$）となる $\xi\geqq 0$ が存在するとき，かつそのときに限って成立する．

証明. (2.6) は (2.4) の言いかえにすぎない．

(2.7) について．まず，(2.2)，(2.2′) により，

(2.9)　$\|x+y\|^2=(x+y,x+y)=(x,x)+(x,y)+(y,x)+(y,y).$

そして，$(x,y)+(y,x)=(x,y)+\overline{(x,y)}=2\Re(x,y)\leqq 2|(x,y)|\leqq 2\sqrt{(x,x)(y,y)}$ ((2.5)) $=2\|x\|\|y\|$ から，

$$\|x+y\|^2\leqq(x,x)+2\|x\|\|y\|+(y,y)=\|x\|^2+2\|x\|\|y\|+\|y\|^2$$
$$=(\|x\|+\|y\|)^2.$$

したがって (2.7) が得られた．

(2.8) は $\|\alpha x\|^2=(\alpha x,\alpha x)=\alpha\bar{\alpha}(x,x)=|\alpha|^2\|x\|^2$ より得られる．

(2.7) の等号は，$\Re(x,y)=|(x,y)|=\sqrt{(x,x)(y,y)}$ のときに成立するわけである．いま $x\neq 0$ として，第2の等号から，系 2.2 により，$y=\xi x$．これを，

第1の等式に代入すれば，$\Re(x, \xi x)=\Re\xi(x, x)=(x, x)\Re\xi=|(x, \xi x)|=|\xi|(x, x)$. $x\neq 0$ としたから，$\Re\xi=|\xi|$ であることになり，ξ：実数，かつ $\geqq 0$ が知られる．$x=0$ のときは $x=\xi y$, $\xi=0$ となる．逆は明らか．　（証明終）

系 2.3. 次の関係が成立する．

(2.10)　$|\|x\|-\|y\||\leqq\|x-y\|$.

(2.11)　$|(x, y)|\leqq\|x\|\|y\|$. **（コーシー・シュワルツの不等式）**

(2.12)　$\|x+y\|^2=\|x\|^2+\|y\|^2+2\Re(x, y)$.

(2.13)　$\|x+y\|^2+\|x-y\|^2=2(\|x\|^2+\|y\|^2)$. **（中線定理）**

(2.14)　$(x, y)=\frac{1}{4}\{(\|x+y\|^2-\|x-y\|^2)+i(\|x+iy\|^2-\|x-iy\|^2)\}$.

（問 2.1）

ノルム空間

定義 2.2. ベクトル空間 V（係数体は実数体でも複素数体でもよい）の各要素 x に対して，(2.6), (2.7), (2.8) の性質をもった実数 $\|x\|$ が定義されているとき，これを x の**ノルム**といい，ノルムの定義されているベクトル空間を**ノルムのあるベクトル空間**，略して**ノルム空間**という．

この定義によれば，前ヒルベルト空間は，1つのノルムのある複素ベクトル空間であるということが出来る．その前ヒルベルト空間としてのノルムを特徴づける式が (2.13) になっている．（ジョルダン・フォンノイマンの定理（[演 §2. 例題 1]））

ノルム空間 V において，

$$d(x, y)=\|x-y\|$$

とおくと，$d(x, y)$ は正の実数または0で，かつ距離の3条件：

(2.15)　$d(x, x)=0$; $d(x, y)=0$ ならば必ず $x=y$.

(2.16)　$d(x, y)=d(y, x)$.（対称関係）

(2.17)　$d(x, y)+d(y, z)\geqq d(x, z)$.（三角不等式）

を満たしている．したがって V は距離空間である．それ故，我々は V にトポロジー的な概念を種々導入することが出来る．

定義 2.3.（i）ノルム空間 V において，V の要素の列 $x_1, x_2, \cdots$ に対し

て，$x\in V$ が，

$$\lim_{n\to\infty}\|x_n-x\|=0 \tag{2.18}$$

を満たしているとき，$x_1, x_2, \cdots$ は x に**強収束する**[1]といい，x をこの要素列の**強極限**と呼ぶ．そして，

$$x=\lim_{n\to\infty}x_n \tag{2.19}$$

と書く．(強極限は存在すれば一意的に定まる．(問 2.2))

また V の要素からなる級数 $\sum_{n=1}^{\infty}x_n$ は，部分和 $y_m=\sum_{n=1}^{m}x_n$ のつくる要素列 $y_1, y_2, \cdots$ が強収束するとき，強収束するという．その強極限を，この級数の和といって，$\sum_{n=1}^{\infty}x_n$ で表わす．

要素列 $x_1, x_2, \cdots$; $y_1, y_2, \cdots$ がそれぞれ x_0, y_0 に強収束し，また数列 $\alpha_1, \alpha_2, \cdots$ が α_0 に収束するならば，要素列 $x_1+y_1, x_2+y_2, \cdots$; $\alpha_1x_1, \alpha_2x_2, \cdots$ はそれぞれ x_0+y_0, α_0x_0 に強収束する．また数列 $\|x_1\|, \|x_2\|, \cdots$ は $\|x_0\|$ に収束する．特に $\|x_1\|, \|x_2\|, \cdots$ は有界である．

級数 $\sum_{n=1}^{\infty}x_n$, $\sum_{n=1}^{\infty}y_n$ がともに強収束するならば，級数 $\sum_{n=1}^{\infty}(x_n+y_n)$, $\sum_{n=1}^{\infty}\alpha x_n$ (α は任意のスカラー) も強収束して，$\sum_{n=1}^{\infty}(x_n+y_n)=\sum_{n=1}^{\infty}x_n+\sum_{n=1}^{\infty}y_n$, $\sum_{n=1}^{\infty}\alpha x_n=\alpha\sum_{n=1}^{\infty}x_n$ が成立つ．(問 2.3)

(ii) V の集合 A が与えられたとき，要素 x に対して x に強収束するような x と異なる A の要素からなる列が存在するとき，x を A の**強集積点**という．そして A にその強集積点をすべてつけ加えた集合を A の**強閉包**といい，$\overline{A}$ で表わす．また $A=\overline{A}$ であるような集合は**強閉**であるという．

強閉であるということは，A からとり出した要素列 $x_1, x_2, \cdots$ が，ある $x\in V$ に強収束しているならば，また $x\in A$ であるということである． (問 2.4)

(iii) $x_0\in V$ および $\varepsilon>0$ に対して，

$$U(x_0, \varepsilon)=\{x;\ \|x-x_0\|<\varepsilon\} \tag{2.20}$$

を x_0 の ε **近傍**という．またこれを x_0 を中心とした半径 ε の**開球**ともいう[2]．x_0 を中心とした半径 ε の**閉球**とは $\{x;\ \|x-x_0\|\leqq\varepsilon\}$ のことである．これを $\overline{U}(x_0, \varepsilon)$ で示す．

V の集合 G が与えられたとき，各 $x\in G$ に対して，適当な $\varepsilon_x>0$ をとっ

1) 強という字をつけたのは，後に弱収束という概念が導入されるからである．(§ 9)
2) 考えている空間を明示したいときは $U_V(x_0, \varepsilon)$ のようにも書く．

て，$\mathrm{U}(x,\varepsilon_x)\subset \mathrm{G}$ であるようにすることができるとき，G は**開集合**であるという．

(iv)　V の集合 A の部分集合 B が，$\overline{\mathrm{B}}\supset \mathrm{A}$ をみたしているとき，B は A で**稠密**であるという．

(v)　V の集合 A は，$\sup\{\|x\|\,;x\in \mathrm{A}\}<\infty$ のとき，**有界**であるという．

定義 2.4. ノルム空間 V に，V において稠密な可算集合が存在するとき，V は**可分**であるという．

次の補題 2.1 は，要素列の強収束のための条件として，よく用いられる．

補題 2.1. ノルム空間 V の要素列 $x_1,x_2,\cdots$ が，V のある要素 x_0 に強収束するための必要十分条件は，$x_1,x_2,\cdots$ から任意にとり出した部分列 $x_{n(1)},x_{n(2)},\cdots$ に対して，更にこれの部分列 $x_{n(k(1))},x_{n(k(2))},\cdots$ を適当にとって，$\lim_{j\to\infty}x_{n(k(j))}=x_0$ ならしめることができることである．

証明. [⇒] $\lim_{n\to\infty}\|x_n-x_0\|=0$ ならば，$\lim_{k\to\infty}\|x_{n(k)}-x_0\|=0$．すなわち，$x_{n(1)},x_{n(2)},\cdots$ 自身が x_0 に強収束する．[⇐] もしも，$\lim_{n\to\infty}\|x_n-x_0\|=0$ でなかったとすれば，適当な $\varepsilon>0$，および，部分列 $x_{n(1)},x_{n(2)},\cdots$ に対して，$\|x_{n(k)}-x_0\|\geqq\varepsilon$ $(k=1,2,\cdots)$ であることになる．$x_{n(1)},x_{n(2)},\cdots$ からは，どのような部分列をとっても x_0 に強収束しない．これは仮定と矛盾するから，$\lim_{n\to\infty}\|x_n-x_0\|=0$．すなわち $\lim_{n\to\infty}x_n=x_0$ でなければならない．　　（証明終）

補題 2.2. ノルム空間 V の集合 A, B に対して，

$$\overline{\mathrm{A}}+\overline{\mathrm{B}}\subset\overline{\mathrm{A}+\mathrm{B}},\qquad \alpha\overline{\mathrm{A}}=\overline{\alpha\mathrm{A}}.$$

証明. $x\in\overline{\mathrm{A}}$，$y\in\overline{\mathrm{B}}$ に対しては，要素列 $x_1,x_2,\cdots\in\mathrm{A}$，$y_1,y_2,\cdots\in\mathrm{B}$ で，$\lim_{n\to\infty}x_n=x$，$\lim_{n\to\infty}y_n=y$ であるようなものがある．このとき，$x_1+y_1,x_2+y_2,\cdots\in\mathrm{A}+\mathrm{B}$．かつ $\lim_{n\to\infty}(x_n+y_n)=\lim_{n\to\infty}x_n+\lim_{n\to\infty}y_n=x+y$ であるから，$x+y\in\overline{\mathrm{A}+\mathrm{B}}$．故に，$\overline{\mathrm{A}}+\overline{\mathrm{B}}\subset\overline{\mathrm{A}+\mathrm{B}}$ である．$\alpha\overline{\mathrm{A}}=\overline{\alpha\mathrm{A}}$ も同様にして知られる．

（証明終）

定義 2.5. ノルム空間 V の1つの集合 D において定義された（実数値または複素数値）の函数 $f(x)$ が，

(2.21)　$x,x_1,x_2,\cdots\in\mathrm{D}$，$\lim_{n\to\infty}x_n=x$ のとき，つねに $\lim_{n\to\infty}f(x_n)=f(x)$．

を満たすとき，**強連続**であるという．

系 2.4. V 全体において定義された函数 $f(x)=\|x\|$ は強連続である．

系 2.5. 前ヒルベルト空間 H において，内積 (x, y) は H 上の 2 変数の函数として強連続である．すなわち $x_n\to x$, $y_n\to y$ のとき，$(x_n, y_n)\to(x, y)$.

証明. $(x_n, y_n)-(x, y)=(x_n-x, y_n-y)+(x_n-x, y)+(x, y_n-y)$ から，(2.11) を用いて，

$$|(x_n, y_n)-(x, y)|\leqq\|x_n-x\|\|y_n-y\|+\|x_n-x\|\|y\|+\|x\|\|y_n-y\|\to 0.$$

（証明終）

V をノルム空間(前ヒルベルト空間)，W をその部分空間とするとき，V における線形演算，ノルム(内積)をそのまま W に導入して，W はまた 1 つのノルム空間(前ヒルベルト空間)と考えられる．

定理 2.3. V をノルム空間，W をその部分空間とするとき，その閉包 $\overline{\mathrm{W}}$ はまた V の部分空間である．

証明. $x, y\in\overline{\mathrm{W}}$, $\alpha, \beta\in\mathbf{K}$ とする．$x_1, x_2, \cdots; y_1, y_2, \cdots\in\mathrm{W}$, $\lim_{n\to\infty} x_n=x$, $\lim_{n\to\infty} y_n=y$ とすれば，$\lim_{n\to\infty}(\alpha x_n+\beta y_n)=\lim_{n\to\infty}\alpha x_n+\lim_{n\to\infty}\beta y_n=\alpha x+\beta y$. そして $\alpha x_n+\beta y_n\in\mathrm{W}$ $(n=1, 2, \cdots)$ であるから $\alpha x+\beta y\in\overline{\mathrm{W}}$. これは定義 1.2 によって，$\overline{\mathrm{W}}$ が V の部分空間であることをいっている． （証明終）

定義 2.6. ノルム空間において，強閉な部分空間を**閉部分空間**という．

定義 2.7. ノルム空間において，集合 A を含む最小の閉部分空間が存在する．(A を含む閉部分空間全体の共通部分をとればよい.) これを，A によって**生成された閉部分空間**といって，$\overline{\mathcal{CV}}(\mathrm{A})$ で表わす．

系 2.6. $$\overline{\mathcal{CV}}(\mathrm{A})=\overline{\mathcal{CV}(\mathrm{A})}.$$ （問 2.7）

定義 2.8. V, V′ をノルム空間とする．もしも V から V′ の上への写像 T があって，これが，線形演算，およびノルムを保存する：

$$T(x+y)=Tx+Ty,\qquad T(\alpha x)=\alpha Tx,\qquad \|Tx\|=\|x\|$$ [1]

ならば，V と V′ は**同型**であるという[2]．

---

1) $\|x\|$ は V におけるノルム，$\|Tx\|$ は V′ におけるノルムである．

2) または線形距離同型であるという．

このとき，$Tx=Ty$ ならば，$T(x-y)=0$ から，$\|x-y\|=\|T(x-y)\|=0$. 故に $x=y$ が得られ，T は1対1写像である.

特に H, H′ が前ヒルベルト空間の場合，H から H′ への同型対応 T があれば，Tは内積を保存する：

$$(Tx,\ Ty)=(x,y). \qquad \text{(問 2.8)}$$

例 2.1. ***n* 次元複素ユークリッド空間.** 複素数の n 個の組 $(\xi_1,\xi_2,\cdots,\xi_n)$ の全体において，加法およびスカラー乗法を，

$$(\xi_1,\xi_2,\cdots,\xi_n)+(\eta_1,\eta_2,\cdots,\eta_n)=(\xi_1+\eta_1,\xi_2+\eta_2,\cdots,\xi_n+\eta_n)$$

$$\alpha(\xi_1,\xi_2,\cdots,\xi_n)=(\alpha\xi_1,\alpha\xi_2,\cdots,\alpha\xi_n)$$

と定義することによって，これは1つの **C** 上の n 次元ベクトル空間となる. さらに，内積が，

$$((\xi_1,\xi_2,\cdots,\xi_n),(\eta_1,\eta_2,\cdots,\eta_n))=\sum_{i=1}^{n}\xi_i\bar{\eta}_i$$

によって導入されて，この空間は前ヒルベルト空間としての構造をもつ. これは ***n* 次元複素ユークリッド空間**である.

例 2.2. (l^2)[1].

複素数列 $(\xi_1,\xi_2,\cdots)$ で，$\sum_{n=1}^{\infty}|\xi_n|^2<\infty$ を満たすものの全体を (l^2) で示す[2]. 有限次元複素ユークリッド空間におけるミンコフスキーの不等式 (2.7)，およびコーシー・シュワルツの不等式 (2.11) は，

$$\left(\sum_{n=1}^{m}|\xi_n+\eta_n|^2\right)^{1/2}\leqq\left(\sum_{n=1}^{m}|\xi_n|^2\right)^{1/2}+\left(\sum_{n=1}^{m}|\eta_n|^2\right)^{1/2},$$

$$\sum_{n=1}^{m}|\xi_n\bar{\eta}_n|\leqq\left(\sum_{n=1}^{m}|\xi_n|^2\right)^{1/2}\left(\sum_{n=1}^{m}|\eta_n|^2\right)^{1/2}\ {}^{3)}$$

で，これが，任意の $m=1,2,\cdots$ について成立するから，$m\to\infty$ として，

$$\text{(2.22)}\qquad \left(\sum_{n=1}^{\infty}|\xi_n+\eta_n|^2\right)^{1/2}\leqq\left(\sum_{n=1}^{\infty}|\xi_n|^2\right)^{1/2}+\left(\sum_{n=1}^{\infty}|\eta_n|^2\right)^{1/2},$$

---

1)　スモール・エル・ツーと読む.

2)　後にもっと一般に (l^p) が導入される. これはノルム空間である（例 24.3).

3)　左辺は $\left|\sum_{n=1}^{m}\xi_n\bar{\eta}_n\right|$ が (2.11) の内容であるが，ξ_n,η_n のかわりに $|\xi_n|,|\eta_n|$ ととれば，ここの形になる.

$$\sum_{n=1}^{\infty}|\xi_n\bar{\eta}_n| \leqq \left(\sum_{n=1}^{\infty}|\xi_n|^2\right)^{1/2}\left(\sum_{n=1}^{\infty}|\eta_n|^2\right)^{1/2} \tag{2.23}$$

が得られる．(ここにある級数は，すべて正項級数であるから，級数が発散の場合も，その値$=\infty$ として不等式は成立する.)

(2.22) において，もしも $(\xi_1, \xi_2, \cdots)$, $(\eta_1, \eta_2, \cdots)$ がともに (l^2) に属するならば，この式の右辺は有限であるから左辺も有限，すなわち $(\xi_1+\eta_1, \xi_2+\eta_2, \cdots)$ も (l^2) に属することになる．また，$(\xi_1, \xi_2, \cdots)\in(l^2)$ のとき，任意の複素数 α に対して $(\alpha\xi_1, \alpha\xi_2, \cdots)\in(l^2)$ となる．したがって，(l^2) において，

$$(\xi_1, \xi_2, \cdots)+(\eta_1, \eta_2, \cdots)=(\xi_1+\eta_1, \xi_2+\eta_2, \cdots),$$

$$\alpha(\xi_1, \xi_2, \cdots)=(\alpha\xi_1, \alpha\xi_2, \cdots)$$

と加法およびスカラー乗法を定義することによって，(l^2) は $\mathbf{C}$ 上のベクトル空間となる．さらに (2.23) において，$(\xi_1, \xi_2, \cdots)$, $(\eta_1, \eta_2, \cdots)$ がともに (l^2) に属しているときは，この式の右辺は有限であるから，左辺も有限となり，これは，級数 $\sum_{n=1}^{\infty}\xi_n\bar{\eta}_n$ が絶対収束であることを意味する．そこで (l^2) において，

$$((\xi_1, \xi_2, \cdots), (\eta_1, \eta_2, \cdots))=\sum_{n=1}^{\infty}\xi_n\bar{\eta}_n$$

によって内積を導入することができて，(l^2) は前ヒルベルト空間になる．この空間でのノルムは，

$$\|(\xi_1, \xi_2, \cdots)\|=\sqrt{\sum_{n=1}^{\infty}|\xi_n|^2}$$

によって与えられる.

(l^2) は可分である．実際，$x=(\xi_1, \xi_2, \cdots)$ で，ξ_n は，有限個を除いては 0. 0でない ξ_n は複素有理数(その実数部分も虚数部分も有理数) というような x の全体が，(l^2) で稠密な可算集合をつくっていることは容易に知られる.

例 2.3. $C(a,b)$.

閉区間 $[a,b]$ 上の連続函数の全体を $C(a,b)$ で示す．$C(a,b)$は，線形演算，およびノルムを，

$x=x(t)$, $y=y(t)$ に対し，$z=\alpha x+\beta y$ は $z(t)=\alpha x(t)+\beta y(t)$ のこと，

$\|x\|=\max\{|x(t)|\ ;\ a\leqq t\leqq b\}$.

によって導入して，ノルム空間となる．

このノルムに関して，$\lim_{n\to\infty}\|x_n-x\|=0$ ということは，$x_n(t)$ が $x(t)$ に一様収束することであるから，このノルムを，**一様収束のノルム**という．

いま，この $C(a,b)$ に，内積を，

$$(x,y)=\int_a^b x(t)\overline{y(t)}\,dt$$

として導入することができて，これにより $C(a,b)$ は前ヒルベルト空間となる．そのように考えたときの x のノルムは $\|x\|_2=\left(\int_a^b |x(t)|^2dt\right)^{1/2}$ であって，これは一様収束のノルムとは異なる．$x\in C(a,b)$ のこのノルム $\|x\|_2$ を，函数 $x(t)$ の **L^2 ノルム**という．

$\|x\|_2=\left(\int_a^b |x(t)|^2dt\right)^{1/2}\leqq(b-a)^{1/2}\|x\|$ であるから，$\lim_{n\to\infty}\|x_n-x\|=0$ ならば，$\lim_{n\to\infty}\|x_n-x\|_2=0$ であるが，逆は成立しない．L^2 ノルムに関する収束を**平均収束**（くわしくは2乗平均収束）という．

この意味の収束は普通の意味の収束と大へん違っている．たとえば，$n=2,3,\cdots$ に対して，

$$x_n(t)=\begin{cases} n\sqrt{t} & \left(0\leqq t\leqq\dfrac{1}{n}\right)\\ \sqrt{n(2-nt)} & \left(\dfrac{1}{n}\leqq t\leqq\dfrac{2}{n}\right)\\ 0 & \left(\dfrac{2}{n}\leqq t\leqq 1\right)\end{cases}$$

によって定義された函数列 $x_2(t),x_3(t),\cdots$ は，$[0,1]$ のすべての t に対して $\lim_{n\to\infty}x_n(t)=0$ を満足しているが，$\|x_n\|_2=1$ $(n=1,2,\cdots)$ であるから，0 に平均収束していない．

また，$n=2^k+p$ $(0\leqq p<2^k,\ k=0,1,2,\cdots)$ と書いて，

$$x_n(t)=\begin{cases} 0 & \left(0\leqq t\leqq\dfrac{p-1}{2^k}\right)\\ \sqrt{2^kt-p+1} & \left(\dfrac{p-1}{2^k}\leqq t\leqq\dfrac{p}{2^k}\right)\\ \sqrt{p+1-2^kt} & \left(\dfrac{p}{2^k}\leqq t\leqq\dfrac{p+1}{2^k}\right)\\ 0 & \left(\dfrac{p+1}{2^k}\leqq t\leqq 1\right)\end{cases}$$

（$p=0$ のときは 3,4 番目の式だけを用いる）によって定義した函数列 $x_1,x_2,\cdots$ については，$\|x_n\|_2=\sqrt{2^{-k}}$（$p=0$ のときは $\sqrt{2^{-(k+1)}}$）となり，$\|x_n\|_2\to 0$．したがって平均収束の意味では $\lim_{n\to\infty}x_n=0$ であるが，一方 $[0,1]$ のどのような t をとっても，$\lim_{n\to\infty}x_n(t)$

が存在しない.

$C(a, b)$ は, 一様収束のトポロジーに関して可分である. 証明の仕方はいろいろあるが, ここでは, **ワイヤストラスの多項式近似定理**を利用する. (別の証明については, [演 §2. 例題 7].)

閉区間 $[a, b]$ で連続な函数 $x(t)$ は, この区間内で一様に, 多項式によって近似することが出来る.

(証明) $0<a<b<1$ であるとしておいても差支えない. いま α, β を $0<\alpha<a<b<\beta<1$ をみたすようにとっておき, 函数は, 閉区間 $[a, b]$ の両端をこえて, 区間 $[\alpha, \beta]$ にまで連続になるように定義しておくとする(図1参照).

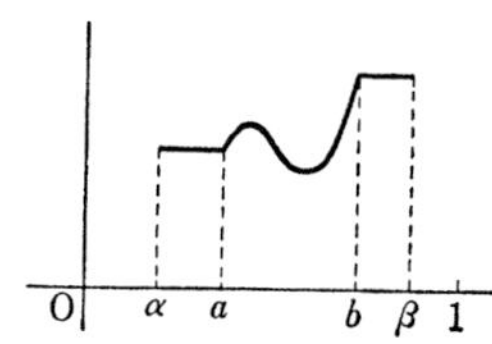

図 1

まず, 積分

$$J_n=\int_0^1 (1-v^2)^n dv \quad \left(=\frac{2^{2n}(n!)^2}{(2n+1)!}\right)$$

を考えると, $\lim_{n\to\infty} J_n=0$. δ を $0<\delta<1$ ととれば,

$$J_n^*=\int_\delta^1 (1-v^2)^n dv$$

とするとき,

$$\lim_{n\to\infty}\frac{J_n^*}{J_n}=0$$

である. 実際, $n=1, 2, \cdots$ に対して,

$$J_n>\int_0^1 (1-v)^n dv=\frac{1}{n+1},$$

$$J_n^*=\int_\delta^1 (1-v^2)^n dv<(1-\delta^2)^n(1-\delta)<(1-\delta^2)^n,$$

$$\frac{J_n^*}{J_n}<(n+1)(1-\delta^2)^n, \qquad \lim_{n\to\infty}\frac{J_n^*}{J_n}=0.$$

そこで, $n=1, 2, \cdots$ に対して,

$$P_n(t)=\frac{\int_\alpha^\beta x(u)[1-(u-t)^2]^n du}{\int_{-1}^1 (1-u^2)^n du} \qquad (a\leqq t\leqq b)$$

とおく. $P_n(t)$ は t の $2n$ 次の多項式であるが, これが $[a, b]$ で $x(t)$ を一様に近似していることを示そう.

任意に $\varepsilon>0$ を与えると, $x(t)$ は $[\alpha, \beta]$ で連続, したがって一様連続であるから, 適当な $\delta>0$ があって, $|t-t'|<\delta$ なるとき $|x(t)-x(t')|<\varepsilon/2$ となる. また $x(t)$ は有界であるから, $|x(t)|\leqq M$ とする.

そこで,

$$\int_\alpha^\beta x(u)[1-(u-t)^2]^n du = \int_{\alpha-t}^{\beta-t} x(v+t)[1-v^2]^n dv$$
$$= \int_{\alpha-t}^{-\delta} + \int_{-\delta}^{\delta} + \int_\delta^{\beta-t} = I_1 + I_2 + I_3$$

とすれば,

$$|I_1| \leqq \int_{\alpha-t}^{-\delta} |x(v+t)|(1-v^2)^n dv \leqq M\int_{-1}^{-\delta}(1-v^2)dv = MJ_n{}^*,$$

$$|I_3| \leqq \int_\delta^{\beta-t} |x(v+t)|(1-v^2)^n dv \leqq M\int_\delta^1 (1-v^2)^n dv = MJ_n{}^*,$$

$$|I_2 - 2x(t)J_n| = \left|\int_{-\delta}^{\delta}(x(v+t)-x(t))(1-v^2)^n dv\right.$$
$$\left. -x(t)\left(\int_{-1}^{1}(1-v^2)^n dv - \int_{-\delta}^{\delta}(1-v^2)^n dv\right)\right|$$
$$\leqq \int_{-\delta}^{\delta}|x(v+t)-x(t)|(1-v^2)^n dv + |x(t)|2J_n{}^*$$
$$\leqq \frac{\varepsilon}{2}\int_{-\delta}^{\delta}(1-v^2)^n dv + 2MJ_n{}^* < \varepsilon J_n + 2MJ_n{}^*.$$

$P_n(t)$ の分母は, $=2J_n$ であるから,

$$|P_n(t)-x(t)| < \frac{\varepsilon}{2} + 2M\frac{J_n{}^*}{J_n}.$$

n を十分大きくとって, $J_n{}^*/J_n < \varepsilon/4M$ ならしめれば,

$$|P_n(t)-x(t)| < \varepsilon$$

がすべての $t\ (a \leqq t \leqq b)$ について成立つこととなる. (証明終)[1]

このワイヤストラスの定理から, 複素有理数を係数にもった多項式の全体が, $C(a,b)$ で一様収束ノルムに関して稠密な可算集合 D をつくっていることが知られる.

次に $C(a,b)$ は L^2 ノルムに関しても可分であることを見る. すなわち, 上の集合 D は, L^2 ノルムに関しても, $C(a,b)$ で稠密である. 実際, 一様収束のノルムに関して, $\|x-y\|<\varepsilon$ とすれば, L^2 ノルムに関して, $\|x-y\|_2 \leqq (b-a)^{1/2}\varepsilon$ となることから, このことは容易にたしかめられる.

例 2.4. $L^2(a,b)$, $L^2(\Omega)$.

有限または無限区間 (a,b) 上の複素数値可測函数 $x(t)$ で, $\int_a^b |x(t)|^2 dt < \infty$ であるようなものの全体を $L^2(a,b)$ とする. この空間では, ルベッグ測

---

1) この証明では, ドラヴァレープーサン・ランダウの積分といわれているものを用いた ($P_n(t)$ の分子). 別にベルンシュタインの証明というのもある. たとえば, 一松信「近似式」(竹内書店) p. 19.

度に関して殆んどいたるところ等しい2つの函数は等しいものと考える．したがって，殆んどいたるところ $z(t)=\alpha x(t)+\beta y(t)$ であるとき，$z=\alpha x+\beta y$ として線形演算を導入する．そして，

$$(x, y)=\int_a^b x(t)\overline{y(t)}\,dt$$

によって内積を導入する．

$|x(t)+y(t)|^2 \leqq (|x(t)|+|y(t)|)^2 \leqq 2(|x(t)|^2+|y(t)|^2)$，$|x(t)\overline{y(t)}| \leqq \frac{1}{2}(|x(t)|^2+|y(t)|^2)$ から，$x, y\in L^2$ のとき，$x+y\in L^2$．また $x(t)\overline{y(t)}$ は絶対可積分である．

内積の性質のうち，$(x, x)=0$ のときは，$\int_a^b |x(t)|^2dt=0$．したがって $x(t)$ は殆んどいたるところ 0 となるから，最初の約束に従って $x=0$ となる．

このようにして，$L^2(a, b)$ は前ヒルベルト空間である．この空間でのノルムは，

$$\|x\|=\left(\int_a^b |x(t)|^2dt\right)^{1/2}$$

——$\boldsymbol{L^2}$ **ノルム**——によって与えられる．

(a, b) が有限区間のとき，例2.3の $C(a, b)$ は，L^2 ノルムに関して，$L^2(a, b)$ の一部分であると考えられる．$C(a, b)$ は $L^2(a, b)$ で稠密である．そしてこれから $L^2(a, b)$ が可分であることが知られる．([演 §3. 例題3])

L^2 の函数の L^2 ノルムに関する収束を，平均収束という．函数列 $x_1(t), x_2(t), \cdots$ が $x(t)$ に平均収束していても，殆んどいたるところ収束するとはいえないが，適当に部分列をとって殆んどいたるところ収束させることが出来る．また $x_1(t), x_2(t), \cdots$ が殆んどいたるところ $x(t)$ に収束しているとき，これが平均収束するための必要十分条件は，$x_n(t)$ が n に関して一様に2乗可積分なことである．すなわち，任意の $\varepsilon>0$ に対して，n に無関係な $\delta=\delta(\varepsilon)>0$ を，$\mu(E)<\delta$ (μ はルベッグ測度) ならば，すべての n に対して $\int_E |x_n(t)|^2dt<\varepsilon$ であるようにとることができることである．(証明は，[演 §2. 例題5, 6].)

もっと一般に，測度空間 $(\Omega, \mathscr{B}, \mu)$ における可測函数 $x(\omega)$ で，$\int_\Omega |x(\omega)|^2d\mu(\omega)<\infty$ を満たすものの全体を $L^2(\Omega)$ とすれば，これは上と同様の仕方で前ヒルベルト空間となる．この空間は，測度空間 $(\Omega, \mathscr{B}, \mu)$ の性質により，可分であることも，そうでないこともある．

例 2.5. $\hat{H}^k(-\infty, \infty)$，$\hat{H}_0{}^k(-\infty, \infty)$ $(0\leqq k<\infty)$.

$-\infty<t<\infty$ において定義された k 回連続微分可能な函数 $x(t)$ の全体を C^k とする．$x\in C^k$ で，$\sum_{j=0}^{k}\int_{-\infty}^{\infty}|x^{(j)}(t)|^2dt<\infty$ であるようなものの全体を $\hat{H}^k$ とすれば，$\hat{H}^k$ はベクトル空間をなし，かつ，

$$(x,y)=\sum_{j=0}^{k}\int_{-\infty}^{\infty}x^{(j)}(t)\overline{y^{(j)}(t)}\,dt$$

によって内積が導入され，前ヒルベルト空間となる．

$x\in C^k$ で，適当な有限区間 $[a,b]$ の外では 0 であるような x の全体を $C_0{}^k$ とする．$C_0{}^k$ は C^k の部分空間をなし，したがって，上のように内積を導入した $\hat{H}^k$ の部分空間として，前ヒルベルト空間となる．これを $\hat{H}_0{}^k$ で示す．

この空間は可分である．

例 2.6．ハーディー族．

複素平面の単位円 $|z|<1$ で正則な函数 $f(z)$ で，

$$\sup\left\{\int_0^{2\pi}|f(re^{i\theta})|^2d\theta\ ;\ 0<r<1\right\}<\infty$$

であるようなものの全体 H を考える．$f(z)=\sum_{n=0}^{\infty}c_nz^n$ をそのテーラー展開とすれば，

$$F(r)=\frac{1}{2\pi}\int_0^{2\pi}|f(re^{i\theta})|^2d\theta=\frac{1}{2\pi}\sum_{n,m=0}^{\infty}\int_0^{2\pi}c_n\bar{c}_mr^{n+m}e^{i(n-m)\theta}d\theta$$

$$=\sum_{n=0}^{\infty}|c_n|^2r^{2n}.$$

したがって，$f\in \mathrm{H}$ ならば，

$$\left(\sum_{n=0}^{\infty}|c_n|^2\right)^{1/2}=\sup_{0<r<1}\left[\frac{1}{2\pi}\int_0^{2\pi}|f(re^{i\theta})|^2d\theta\right]^{1/2}<\infty.$$

したがって，$T:\ \mathrm{H}\ni f\to(c_0,c_1,c_2,\cdots)\in(l^2)$ なる対応が得られる．逆に，任意の $(c_0,c_1,c_2,\cdots)\in(l^2)$ に対して，$\sum_{n=0}^{\infty}c_nz^n$ なる整級数を考えると，$|z|<1$ ならば，

$$\sum_{n=0}^{\infty}|c_nz^n|\leq\left(\sum_{n=0}^{\infty}|c_n|^2\right)^{1/2}\left(\sum_{n=0}^{\infty}|z|^{2n}\right)^{1/2}<\infty$$

であるから，$|z|<1$ で正則な函数 $f(z)=\sum_{n=0}^{\infty}c_nz^n$ が得られ，

$Tf=(c_0, c_1, c_2, \cdots)$. したがって, T は上への写像である. T が同型写像となるように, H に内積を導入して, H は前ヒルベルト空間となる.

$$(f, g)=\sum_{n=0}^{\infty} c_n \bar{d}_n \qquad \left(f(z)=\sum_{n=0}^{\infty} c_n z^n, \quad g(z)=\sum_{n=0}^{\infty} d_n z^n\right).$$

問 1. 系 2.1, 2.3 を証明せよ. [練 1-A. 2]

問 2. ノルム空間 V の要素列 $x_1, x_2, \cdots$ に対して, 強極限は存在するとすれば一意的に定まることを示せ. [練 1-A. 3]

問 3. ノルム空間 V において, 要素列 $x_1, x_2, \cdots; y_1, y_2, \cdots$ がそれぞれ x_0, y_0 に強収束し, またスカラーの列 $\alpha_1, \alpha_2, \cdots$ が α_0 に収束するならば,

(i) $x_1+y_1, x_2+y_2, \cdots$ は x_0+y_0 に強収束する.

(ii) $\alpha_1 x_1, \alpha_2 x_2, \cdots$ は $\alpha_0 x_0$ に強収束する.

(iii) $\|x_1\|, \|x_2\|, \cdots$ は $\|x_0\|$ に収束する. 特に, $\|x_1\|, \|x_2\|, \cdots$ は有界である.

次に, 級数 $\sum_{n=1}^{\infty} x_n$, $\sum_{n=1}^{\infty} y_n$ がともに強収束するならば,

(iv) $\sum_{n=1}^{\infty}(x_n+y_n)$ も強収束して, $=\sum_{n=1}^{\infty} x_n+\sum_{n=1}^{\infty} y_n$.

(v) $\sum_{n=1}^{\infty} \alpha x_n$ (α は任意のスカラー) も強収束して, $=\alpha \sum_{n=1}^{\infty} x_n$. [練 1-A. 4]

問 4. 次の条件のおのおのは, ノルム空間 V の部分集合 A が強閉であるための必要十分条件である.

(i) A の要素から成る要素列 $x_1, x_2, \cdots$ が, ある $x \in \mathrm{V}$ に強収束しているならば, $x \in \mathrm{A}$.

(ii) 任意の $\varepsilon>0$ に対して, $\mathrm{U}(x, \varepsilon) \frown \mathrm{A} \neq \phi$ ならば, $x \in \mathrm{A}$. [練 1-A. 5]

問 5. ノルム空間 V の球に関して, 次のことを証明せよ.

(i) $\mathrm{U}(x_1, \varepsilon_1)+\mathrm{U}(x_2, \varepsilon_2)=\mathrm{U}(x_1+x_2, \varepsilon_1+\varepsilon_2)$.

$\alpha \mathrm{U}(x, \varepsilon)=\mathrm{U}(\alpha x, |\alpha| \varepsilon) \quad (\alpha \neq 0)$.

(ii) $\overline{\mathrm{U}(x, \varepsilon)}=\overline{\mathrm{U}}(x, \varepsilon)$.

(iii) 集合 A が $\mathrm{U}(x, \varepsilon)$ で稠密ならば, $\mathrm{A}+x_0$ は $\mathrm{U}(x+x_0, \varepsilon)$ で稠密である. また, $\alpha \neq 0$ のとき, $\alpha \mathrm{A}$ は $\mathrm{U}(\alpha x, |\alpha| \varepsilon)$ で稠密である. [練 1-A. 6]

問 6. ノルム空間 V において, V の 1 つの集合 D において定義された函数 $f(x)$ が強連続である(定義 2.5)ための必要十分条件は, 各 $x \in \mathrm{D}$ において, 任意の $\varepsilon>0$ に対して, 適当な $\delta>0$ をとれば, $\|x-y\|<\delta$, $y \in \mathrm{D}$ のときつねに $|f(x)-f(y)|<\varepsilon$ が成立つようにできることである. [練 1-A. 7]

問 7. 系 2.6 を証明せよ. [練 1-A. 8]

問 8. 2 つの前ヒルベルト空間 H, H' に対して, H から H′ への同型対応 T があれば, T は内積を保存する:

$$(Tx, Ty)=(x, y). \qquad \text{[練 1-A. 9]}$$

問 9. 複素ノルム空間 V において, $\langle x, y\rangle$ は, $x, y \in \mathrm{V}$ について定義された共役一次

形式(p.4 脚注 4)で，V 上の 2 変数の函数として強連続であるとする(系 2.5 参照)．そのとき，

$$|\langle x, x\rangle| \leqq \gamma \|x\|^2 \quad (x \in \mathrm{V})$$

を満たす $\gamma>0$ が存在する．　　　　[練 1-A. 10]

§ 3. ヒルベルト空間

定義 3.1. ノルム空間 V の要素の列 $x_1, x_2, \cdots$ が，$\lim_{m,n\to\infty}\|x_m - x_n\| = 0$ を満たすとき，すなわち，任意に $\varepsilon>0$ を与えたとき，適当に番号 N をとると，$m, n \geqq N$ であるような任意の m, n に対して，つねに $\|x_m - x_n\| < \varepsilon$ であるとき，**基本列**(または**コーシー列**)であるという．

系 3.1. $x_1, x_2, \cdots$ が強収束ならば，$x_1, x_2, \cdots$ は基本列をなす．　　(問 3.1)

系 3.2. $x_1, x_2, \cdots$ が基本列で，かつそのある部分列 $x_{n(1)}, x_{n(2)}, \cdots$ がある要素 x_0 に強収束しているならば，$x_1, x_2, \cdots$ 自身 x_0 に強収束する．　　(問 3.1)

定義 3.2. ノルム空間 V において，任意の基本列が，V のある要素に強収束するとき，V は**完備**であるという．

系 3.3. V が完備であれば，要素列 $x_1, x_2, \cdots$ が強収束するための必要十分条件は，$\lim_{m,n\to\infty}\|x_m - x_n\| = 0$ である．

系 3.4. V が完備であれば，級数 $\sum_{n=1}^{\infty} x_n$ は，$\sum_{n=1}^{\infty}\|x_n\| < \infty$ ならば強収束する．　　(問 3.1)

定義 3.3. V が完備なノルム空間であるとき，V を**バナッハ空間**という．

定義 3.4. H が前ヒルベルト空間であり，さらにその内積から定義されたノルムに関して完備であるとき，H を**ヒルベルト空間**という．

H がヒルベルト空間であるというのは，したがって，

A. H は複素ベクトル空間である．

B. H には内積が定義されている．

C. H はこの内積からみちびかれたノルムに関して完備である．

という公理によって定義された空間である．

有限次元の前ヒルベルト空間は必ず完備であり，したがってヒルベルト空間であるが，それらは例 2.1 の複素ユークリッド空間と同型である．したがって

ヒルベルト空間の議論は，複素ユークリッド空間の議論の一般化であると見ることが出来る．有限次元のベクトル空間の議論では，行列の理論がきわめて重要であり，特に(実または複素)ユークリッド空間では，対称行列，直交行列，エルミット行列，ユニタリ行列等の固有値問題，対角化の問題(主軸問題)が主要な問題であった．したがって，ヒルベルト空間の理論においても，対応する問題が，まず中心問題となる．ただヒルベルト空間は一般に無限次元であるから，有限次元のときのように，空間の基をとったり，行列を具体的に書き表したりという議論の仕方は有効でないし，また有限次元の場合には出て来なかった現象が生ずるので，それらを記述するため，見た目には甚だ異なった理論のように展開されるのであるが，上記のような本質を見失ってはならない．

例 3.1. (l^2) はヒルベルト空間である．

そのために，$\mathrm{H}=(l^2)$ の中から基本列 $x_1, x_2, \cdots$ $(x_n=(\xi_{n1}, \xi_{n2}, \cdots))$ をとる任意の k $(=1, 2, \cdots)$ について，$|\xi_{nk}-\xi_{mk}|^2 \leqq \sum_{s=1}^{\infty} |\xi_{ns}-\xi_{ms}|^2=\|x_n-x_m\|^2 \to 0$ $(n, m \to \infty)$ であるから，$\xi_{1k}, \xi_{2k}, \cdots$ という複素数列は基本列をなし，したがって，ある複素数 ξ_k に収束する：$\lim_{n\to\infty} \xi_{nk}=\xi_k$．そこで $(\xi_1, \xi_2, \cdots)$ を考えるとき，これが (l^2) に属し，この要素を x とするとき，$\|x_n-x\| \to 0$ であることを示そう．

任意に $\varepsilon>0$ を与えると，番号 N があって，$n, m \geqq N$ ならば，$\|x_n-x_m\|<\varepsilon$ であるようにできる．任意の k に対して，$n, m \geqq N$ のとき，

$$\sum_{s=1}^{k} |\xi_{ns}-\xi_{ms}|^2 \leqq \sum_{s=1}^{\infty} |\xi_{ns}-\xi_{ms}|^2<\varepsilon^2.$$

故に，$m \to \infty$ として，

$$\sum_{s=1}^{k} |\xi_{ns}-\xi_s|^2 \leqq \varepsilon^2.$$

ここで $k \to \infty$ として，

$$\sum_{s=1}^{\infty} |\xi_{ns}-\xi_s|^2 \leqq \varepsilon^2. \tag{3.1}$$

したがって，$(\xi_{n1}-\xi_1, \xi_{n2}-\xi_2, \cdots) \in (l^2)$．故に，

$$(\xi_1, \xi_2, \cdots)=(\xi_{n1}, \xi_{n2}, \cdots)-(\xi_{n1}-\xi_1, \xi_{n2}-\xi_2, \cdots) \in (l^2).$$

そして，(3.1) は，$x=(\xi_1, \xi_2, \cdots)$ とするとき，$n \geqq N$ ならば，$\|x_n-x\| \leqq \varepsilon$ で

あることを示している．これは，$\lim_{n\to\infty}\|x_n-x\|=0$ ということにほかならない．

例 3.2. $L^2(a,b), L^2(\Omega)$ はヒルベルト空間である．

このことを主張するのは，次の**リース・フィッシャーの定理**である：

$x_1(t), x_2(t), \cdots$ は可測函数の列で，$\lim_{n,m\to\infty}\int_a^b|x_n(t)-x_m(t)|^2dt=0$ であるならば，可測函数 $x(t)$ で，$\lim_{n\to\infty}\int_a^b|x_n(t)-x(t)|^2dt=0$ となるものが存在する[1]．

いま $x_1(t), x_2(t), \cdots$ から部分列 $x_{n(1)}(t), x_{n(2)}(t), \cdots$ をとり出して，$\|x_{n(k+1)}-x_{n(k)}\|\leqq 1/2^k$ $(k=1,2,\cdots)$ が成立っているようにする(問 3.3)．そして，

$$\sum_{k=1}^{\infty}|x_{n(k+1)}(t)-x_{n(k)}(t)| \tag{3.2}$$

という L^2 の要素から成る級数を考える．その部分和

$$s_k(t)=|x_{n(2)}(t)-x_{n(1)}(t)|+\cdots+|x_{n(k+1)}(t)-x_{n(k)}(t)|$$

について，$\|s_k\|\leqq\|x_{n(2)}-x_{n(1)}\|+\cdots+\|x_{n(k+1)}-x_{n(k)}\|\leqq\frac{1}{2}+\cdots+\frac{1}{2^k}<1$ であるから，

$$\int_a^b s_k^2(t)\,dt\leqq 1 \quad (k=1,2,\cdots).$$

そして $0\leqq s_1(t)\leqq s_2(t)\leqq\cdots$ であるから，単調収束定理によって，$s(t)=\lim_{k\to\infty}s_k(t)$ とするとき，

$$\int_a^b s^2(t)\,dt=\lim_{k\to\infty}\int_a^b s_k^2(t)\,dt\leqq 1.$$

したがって $s(t)$ は殆んどいたるところ有限値となり，(3.2) は殆んどいたるところ収束する．したがって，級数 $\sum_{k=1}^{\infty}(x_{n(k+1)}(t)-x_{n(k)}(t))$ は殆んどいたるところ絶対収束である．この第 $k-1$ 部分和は，$x_{n(k)}(t)-x_{n(1)}(t)$ であるから，殆んどいたるところ，$\lim_{k\to\infty}x_{n(k)}(t)$ が存在することになる．この極限函数を $x(t)$ とすれば，

$$\begin{aligned}|x(t)-x_{n(k)}(t)|&=|(x(t)-x_{n(1)}(t))-(x_{n(k)}(t)-x_{n(1)}(t))|\\&=\left|\sum_{j=1}^{\infty}(x_{n(j+1)}(t)-x_{n(j)}(t))-\sum_{j=1}^{k-1}(x_{n(j+1)}(t)-x_{n(j)}(t))\right|\end{aligned}$$

---

1) 積分を $(\Omega, \mathcal{B}, \mu)$ 上でやれば，全く同じことが，$L^2(\Omega)$ について成立つ．

$$=\left|\sum_{j=k}^{\infty}(x_{n(j+1)}(t)-x_{n(j)}(t))\right|\leqq\sum_{j=k}^{\infty}|x_{n(j+1)}(t)-x_{n(j)}(t)|$$
$$\leqq s(t).$$

そして $\int_a^b s^2(t)\,dt<\infty$, $\lim_{k\to\infty}x_{n(k)}(t)=x(t)$ (殆んどいたるところ)であるから，優収束定理より，

$$\lim_{k\to\infty}\int_a^b|x(t)-x_{n(k)}(t)|^2dt=0$$

が結論される．

さて，任意の $\varepsilon>0$ に対して，n_0 を，$n, m\geqq n_0$ のとき，$\|x_n-x_m\|\leqq\varepsilon/2$ を満たすようにとることができる．つぎに k を，$n(k)\geqq n_0$，および $\|x-x_{n(k)}\|<\varepsilon/2$ をみたすようにとることができる．そうすれば，$n\geqq n_0$ ならば，

$$\|x-x_n\|\leqq\|x-x_{n(k)}\|+\|x_{n(k)}-x_n\|<\varepsilon$$

となるから，$\lim_{n\to\infty}\|x-x_n\|=0$ が示された．

その他，$C(a,b)$，$\hat{H}^k$, $\hat{H}_0{}^k$ は完備でないが，ハーディー族は (l^2) と同型であるから完備である．

可分かつ無限次元のヒルベルト空間は，すべて (l^2) と同型になる(定理 4.4)．古典的な理論では，ヒルベルト空間といえば，可分かつ無限次元であることを仮定の中に加えていたのであるが，現在では，ヒルベルト空間の定義にはそれを仮定せず，可分のときは可分なヒルベルト空間，無限次元のときは無限次元ヒルベルト空間というような言い方をする．

直　和

次に，すでにある空間から，新たに空間をつくる操作としての，直和の概念を導入する．直和は，直和因子が何個あってもできるが(無限に多くてもよい)，2個で考えておく．テンソル積の概念も導入されるが，ここでは述べない．

定義 3.5. $\mathrm{H}_1, \mathrm{H}_2$ をヒルベルト空間とする．そのとき，$x_1\in\mathrm{H}_1$，$x_2\in\mathrm{H}_2$ の要素の対 (x_1, x_2) の全体に，

$$(x_1, x_2)+(y_1, y_2)=(x_1+y_1, x_2+y_2) \tag{3.3}$$

$$\alpha(x_1, x_2)=(\alpha x_1, \alpha x_2) \tag{3.4}$$

(3.5)　$((x_1, x_2), (y_1, y_2)) = (x_1, y_1) + (x_2, y_2)$

によって線形演算および内積を導入すれば，この集合はヒルベルト空間をつくる．これを H_1 と H_2 の**直和**といって $H_1 \oplus H_2$ で示す．直和の要素に対して，ノルムは，

(3.6)　$\|(x_1, x_2)\|^2 = \|x_1\|^2 + \|x_2\|^2$

で与えられる．

実際，$\|(x_1, x_2)\|^2 = ((x_1, x_2), (x_1, x_2)) = (x_1, x_1) + (x_2, x_2)$　((3.5))　$= \|x_1\|^2 + \|x_2\|^2$.

問 1. 系 3.1, 3.2, 3.4 を証明せよ．　[練 1-A.11]

問 2. $x_1, x_2, \cdots$ が基本列ならば，$\lim_{n\to\infty} \|x_n\|$ が存在する．特に，$\|x_1\|, \|x_2\|, \cdots$ は有界である．　[練 1-A.12]

問 3. $x_1, x_2, \cdots$ を基本列とするとき，その部分列 $x_{n(1)}, x_{n(2)}, \cdots$ を，$\|x_{n(j)} - x_{n(k)}\| < 1/2^k$ $(j \geqq k)$ を満たすようにとり出すことができる．　[練 1-A.13]

問 4. ヒルベルト空間 H_1, H_2 の直和 $H_1 \oplus H_2$ は，定義3.5に導入した演算によって，ヒルベルト空間をなすことを示せ．　[練 1-A.14]

§4. 正規直交系

定義 4.1. 前ヒルベルト空間 H の要素 x, y が，$(x, y) = 0$ を満たしているとき，**直交する**という．記号で $x \perp y$.

x が集合 A のおのおのの要素と直交するとき，x は A と**直交する**という．記号で $x \perp A$ または $A \perp x$.

集合 A, B に対して，任意に $x \in A$, $y \in B$ をとるとき，必ず x, y が直交しているならば，A, B は**直交する**という．記号で $A \perp B$.

系 4.1. x, y が直交していれば，

$$\|x + y\|^2 = \|x\|^2 + \|y\|^2. \qquad \text{（ピタゴラスの定理）}$$

系 4.2. x が，集合 A の各要素と直交していれば，A の要素の任意の一次結合と直交する．すなわち，$x \perp A$ ならば，$x \perp \mathcal{CV}(A)$．また $x \perp \bar{A}$．これからまた $x \perp \overline{\mathcal{CV}}(A)$.　(問 4.2)

定義 4.2. 前ヒルベルト空間 H の集合 S において，

(4.1)　各 $x \in S$ は，$\neq 0$.

(4.2)　$x, y \in S$, $x \neq y$ ならば x, y は直交する．

が満たされているとき，S を**直交系**という．

また，

(4.1′) 各 $x\in S$ は，$\|x\|=1$.

が満たされているとき，**正規直交系**といい，しばしば ONS と略記される．

定義 4.3. 前ヒルベルト空間 H において，正規直交系 S に対し，S の要素の一次結合の全体(すなわち $\mathcal{V}(S)$)が H で稠密であるとき，S を**完全正規直交系**といい，しばしば CONS と略記される．

少し古い文献では，S のすべての要素と直交する H の要素が 0 以外にないとき完全といい，上の定義の性質は closed という言葉で表現されていた．ヒルベルト空間ではこの 2 つの概念が一致するが，完備でない前ヒルベルト空間では，そうとは限らない(問題 1.20)．しかし現在の多くの文献では，その完備化 (§5) の中で完全正規直交系となっているものを完全として扱っていることが普通であり，そのときは，ちょうど上の定義があてはまることとなる．

補題 4.1. $\phi_1,\cdots,\phi_n$ が正規直交系ならば，任意の複素数 $\xi_1,\cdots,\xi_n$；$\eta_1,\cdots,\eta_n$ に対して，

$$(\xi_1\phi_1+\cdots+\xi_n\phi_n,\ \eta_1\phi_1+\cdots+\eta_n\phi_n)=\xi_1\bar{\eta}_1+\cdots+\xi_n\bar{\eta}_n, \tag{4.3}$$

$$\|\xi_1\phi_1+\cdots+\xi_n\phi_n\|^2=|\xi_1|^2+\cdots+|\xi_n|^2. \tag{4.4}$$

また，任意の $x\in H$ に対して，

$$x-\sum_{k=1}^n (x,\phi_k)\phi_k\perp\phi_1,\phi_2,\cdots,\phi_n, \tag{4.5}$$

$$\left\|x-\sum_{k=1}^n (x,\phi_k)\phi_k\right\|^2=\|x\|^2-\left\|\sum_{k=1}^n (x,\phi_k)\phi_k\right\|^2=\|x\|^2-\sum_{k=1}^n|(x,\phi_k)|^2, \tag{4.6}$$

$$\left\|x-\sum_{k=1}^n (x,\phi_k)\phi_k\right\|\le\left\|x-\sum_{k=1}^n \xi_k\phi_k\right\|. \tag{4.7}$$

この最後の不等式は，$\phi_1,\cdots,\phi_n$ の一次結合のうちで，x に最も近いものが，$(x,\phi_1)\phi_1+\cdots+(x,\phi_n)\phi_n$ で与えられることをいっている．

証明. $(\phi_j,\phi_k)=\delta_{jk}$ $(1\le j,k\le n)$ から，

$$\left(\sum_{k=1}^n\xi_k\phi_k,\ \sum_{k=1}^n\eta_k\phi_k\right)=\sum_{j,k=1}^n(\xi_j\phi_j,\ \eta_k\phi_k)=\sum_{j,k=1}^n\delta_{jk}\xi_j\bar{\eta}_k$$
$$=\sum_{k=1}^n\xi_k\bar{\eta}_k.$$

これは (4.3) である．ここで $\xi_1=\eta_1, \cdots, \xi_n=\eta_n$ とおけば (4.4) を得る．

次に，

$$\left(x-\sum_{k=1}^{n}(x,\phi_k)\phi_k, \phi_j\right)=(x,\phi_j)-\sum_{k=1}^{n}(x,\phi_k)(\phi_k,\phi_j)$$
$$=(x,\phi_j)-\sum_{k=1}^{n}\delta_{kj}(x,\phi_k)$$
$$=0 \quad (j=1,2,\cdots,n)$$

から，$x-\sum_{k=1}^{n}(x,\phi_k)\phi_k$ は $\phi_1,\phi_2,\cdots,\phi_n$ のおのおのと直交する．即ち (4.5)．これから，系 4.2 により，その任意の一次結合と直交する．特に，$x-\sum_{k=1}^{n}(x,\phi_k)\phi_k$ と $\sum_{k=1}^{n}((x,\phi_k)-\xi_k)\phi_k$ は直交するから，系 4.1 および (4.4) により，

$$\left\|x-\sum_{k=1}^{n}\xi_k\phi_k\right\|^2=\left\|\left(x-\sum_{k=1}^{n}(x,\phi_k)\phi_k\right)+\sum_{k=1}^{n}((x,\phi_k)-\xi_k)\phi_k\right\|^2$$
$$=\left\|x-\sum_{k=1}^{n}(x,\phi_k)\phi_k\right\|^2+\left\|\sum_{k=1}^{n}((x,\phi_k)-\xi_k)\phi_k\right\|^2$$
$$=\left\|x-\sum_{k=1}^{n}(x,\phi_k)\phi_k\right\|^2+\sum_{k=1}^{n}|(x,\phi_k)-\xi_k|^2.$$

よって (4.7) が得られる．また $\xi_1=\cdots=\xi_n=0$ とすれば (4.6) を得る．

（証明終）

定理 4.1. H は可分，無限次元のヒルベルト空間とする[1]．$\phi_1,\phi_2,\cdots$ を H の1つの正規直交系とするとき，任意の $x\in$ H に対して，

(4.8) $$\sum_{n=1}^{\infty}|(x,\phi_n)|^2\leqq\|x\|^2$$ **（ベッセルの不等式）**

が成立する．特に，左辺の級数は収束する．

また H における級数

(4.9) $$\sum_{n=1}^{\infty}(x,\phi_n)\phi_n$$

は強収束し，そのノルムについて，

1) 可分，無限次元は別に仮定しなくても同じ内容の定理が成立するのであるが，ここではこの形で述べておく．

(4.10) $$\left\|\sum_{n=1}^{\infty}(x,\phi_n)\phi_n\right\|^2=\sum_{n=1}^{\infty}|(x,\phi_n)|^2\leqq\|x\|^2.$$

$\phi_1, \phi_2, \cdots$ に対して，次の 4 つの条件は同等である：

（i） $\phi_1, \phi_2, \cdots$ は完全正規直交系である．すなわち H の任意の要素は $\phi_1, \phi_2, \cdots$ の一次結合で任意に近く近似できる．

（ii） すべての $x\in$H に対して，

(4.11) $$x=\sum_{n=1}^{\infty}(x,\phi_n)\phi_n.$$

(iii) すべての $x\in$H に対して，

(4.12) $$\|x\|^2=\sum_{n=1}^{\infty}|(x,\phi_n)|^2.$$ **（パーセバルの関係式）**

(iv) $\phi_1, \phi_2, \cdots$ のすべてと直交する H の要素は 0 だけである．

そしてこのとき，

(4.13) $$(x,y)=\sum_{n=1}^{\infty}(x,\phi_n)\overline{(y,\phi_n)}$$

が成立つ．

証明． (4.8) については，(4.4)，(4.6) を用いて，

$$\sum_{k=1}^{n}|(x,\phi_k)|^2=\left\|\sum_{k=1}^{n}(x,\phi_k)\phi_k\right\|^2=\|x\|^2-\left\|x-\sum_{k=1}^{n}(x,\phi_k)\phi_k\right\|^2$$
$$\leqq\|x\|^2$$

が任意の n について成立つ．これは (4.8) の左辺の級数の任意の部分和に対して，それが $\|x\|^2$ より等しいか小さいことを意味する．そして，この級数は正項級数であるから，結局 (4.8) の左辺の級数は収束して，その和は $\leqq\|x\|^2$.

(4.9) が強収束すること．それには要素列 $y_1, y_2, \cdots\left(y_n=\sum_{k=1}^{n}(x,\phi_k)\phi_k\right)$ が強収束すること，すなわちそれが基本列であることを示せばよい．(空間が完備であるから両者同じことになる.) $n<m$ とするとき，(4.4) を $\phi_{n+1}, \cdots, \phi_m$ に適用すれば，$\|y_m-y_n\|^2=\left\|\sum_{k=n+1}^{m}(x,\phi_k)\phi_k\right\|^2=\sum_{k=n+1}^{m}|(x,\phi_k)|^2$. $\sum_{n=1}^{\infty}|(x,\phi_n)|^2$ が収束することから，これは $n, m\to\infty$ のとき 0 に収束する(コーシーの収束条件)．これは $y_1, y_2, \cdots$ が基本列をなすことに他ならない．

(4.10) については，ノルムの連続性(系 2.4)から，

$$\left\|\sum_{n=1}^{\infty}(x,\phi_n)\phi_n\right\|^2=\|\lim_{n\to\infty}y_n\|^2=\lim_{n\to\infty}\|y_n\|^2$$

$$=\lim_{n\to\infty}\sum_{k=1}^{n}|(x,\phi_k)|^2=\sum_{n=1}^{\infty}|(x,\phi_n)|^2\leqq\|x\|^2.$$

次に定理の後半((i)—(iv) が同等なこと)を証明する.

(i)⇒(ii). 任意の $\varepsilon>0$ に対して, $\phi_1,\phi_2,\cdots$ のうちのある有限個の一次結合 $\xi_1\phi_1+\cdots+\xi_n\phi_n$ をとって,

$$\left\|x-\sum_{k=1}^{n}\xi_k\phi_k\right\|<\varepsilon$$

とすることができる. このとき, (4.7) から,

$$\left\|x-\sum_{k=1}^{n}(x,\phi_k)\phi_k\right\|<\varepsilon.$$

$m\geqq n$ のとき, やはり (4.7) から,

$$\left\|x-\sum_{k=1}^{m}(x,\phi_k)\phi_k\right\|\leqq\left\|x-\left(\sum_{k=1}^{n}(x,\phi_k)\phi_k+0\cdot\phi_{n+1}+\cdots+0\cdot\phi_m\right)\right\|$$

$$=\left\|x-\sum_{k=1}^{n}(x,\phi_k)\phi_k\right\|<\varepsilon.$$

これは, $\lim_{n\to\infty}\sum_{k=1}^{n}(x,\phi_k)\phi_k=x$ を示している.

(ii)⇒(iii). (4.10) から明らか.

(iii)⇒(iv). x が $\phi_1,\phi_2,\cdots$ のすべてと直交するならば, $(x,\phi_n)=0$ ($n=1,2,\cdots$). 故に $\|x\|^2=\sum_{n=1}^{\infty}|(x,\phi_n)|^2=0$. 故に $x=0$.

(iv)⇒(i). $m\geqq k$ ならば, $\phi_k\perp x-\sum_{n=1}^{m}(x,\phi_n)\phi_n$ ((4.5)). 故に, $\phi_k\perp x-\sum_{n=1}^{\infty}(x,\phi_n)\phi_n$ (系 4.2). これが $k=1,2,\cdots$ のすべてについていえるから, (iv) によって, $x-\sum_{n=1}^{\infty}(x,\phi_n)\phi_n=0$. これは, $\phi_1,\phi_2,\cdots$ の一次結合 $\sum_{k=1}^{n}(x,\phi_k)\phi_k$ が x に収束すること, すなわち, x を十分近く近似することを示している.

(4.13) については, (4.3) と内積の連続性(系 2.5)から

$$(x,y)=\left(\sum_{n=1}^{\infty}(x,\phi_n)\phi_n,\ \sum_{n=1}^{\infty}(y,\phi_n)\phi_n\right)$$

$$=\left(\lim_{n\to\infty}\sum_{k=1}^{n}(x,\phi_k)\phi_k,\ \lim_{n\to\infty}\sum_{k=1}^{n}(y,\phi_k)\phi_k\right)$$

$$=\lim_{n\to\infty}\left(\sum_{k=1}^{n}(x,\phi_k)\phi_k,\ \sum_{k=1}^{n}(y,\phi_k)\phi_k\right)$$

$$=\lim_{n\to\infty}\sum_{k=1}^{n}(x,\phi_k)\overline{(y,\phi_k)}$$

$$=\sum_{n=1}^{\infty}(x,\phi_n)\overline{(y,\phi_n)}.$$

(証明終)

系 4.3. H を可分，無限次元の前ヒルベルト空間とする．$\phi_1, \phi_2, \cdots$ を H の 1 つの正規直交系とするとき，任意の $x\in$H に対して，

$$\sum_{n=1}^{\infty}|(x,\phi_n)|^2\leqq\|x\|^2 \tag{4.8}$$

(ベッセルの不等式)

が成立する．特に，左辺の級数は収束する．

$\phi_1, \phi_2, \cdots$ に対して，次の 3 つの条件は同等である．

(i) $\phi_1, \phi_2, \cdots$ は完全正規直交系である．

(ii) すべての $x\in$H に対して，

$$x=\sum_{n=1}^{\infty}(x,\phi_n)\phi_n. \tag{4.11}$$

(iii) すべての $x\in$H に対して，

$$\|x\|^2=\sum_{n=1}^{\infty}|(x,\phi_n)|^2. \tag{4.12}$$

(パーセバルの関係式)

そしてこのとき，$\phi_1, \phi_2, \cdots$ のすべてと直交するような H の要素は 0 だけであり，また，

$$(x,y)=\sum_{n=1}^{\infty}(x,\phi_n)\overline{(y,\phi_n)} \tag{4.13}$$

が成立つ．

証明． 定理 4.1 の証明で，これらのことの証明のうち，空間が完備であることを用いているのは，(iv)⇒(i) の証明だけである．よって直接 (iii) から (i) が導びかれればよい．これは，(4.6) において，$n\to\infty$ とすれば，(4.12) により右辺 $\to 0$ となることからただちに知られる． (証明終)

定理 4.2. 前ヒルベルト空間 H の，一次独立な要素の可算系 $x_1, x_2, \cdots$ に対して，次のようにして正規直交系 $\phi_1, \phi_2, \cdots$ が得られる．**(シュミットの直交化)**：

$$y_1=x_1, \qquad \phi_1=\frac{1}{\|y_1\|}y_1\,;$$

$$y_2=x_2-(x_2,\phi_1)\phi_1, \qquad \phi_2=\frac{1}{\|y_2\|}y_2\,;$$

$$\vdots \qquad\qquad \vdots$$

$$y_n=x_n-(x_n,\phi_1)\phi_1-\cdots-(x_n,\phi_{n-1})\phi_{n-1}, \quad \phi_n=\frac{1}{\|y_n\|}y_n\,;$$

$$\vdots \qquad\qquad \vdots$$

そして，ここで，$\mathcal{V}\{x_1,\cdots,x_n\}=\mathcal{V}\{\phi_1,\cdots,\phi_n\}$ $(n=1,2,\cdots)$ が成立っている．

証明． いま，$n=1,2,\cdots$ に対して，

（i） $y_n\neq 0$.

（ii） $\mathcal{V}\{x_1,\cdots,x_n\}=\mathcal{V}\{\phi_1,\cdots,\phi_n\}$.

（iii） $\phi_1,\cdots,\phi_n$ は正規直交系である．

という3つの命題を一緒に考えて，$P(n)$ とし，これを数学的帰納法によって証明する．

$P(1)$ が成立っていることは明らかである．

$n=k$ のとき成立しているとして，$P(k+1)$ を示そう．

（i） $y_{k+1}=x_{k+1}-(x_{k+1},\phi_1)\phi_1-\cdots-(x_{k+1},\phi_k)\phi_k=x_{k+1}+(\phi_1,\cdots,\phi_k$ の一次結合$)=x_{k+1}+(x_1,\cdots,x_k$ の一次結合) であるから，$y_{k+1}=0$ ならば，$x_{k+1}+(x_1,\cdots,x_k$ の一次結合$)=0$ となり，x_{k+1} の係数 $=1$ から，これは，$x_1,x_2,\cdots$ が一次独立な系であることに反する．したがって $y_{k+1}\neq 0$.

（ii） 上の証明から $\phi_{k+1}=\dfrac{1}{\|y_{k+1}\|}y_{k+1}$ は $x_1,\cdots,x_k,x_{k+1}$ の一次結合になっている．したがって $\mathcal{V}\{\phi_1,\cdots,\phi_k,\phi_{k+1}\}\subset\mathcal{V}\{x_1,\cdots,x_k,x_{k+1}\}$．また $x_{k+1}=(x_{k+1},\phi_1)\phi_1+\cdots+(x_{k+1},\phi_k)\phi_k+\|y_{k+1}\|\phi_{k+1}\in\mathcal{V}\{\phi_1,\cdots,\phi_k,\phi_{k+1}\}$であるから，$\mathcal{V}\{x_1,\cdots,x_k,x_{k+1}\}\subset\mathcal{V}\{\phi_1,\cdots,\phi_k,\phi_{k+1}\}$．したがって，
$\mathcal{V}\{x_1,\cdots,x_k,x_{k+1}\}=\mathcal{V}\{\phi_1,\cdots,\phi_k,\phi_{k+1}\}$.

（iii） $\|\phi_{k+1}\|=1$ は明らかであるから，$(\phi_j,\phi_{k+1})=0$ $(j\leqq k)$ をいえばよい．$\phi_1,\cdots,\phi_k$ は正規直交系であるから，

$$(\phi_j,\phi_{k+1})=\frac{1}{\|y_{k+1}\|}(\phi_j,x_{k+1}-(x_{k+1},\phi_1)\phi_1-\cdots-(x_{k+1},\phi_k)\phi_k)$$

$$=\frac{1}{\|y_{k+1}\|}((\phi_j,x_{k+1})-(\phi_j,(x_{k+1},\phi_j)\phi_j))=0.$$

したがって $P(k+1)$ が示された.

以上により数学的帰納法によって，すべての $n=1, 2, \cdots$ について $P(n)$ が成立つこととなった. （証明終）

定理 4.3. 可分，無限次元の前ヒルベルト空間 H は，可算個の要素より成る完全正規直交系を有する.

証明. $\mathrm{D}=\{x_1, x_2, \cdots\}$ を H の稠密な可算集合とする. D の要素のうち，それ以前にあるものについて一次従属なものははぶいて，残ったものを $\mathrm{D}'=\{x_1', x_2', \cdots\}$ とすれば，D′ は一次独立で，$\mathcal{V}(\mathrm{D})=\mathcal{V}(\mathrm{D}')$. D′ からはシュミットの直交化(定理 4.3)によって，正規直交系 $\phi_1, \phi_2, \cdots$ が得られる. さて，D は H の稠密な部分集合であり，$\mathrm{D}\subset\mathcal{V}(\mathrm{D})$ であるから勿論 $\mathcal{V}(\mathrm{D})$ も H で稠密である. また，$\mathcal{V}\{\phi_1, \phi_2, \cdots\}=\mathcal{V}(\mathrm{D}')=\mathcal{V}(\mathrm{D})$ は，シュミットの直交化による主張である. したがって $\phi_1, \phi_2, \cdots$ の一次結合は H で稠密となる. これは $\phi_1, \phi_2, \cdots$ が完全正規直交系であることに他ならない.

このとき $\phi_1, \phi_2, \cdots$ が有限で終ることはないことを次に示す. それは系 4.3 (4.11) によって，すべての $x\in\mathrm{H}$ が $x=\sum_{n=1}^{\infty}(x, \phi_n)\phi_n$ と表わされるわけであるから，もし有限個 $\phi_1, \cdots, \phi_m$ しかないとすれば，$x=\sum_{n=1}^{m}(x, \phi_n)\phi_n$. すなわち $\mathrm{H}=\mathcal{V}\{\phi_1, \cdots, \phi_m\}$ となり，H は有限次元となって仮定に反する. （証明終）

定理 4.4. 可分なヒルベルト空間は，複素ユークリッド空間または (l^2) と同型である.

証明. H を可分なヒルベルト空間とし，$\phi_1, \phi_2, \cdots$ をその1つの完全正規直交系とする. H が無限次元ならば，これは可算無限個の要素から成り，$x\in\mathrm{H}$ は，

(4.11) $$x=\sum_{n=1}^{\infty}(x, \phi_n)\phi_n$$

と表わされ，ここで，

(4.12) $$\|x\|^2=\sum_{n=1}^{\infty}|(x, \phi_n)|^2<\infty$$

である. したがって，

$$T\colon \mathrm{H}\ni x \to ((x, \phi_1), (x, \phi_2), \cdots)\in(l^2)$$

という対応 T を考えると，定義 2.8 の条件のうち，線形演算を保存すること

はただちに知られ，また (4.12) からノルムも保存される．Tが上への写像であることを見るために，$(\xi_1, \xi_2, \cdots) \in (l^2)$ をとる．そのとき $\sum_{n=1}^{\infty} \xi_n \phi_n$ が強収束することは，$\left\| \sum_{k=m+1}^{n} \xi_k \phi_k \right\|^2 = \sum_{k=m+1}^{n} |\xi_k|^2 \to 0 \ (m, n \to \infty)$ から知られる．$x = \sum_{n=1}^{\infty} \xi_n \phi_n$ とすれば，$(x, \phi_n) = \xi_n$，すなわち $Tx = (\xi_1, \xi_2, \cdots)$ であり，これでTが同型対応を与えていることが知られた．

H が有限次元の場合には，$\phi_1, \phi_2, \cdots$ は一次独立であるから (問 4.5)，H を n 次元とすれば，この完全正規直交系はちょうどn個のベクトルから成る．上と同様に，

$$\mathrm{H} \ni x \to ((x, \phi_1), \cdots, (x, \phi_n))$$

なる対応が，H と n 次元複素ユークリッド空間の同型を与える．（証明終）

問 1. x, y が直交していれば，$\|x+y\|^2 = \|x\|^2 + \|y\|^2$．(系 4.1)

もっと一般に，$x_1, \cdots, x_n$ が直交系であるとき，

$$\|\xi_1 x_1 + \cdots + \xi_n x_n\|^2 = |\xi_1|^2 \|x_1\|^2 + \cdots + |\xi_n|^2 \|x_n\|^2. \qquad [練 1\text{-A}.15]$$

問 2. $x \perp \mathrm{A}$ ならば，$x \perp \mathcal{V}(\mathrm{A})$；$x \perp \bar{\mathrm{A}}$；$x \perp \overline{\mathcal{V}}(\mathrm{A})$．(系 4.2) [練 1-A.17]

問 3. H の部分空間 K が H で稠密であるとき，K のすべての要素と直交する要素は 0 だけである． [練 1-A.18]

問 4. $x_1, x_2 \in \mathrm{H}$ が，すべての $y \in \mathrm{H}$ に対して $(x_1, y) = (x_2, y)$ を満たしているならば，$x_1 = x_2$． [練 1-A.19]

問 5. 直交系は一次独立な系である． [練 1-A.20]

§ 5. 完 備 化

例 5.1. 複素数の数列 $\xi_1, \xi_2, \cdots$ で，有限個の ξ_n を除いては 0 というようなものの全体 H_0 を考えると，H_0 は (l^2) の部分ベクトル空間をなしていると考えられる．しかし，H_0 は完備でない．実際，

$$x_n = \left(1, \frac{1}{2}, \frac{1}{3}, \cdots, \frac{1}{n}, 0, 0, \cdots\right) \quad (n = 1, 2, \cdots)$$

という要素の列を考えると，$\sum_{n=1}^{\infty} \frac{1}{n^2} < \infty$ であるから，これは基本列をなすが，その強収束した先は，(l^2) で，

$$\left(1, \frac{1}{2}, \frac{1}{3}, \cdots, \frac{1}{n}, \frac{1}{n+1}, \cdots\right)$$

という要素であり，これは H_0 にはいっていないから，H_0 は完備でない．

この他，種々の函数空間を考えるとき，やはり完備でないために，ヒルベルト空間の理論を適用するためにいろいろ不都合が生ずる．そこで，前ヒルベルト空間 H が与えられたとき，いつでも，H をその稠密な部分空間として含むようなヒルベルト空間 $\tilde{\mathrm{H}}$ が存在することをこの § で証明しよう[1)]．

H における基本列全体の集合を $\mathring{\mathrm{H}}$ とする．その要素を一般に $\mathring{x}$, $\mathring{y}$ 等で表わす．いま $\mathring{x}=(x_1, x_2, \cdots)$ と $\mathring{y}=(y_1, y_2, \cdots)$ が同値ということを，

(5.1) $$\lim_{n\to\infty}\|x_n-y_n\|=0$$

であるということによって定義すれば，この同値関係(これを $\mathring{x}\sim\mathring{y}$ と書くことにする)は，同値の3条件：

反射律 $\mathring{x}\sim\mathring{x}$；

対称律 $\mathring{x}\sim\mathring{y}$ ならば $\mathring{y}\sim\mathring{x}$；

推移律 $\mathring{x}\sim\mathring{y}$, $\mathring{y}\sim\mathring{z}$ ならば $\mathring{x}\sim\mathring{z}$.

を満たしている．そこで，互いに同値なものを集めて1つの類とし，そのような類全体の集合を $\hat{\mathrm{H}}$ とする．$\hat{\mathrm{H}}$ は，よって，$\mathring{\mathrm{H}}$ の要素を上の同値関係によって類別した類の集合である．その要素を $\hat{x}, \hat{y}$ 等と書く．

線形演算．$\hat{\mathrm{H}}$ の要素の間に加法およびスカラー倍を導入する．$\hat{x}$ の任意の代表 $\mathring{x}=(x_1, x_2, \cdots)$ と，$\hat{y}$ の任意の代表 $\mathring{y}=(y_1, y_2, \cdots)$ をとったとき，

(5.2) $$x_1+y_1,\ \ x_2+y_2,\ \ \cdots$$

はまた1つの基本列をなすが，ここで，$\mathring{x}, \mathring{y}$ を同値な $\mathring{x}'=(x_1', x_2', \cdots)$, $\mathring{y}'=(y_1', y_2', \cdots)$ でおきかえると，また (5.2) に同値なものが得られる．したがって (5.2) は $\hat{x}$, $\hat{y}$ の代表のとり方に関せず，$\hat{\mathrm{H}}$ の一定の要素を定めることになる．この要素を $\hat{x}+\hat{y}$ としるす．同様にスカラー倍 $\alpha\hat{x}$ は，

(5.3) $$\alpha x_1,\ \ \alpha x_2,\ \ \cdots$$

の属する類として定義される．これらの演算が線形演算の基本性質(定義 1.1)を満たすことを検証することは容易である．特に $\hat{0}$ ($\hat{\mathrm{H}}$ のゼロ) は，

1) 以下，この § の内容は，最初の一読に際しては，とばして読んでもかまわない．

$$(5.4) \qquad 0,\ 0,\ \cdots$$

という基本列を含む類，$\hat{x}$ に対し，$-\hat{x}$ は，

$$(5.5) \qquad -x_1,\ -x_2,\ \cdots$$

を含む類として定まる．以上により $\hat{\mathrm{H}}$ は複素ベクトル空間である．

基本列 $(x_1, x_2, \cdots)\in\hat{x}, (y_1, y_2, \cdots)\in\hat{y}$ に対して，$(x_1+y_1, x_2+y_2, \cdots)$ は基本列である．$\because\ \|(x_n+y_n)-(x_m+y_m)\|=\|(x_n-x_m)+(y_n-y_m)\|\leqq\|x_n-x_m\|+\|y_n-y_m\|\to0.$」また，$(x_1, x_2, \cdots)\sim(x_1', x_2', \cdots), (y_1, y_2, \cdots)\sim(y_1', y_2', \cdots)$ のとき，$(x_1+y_1, x_2+y_2, \cdots)\sim(x_1'+y_1', x_2'+y_2', \cdots)$．$\because\ \|(x_n+y_n)-(x_n'+y_n')\|\leqq\|x_n-x_n'\|+\|y_n-y_n'\|\to0.$」これで，$\hat{x}+\hat{y}$ は $(x_1+y_1, x_2+y_2, \cdots)$ を含む同値類として定まる．$\hat{x}+\hat{y}=\hat{y}+\hat{x}$． $\because$ 左辺は $(x_1+y_1, x_2+y_2, \cdots)$，右辺は$(y_1+x_1, y_2+x_2, \cdots)$を含む同値類であるが，これは同じものである．」同様に，$(\hat{x}+\hat{y})+\hat{z}=\hat{x}+(\hat{y}+\hat{z})$．$\hat{x}, \hat{y}$ に対して，基本列 $(y_1-x_1, y_2-x_2, \cdots)$ を含む同値類を $\hat{z}$ とすれば，$\hat{x}+\hat{z}=\hat{y}$ となることも知られる．

$(\alpha x_1, \alpha x_2, \cdots)$は基本列．$\because\ \|\alpha x_n-\alpha x_m\|=|\alpha|\|x_n-x_m\|\to0.$」$(x_1, x_2, \cdots)\sim(x_1', x_2', \cdots)$ のとき，$(\alpha x_1, \alpha x_2, \cdots)\sim(\alpha x_1', \alpha x_2', \cdots)$．$\because\ \|\alpha x_n-\alpha x_n'\|=|\alpha|\|x_n-x_n'\|\to0.$」これで $\alpha\hat{x}$ が定義される．$\alpha(\hat{x}+\hat{y})=\alpha\hat{x}+\alpha\hat{y}$． $\because$ 左辺は $(\alpha(x_1+y_1), \alpha(x_2+y_2), \cdots)$，右辺は $(\alpha x_1+\alpha y_1,\ \alpha x_2+\alpha y_2, \cdots)$ を含む同値類．」 以下同様に，$(\alpha+\beta)\hat{x}=\alpha\hat{x}+\beta\hat{x}$，$\alpha(\beta\hat{x})=(\alpha\beta)\hat{x}$，$1\hat{x}=\hat{x}$.

ノルム．$\hat{x}\in\hat{\mathrm{H}}$ に対し，$\hat{x}$ に属する任意の基本列 $x_1, x_2, \cdots$ をとるとき，$\lim_{n\to\infty}\|x_n\|$が存在し，かつ，この値は，基本列のとり方によらない．すなわち，まず $|\|x_n\|-\|x_m\||\leqq\|x_n-x_m\|$ ((2.10)) $\to0$ であるから，$\|x_1\|, \|x_2\|, \cdots$ はコーシーの収束条件を満たし，したがって $\lim_{n\to\infty}\|x_n\|$ が存在する．そして，$(x_1, x_2, \cdots)\sim(x_1', x_2', \cdots)$ ならば，$|\|x_n\|-\|x_n'\||\leqq\|x_n-x_n'\|\to0$ であるから，$\lim_{n\to\infty}\|x_n\|=\lim_{n\to\infty}\|x_n'\|$．この一定の値を，

$$(5.6) \qquad \|\hat{x}\|=\lim_{n\to\infty}\|x_n\|$$

とする．このとき，これはノルムとしてもつべき性質 (2.6–8) を満足する．

(2.6) について．$\|\hat{x}\|=\lim_{n\to\infty}\|x_n\|\geqq0$．$\|\hat{x}\|=0$ のときは，$\hat{x}\ni\mathring{x}=(x_1, x_2, \cdots)$ に対し，$\lim_{n\to\infty}\|x_n-0\|=\lim_{n\to\infty}\|x_n\|=0$ であるから，$\mathring{x}$ と $(0, 0, \cdots)$ は同値な基本列で，したがって，$\hat{x}\ni(0, 0, \cdots)$．故に，$\hat{x}=\hat{0}$．(2.7) について．$\|\hat{x}+\hat{y}\|=\lim_{n\to\infty}\|x_n+y_n\|\leqq\lim_{n\to\infty}(\|x_n\|+\|y_n\|)=\|\hat{x}\|+\|\hat{y}\|$．(2.8) について．$\|\alpha\hat{x}\|=\lim_{n\to\infty}\|\alpha x_n\|=|\alpha|\lim_{n\to\infty}\|x_n\|=|\alpha|\|\hat{x}\|$.

以上により $\hat{\mathrm{H}}$ はノルム空間となる.

内積. $\hat{x}, \hat{y}$ の任意の代表 $(x_1, x_2, \cdots), (y_1, y_2, \cdots)$ に対して,

$$\lim_{n\to\infty}(x_n, y_n) \tag{5.7}$$

が存在して, かつこの値が代表のとり方によらないことは, $(x_n, y_n) = \frac{1}{4}\{(\|x_n+y_n\|^2-\|x_n-y_n\|^2)+i(\|x_n+iy_n\|^2-\|x_n-iy_n\|^2)\}$ ((2.14)) において, 右辺の極限値について, それがいえることから知られる. (5.7)の極限値を $(\hat{x}, \hat{y})$ とすれば, これは内積のみたすべき条件を満足する.

$(x_1, x_2, \cdots)$, $(y_1, y_2, \cdots)$ が基本列のとき, $(x_1+y_1,\ x_2+y_2, \cdots)$ 等も基本列であるから, $\lim_{n\to\infty}\|x_n+y_n\|$ 等が存在する. これで $\lim_{n\to\infty}(x_n, y_n)$ の存在がわかる. また $(x_1, x_2, \cdots)\sim(x_1', x_2', \cdots), (y_1, y_2, \cdots)\sim(y_1', y_2', \cdots)$ のとき, $(x_1+y_1, x_2+y_2, \cdots)\sim(x_1'+y_1', x_2'+y_2', \cdots)$ 等から, $\lim_{n\to\infty}\|x_n+y_n\|=\lim_{n\to\infty}\|x_n'+y_n'\|$ 等. これで, $\lim_{n\to\infty}(x_n, y_n)=\lim_{n\to\infty}(x_n', y_n')$ となる.」 $(\hat{x}, \hat{y})=\lim_{n\to\infty}(x_n, y_n)=\lim_{n\to\infty}\overline{(y_n, x_n)}=\overline{\lim_{n\to\infty}(y_n, x_n)}=\overline{(\hat{y}, \hat{x})}$.」 $(\hat{x}+\hat{y}, \hat{z})=\lim_{n\to\infty}(x_n+y_n, z_n)=\lim_{n\to\infty}((x_n, z_n)+(y_n, z_n))=(\hat{x}, \hat{z})+(\hat{y}, \hat{z})$.」 $(\alpha\hat{x}, \hat{y})=\alpha(\hat{x}, \hat{y})$ も同様.」 $(\hat{x}, \hat{x})=\lim_{n\to\infty}(x_n, x_n)=\lim_{n\to\infty}\|x_n\|^2=\|\hat{x}\|^2\geqq 0$. かつ $(\hat{x}, \hat{x})=0$ ならば $\|\hat{x}\|=0$. $\therefore\ \hat{x}=\hat{0}$.

以上によって, $\hat{\mathrm{H}}$ は前ヒルベルト空間であることとなった.

完備性. $\hat{\mathrm{H}}$ は完備である. それを示すのに, まず任意の $\hat{x}\in\hat{\mathrm{H}}$ に対して, 任意に $\varepsilon>0$ を与えたとき, $\hat{x}$ に属する基本列 $x_1, x_2, \cdots$ で, すべての m, n に対して $\|x_m-x_n\|<\varepsilon$ を満たすものが存在することを注意しておこう. 実際, 基本列の定義からは, 適当な番号 N をとると, $m, n\geqq N$ であるならば $\|x_m-x_n\|<\varepsilon$ となるわけであるが, $x_1'=x_{N+1}, x_2'=x_{N+2}, \cdots$ とすれば, $x_1', x_2', \cdots$ が $x_1, x_2, \cdots$ と同値な基本列で, $x_1', x_2', \cdots$ に対しては, すべての m, n に対して $\|x_m'-x_n'\|<\varepsilon$ が満たされている.

そこで $\hat{x}_1, \hat{x}_2, \cdots$ を $\hat{\mathrm{H}}$ の1つの基本列とする. そして各 $\hat{x}_n$ から代表 $\mathring{x}_n=(x_1^{(n)}, x_2^{(n)}, \cdots)$ を選ぶのに, 上に注意したように, すべての j, k について,

$$\|x_j^{(n)}-x_k^{(n)}\|<\frac{1}{2^n} \tag{5.8}$$

が成立っているようなものを選ぶことが出来る. このとき,

$$x_1^{(1)},\ x_2^{(2)},\ \cdots \tag{5.9}$$

という要素の列が基本列をなし, かつ, この基本列の属する類を $\hat{x}_0$ としたとき,

$\lim_{n\to\infty}\|\hat{x}_n-\hat{x}_0\|=0$ となることを示そう.

任意の $\varepsilon>0$ を与えたとき, $\hat{x}_1, \hat{x}_2, \cdots$ は基本列であるから, 適当な番号 N をとれば, $m, n\geqq N$ のとき $\|\hat{x}_m-\hat{x}_n\|<\frac{\varepsilon}{2}$ となる. また N は, $N\geqq\log_2\frac{1}{\varepsilon}+3$ であるようにとっておく. $m, n\geqq N$ とすれば, 任意の k に対して,

$$\|x_m{}^{(m)}-x_n{}^{(n)}\|\leqq\|x_m{}^{(m)}-x_k{}^{(m)}\|+\|x_k{}^{(m)}-x_k{}^{(n)}\|+\|x_k{}^{(n)}-x_n{}^{(n)}\|$$
$$<\frac{1}{2^m}+\frac{1}{2^n}+\|x_k{}^{(m)}-x_k{}^{(n)}\|\leqq\frac{2}{2^N}+\|x_k{}^{(m)}-x_k{}^{(n)}\|.$$

この左辺は k に無関係であるから, $k\to\infty$ として, (5.6) を用いると,

$$\|x_m{}^{(m)}-x_n{}^{(n)}\|\leqq\frac{2}{2^N}+\|\hat{x}_m-\hat{x}_n\|<\frac{2}{2^N}+\frac{\varepsilon}{2}\leqq\frac{\varepsilon}{4}+\frac{\varepsilon}{2}=\frac{3}{4}\varepsilon<\varepsilon.$$

したがって (5.9) が基本列をなすことが知られた. この基本列の属する類を $\hat{x}_0$ とすれば,

$$\|x_m{}^{(n)}-x_m{}^{(m)}\|\leqq\|x_m{}^{(n)}-x_n{}^{(n)}\|+\|x_n{}^{(n)}-x_m{}^{(m)}\|<\frac{1}{2^n}+\|x_n{}^{(n)}-x_m{}^{(m)}\|$$

であるから, m, n が上に定めた番号 N よりも大きいときは,

$$\|x_m{}^{(n)}-x_m{}^{(m)}\|<\frac{1}{8}\varepsilon+\frac{3}{4}\varepsilon=\frac{7}{8}\varepsilon.$$

したがって, $m\to\infty$ とすることにより, (5.6) から,

$$\|\hat{x}_n-\hat{x}_0\|\leqq\frac{7}{8}\varepsilon<\varepsilon$$

を得る. これから, $\lim_{n\to\infty}\|\hat{x}_n-\hat{x}_0\|=0$ であることがわかる.

以上によって $\hat{\mathrm{H}}$ がヒルベルト空間をなすことがわかった. この構成法を基礎として, 次の定理を証明する.

定理 5.1. 前ヒルベルト空間 H に対して, H をその稠密な部分空間とするようなヒルベルト空間 $\tilde{\mathrm{H}}$ が存在する.

もしも, 2つのヒルベルト空間 $\tilde{\mathrm{H}}_1, \tilde{\mathrm{H}}_2$ があって, H がそのいずれにも稠密な部分空間として含まれているならば, $\tilde{\mathrm{H}}_1$ と $\tilde{\mathrm{H}}_2$ は H の要素をそれ自身に移すような写像によって同型となる.

証明. いま $a\in\mathrm{H}$ に対して, 要素列 $a, a, \cdots$, すなわち, すべての $x_n=a$ であるような列 $x_1, x_2, \cdots$ を考えれば, これは明らかに1つの基本列である.

この基本列の属する類を，a と同一視して，H は $\hat{\mathrm{H}}$ の部分集合であると考えることができる．このようにすれば，H における線形演算，および内積は，$\hat{\mathrm{H}}$ におけるものを H に制限したものとなっている．したがって H は $\hat{\mathrm{H}}$ の部分空間である．H が $\hat{\mathrm{H}}$ で稠密であることを示そう．任意の $\hat{x}\in\hat{\mathrm{H}}$ に対して，$\hat{x}=(x_1, x_2, \cdots)\in\hat{x}$ とするとき，$\hat{\mathrm{H}}$ において，$\lim_{n\to\infty} x_n=\hat{x}$ である．実際，$\|x_n-\hat{x}\|=\lim_{m\to\infty}\|x_n-x_m\|$ であるから，任意の $\varepsilon>0$ に対し，N を，$n, m\geqq N$ ならば $\|x_n-x_m\|\leqq\varepsilon$ であるようにとれば，$n\geqq N$ のとき，$\|\hat{x}-x_n\|\leqq\varepsilon$．これは，$\lim_{n\to\infty}\|x_n-\hat{x}\|=0$ であることを示す．以上により，$\tilde{\mathrm{H}}=\hat{\mathrm{H}}$ は H をその稠密な部分空間とするヒルベルト空間であることが知られた．

次に，2つのヒルベルト空間 $\tilde{\mathrm{H}}_1, \tilde{\mathrm{H}}_2$ があって，H がそのいずれにも，稠密な部分空間として含まれているとする．任意の $\tilde{x}_1\in\tilde{\mathrm{H}}_1$ に対しては，H が $\tilde{\mathrm{H}}_1$ で稠密であることから，$x_1, x_2, \cdots\in\mathrm{H}$, $\lim_{n\to\infty}\|x_n-\tilde{x}_1\|=0$ となる要素列が存在する．このとき，$x_1, x_2, \cdots$ は強収束する要素列であることから，基本列となり，したがって $\tilde{\mathrm{H}}_2$ が H を含むヒルベルト空間であることから，ある $\tilde{x}_2\in\tilde{\mathrm{H}}_2$ に強収束している．$\tilde{x}_1$ に強収束する別の要素列 $y_1, y_2, \cdots$ をとれば，これは上の $x_1, x_2, \cdots$と同値な基本列となり，したがって $y_1, y_2, \cdots$ も $\tilde{x}_2$ に強収束する．それ故，$\tilde{x}_2$ は $\tilde{x}_1$ に対応して一意的に定まることとなる．$\tilde{x}_2=T\tilde{x}_1$ と書く．このように定義した T が，$\tilde{\mathrm{H}}_1$ と $\tilde{\mathrm{H}}_2$ の同型を与えていることを見る．

まず $a\in\mathrm{H}$ ならば，$Ta=a$ は明らかである．

T が $\tilde{\mathrm{H}}_2$ の上への対応であることを見るために，任意に $\tilde{x}_2\in\tilde{\mathrm{H}}_2$ をとると，H が $\tilde{\mathrm{H}}_2$ で稠密であるから，$x_1, x_2, \cdots\in\mathrm{H}$, $\lim_{n\to\infty}\|x_n-\tilde{x}_2\|=0$ ($\tilde{\mathrm{H}}_2$ において) となる要素列が存在する．このとき，$x_1, x_2, \cdots$ は H の基本列となり，したがって $\tilde{\mathrm{H}}_1$ のある要素に強収束する．その要素を $\tilde{x}_1$ とすれば，T の定義の仕方から明らかなように，$T\tilde{x}_1=\tilde{x}_2$.

$T(\tilde{x}_1+\tilde{y}_1)=T\tilde{x}_1+T\tilde{y}_1$ であること．$x_1, x_2, \cdots$, $y_1, y_2, \cdots\in\mathrm{H}$, $\lim_{n\to\infty} x_n=\tilde{x}_1$, $\lim_{n\to\infty} y_n=\tilde{y}_1$ ($\tilde{\mathrm{H}}_1$ において) であるとすれば，$\tilde{\mathrm{H}}_2$ においては，$\lim_{n\to\infty} x_n=T\tilde{x}_1$, $\lim_{n\to\infty} y_n=T\tilde{y}_1$．故に，$x_1+y_1, x_2+y_2, \cdots$ は $\tilde{\mathrm{H}}_1$ においては $\tilde{x}_1+\tilde{y}_1$ に収束し，$\tilde{\mathrm{H}}_2$ においては，$T\tilde{x}_1+T\tilde{y}_1$ に収束する．故に，$T(\tilde{x}_1+\tilde{y}_1)=T\tilde{x}_1+T\tilde{y}_1$.

$T(\alpha\tilde{x}_1)=\alpha T\tilde{x}_1$ であることも同様にして示される．

$\|T\tilde{x}_1\|=\|\tilde{x}_1\|$ であること．$x_1, x_2, \cdots\in \mathrm{H}$, $\lim_{n\to\infty} x_n=\tilde{x}_1$ ($\tilde{\mathrm{H}}_1$ において) とすれば，$\tilde{\mathrm{H}}_2$ において $\lim_{n\to\infty} x_n=T\tilde{x}_1$. 故に，$\|\tilde{x}_1\|=\lim_{n\to\infty}\|x_n\|=\|T\tilde{x}_1\|$.

以上によって，$\tilde{\mathrm{H}}_1$ と $\tilde{\mathrm{H}}_2$ は，H の要素をそれ自身に移す同型写像によって同型となることが知られた．（証明終）

問 1. 基本列 $x_1, x_2, \cdots$ に対して，その任意の部分列 $x_{n(1)}, x_{n(2)}, \cdots$ は，これと同値な基本列である．[練 1-A. 22]

問 2. 前ヒルベルト空間 H において，

(i) 要素列 $x_1, x_2, \cdots$; $y_1, y_2 \cdots$ が共に同じ要素 x_0 に強収束しているならば，この2つは同値な基本列である．

(ii) 2つの同値な基本列 $x_1, x_2, \cdots$; $y_1, y_2, \cdots$ の一方が，ある要素 x_0 に強収束しているならば，他方も同じ x_0 に強収束する．[練 1-A. 23]

問　題　1

1. ベクトル空間の定義(定義 1.1)から，次のことを証明せよ．

(i) ある $x\in \mathrm{V}$ に対して，$x+z=x$ を満足する $z\in \mathrm{V}$ は，任意の $y\in \mathrm{V}$ に対して，$y+z=y$ を満足する．

(ii) (i) における z は一意的に定まる．(これを 0 で示す．)

(iii) 任意の $x\in \mathrm{V}$ に対して，$x+z=0$ を満足する $z\in \mathrm{V}$ が一意的に定まる．(これを $-x$ で示す．)

(iv) 任意の $x, y\in \mathrm{V}$ に対して，$x+z=y$ を満足する $z\in \mathrm{V}$ はただ1つ定まる．そして，$z=y+(-x)$．(これを $y-x$ で示す．)

(v) $0-x=-x$, $0x=0$, $\alpha 0=0$, $(-1)x=-x$.　[練 1-B. 1]

2. ベクトル空間 V において，A を一次独立な系とすれば，A の任意の(空でない)部分集合も，一次独立な系である．

A を V の一次従属な系とすれば，A に V の他の要素をつけ加えた集合も，一次従属な系である．[練 1-B. 2]

3. ベクトル空間 V において，$\{x_1, \cdots, x_m\}$ が一次独立であり，x が $\{x_1, \cdots, x_m\}$ と一次独立ならば，$\{x, x_1, \cdots, x_m\}$ は一次独立である．さらに，一般に A が一次独立な系であり，x が A と一次独立ならば，$\mathrm{A}\smile\{x\}$ は一次独立な系である．[練 1-B. 3]

4. ベクトル空間 V の部分集合 A, B に対して，もしも B の要素がすべて A と一次従属であるならば，$\mathcal{V}(\mathrm{B})\subset\mathcal{V}(\mathrm{A})$. したがって，もしもさらに $\mathrm{A}\subset\mathrm{B}$ であれば，$\mathcal{V}(\mathrm{A})=\mathcal{V}(\mathrm{B})$.　[練 1-B. 4]

5. 前ヒルベルト空間 H において，有限個の要素 $x_1, x_2, \cdots, x_n$ に対してつくった行列

$$A=\begin{pmatrix}(x_1,x_1) & (x_1,x_2) & \cdots & (x_1,x_n)\\ (x_2,x_1) & (x_2,x_2) & \cdots & (x_2,x_n)\\ \cdots & \cdots & \cdots & \cdots\\ (x_n,x_1) & (x_n,x_2) & \cdots & (x_n,x_n)\end{pmatrix}$$

は，**半正値エルミット行列**である．すなわち，任意の複素数 $\xi_1,\xi_2,\cdots,\xi_n$ に対して，

$$\sum_{j,k=1}^{n}\xi_j\bar{\xi}_k(x_j,x_k)\geqq 0.$$

特に，その行列式 $\det A$——$x_1,x_2,\cdots,x_n$ に関する**グラムの行列式**——は，$\geqq 0$.

$x_1,x_2,\cdots,x_n$ が一次独立ならば，A は**正値**エルミット行列である．すなわち，$\xi_1=\xi_2=\cdots=\xi_n=0$ でなければ，$\sum_{j,k=1}^{n}\xi_j\bar{\xi}_k(x_j,x_k)>0$. そして，$\det A>0$.　[練 1-B. 5]

6. H は少くとも n 次元の前ヒルベルト空間であるとする．$A=(\alpha_{ij})$ が n 次の半正値エルミット行列であれば，$x_1,\cdots,x_n\in$H を，

$$(x_i,x_j)=\alpha_{ij}\quad(i,j=1,\cdots,n)$$

であるように見出すことができる．　[練 1-B. 6]

7. ノルム空間 V において，次のことを証明せよ．

(i) x が集合 A の強集積点であるための必要十分条件は，任意の $\varepsilon>0$ に対して，$(\mathrm{U}(x,\varepsilon)-\{x\})\frown \mathrm{A}\neq\phi$ であることである[1]．

(ii) $x\in\bar{\mathrm{A}}$ ⇄ 任意の $\varepsilon>0$ に対して，$\mathrm{U}(x,\varepsilon)\frown\mathrm{A}\neq\phi$.

(iii) $0<\rho<\rho'$ ならば，$\overline{\mathrm{U}(x,\rho)}\subset\mathrm{U}(x,\rho')$.

(iv) 集合 A, B に対して，$\bar{\bar{\mathrm{A}}}=\bar{\mathrm{A}}$，$\overline{\mathrm{A}\smile\mathrm{B}}=\bar{\mathrm{A}}\smile\bar{\mathrm{B}}$.

(v) A が強閉 ⇄ $x_0\notin$A ならば，適当な $\varepsilon>0$ が存在して，$\|x-x_0\|<\varepsilon$ のときつねに $x\notin$A. (あるいは，$\mathrm{U}(x_0,\varepsilon)\frown\mathrm{A}=\phi$.)

(vi) A が強閉 ⇄ A の補集合 A^c が開集合．

(vii) A が V で稠密 ⇄ 任意の開球 $\mathrm{U}(x,\varepsilon)$ に対して，$\mathrm{U}(x,\varepsilon)\frown\mathrm{A}$ が $\mathrm{U}(x,\varepsilon)$ で稠密．　[練 1-B. 7]

8. ノルム空間は距離空間であるから，その集合に対して，コンパクト性の概念が導入される[2]．

ノルム空間 V の集合 A が，そのノルムから導かれた距離に関して相対コンパクト集合(コンパクト集合)であるとき，強相対コンパクト(強コンパクト)という．すなわち，定義として(定義 19.1 参照)，

集合 A が**強相対コンパクト**であるというのは，A の中から任意にとった要素列 $x_1, x_2,\cdots$ に対して，その部分列 $x_{n(1)},x_{n(2)},\cdots$ を適当に選んで，V のある要素に強収束するようにできることである．

また，

集合 A が，強相対コンパクトかつ強閉であるとき，**強コンパクト**という．

---

1) ϕ は空集合を示す．
2) 「トポロジー」§13.

次のことを証明せよ．

(i) 強相対コンパクト集合は有界である．

(ii) 強相対コンパクト集合の任意の部分集合はまた強相対コンパクトである．

(iii) 強相対コンパクト集合 A に対して，任意に $\varepsilon>0$ を与えるとき，A の適当な有限部分集合 B をとって，任意の $x\in$A に対して，$x'\in$B かつ $\|x-x'\|<\varepsilon$ であるような x' が存在するようにできる．

(iv) A が強相対コンパクトならば，A の可算部分集合 B で，A で稠密なものが存在する．

(v) A, B が強コンパクト集合であるとき，A+B も強コンパクトである．また **A** をスカラーの任意の有界閉集合とするとき，**A**A は強コンパクトである．

(vi) A が強コンパクト，B が強閉集合ならば，A+B は強閉である． [練 1-B. 8]

9. 可算個の要素によって生成されたノルム空間は可分である． [練 1-B. 9]

10. 前ヒルベルト空間 H において，

(i) $\sup\{|(x,y)|\,;\,\|y\|\leqq 1\}=\|x\|$.

(ii) A が H の稠密な部分集合であるとき，

$$\sup\{|(x,y)|\,;\,\|y\|\leqq 1,\ \ y\in \mathrm{A}\}=\|x\|.$$ [練 1-B. 10]

11. H は前ヒルベルト空間で，$x_1, x_2, \cdots$ は H の要素から成る基本列とする．もしも，ある $x_0\in$H に対し，すべての $y\in$H について $\lim_{n\to\infty}(x_n, y)=(x_0, y)$ が成立つ(このとき $x_1, x_2, \cdots$ は x_0 に弱収束するという(定義 11.1))ならば，$x_1, x_2, \cdots$ は x_0 に強収束する． [練 1-B. 11]

12. ノルム空間 V が完備であるための必要十分条件は，$x_1, x_2, \cdots\in$V，$\sum_{n=1}^{\infty}\|x_n\|<\infty$ ならば，級数 $\sum_{n=1}^{\infty}x_n$ が強収束することである． [練 1-B. 12]

13. 前ヒルベルト空間 H が完備であるための必要十分条件は，$x_1, x_2, \cdots\in$H が直交系で，かつ $\sum_{n=1}^{\infty}\|x_n\|^2<\infty$ ならば，級数 $\sum_{n=1}^{\infty}x_n$ が強収束することである． [練 1-B. 13]

14. (**ヒルベルト空間の無限直和**) $\mathrm{H}_1, \mathrm{H}_2, \cdots$ をヒルベルト空間とする．そのとき，各 H_n $(n=1,2,\cdots)$ から1つずつ要素 x_n をとり出してつくった組

$$(x_1, x_2, \cdots)$$

で，$\sum_{n=1}^{\infty}\|x_n\|^2<\infty$ であるようなものの全体を **H** とする．**H** の中に，

$$(x_1, x_2, \cdots)+(y_1, y_2, \cdots)=(x_1+y_1, x_2+y_2, \cdots),$$

$$\alpha(x_1, x_2, \cdots)=(\alpha x_1, \alpha x_2, \cdots),$$

$$((x_1, x_2, \cdots), (y_1, y_2, \cdots))=\sum_{n=1}^{\infty}(x_n, y_n)$$

によって線形演算および内積を導入することによって，**H** は前ヒルベルト空間となる．

さらに，**H** は，この内積から導かれたノルムに関して完備であり，したがってヒルベルト空間である． [練 1-B. 14]

注：$\mathbf{H}=\sum_{n=1}^{\infty}\oplus\mathrm{H}_n$ と表わし，$\mathrm{H}_1, \mathrm{H}_2, \cdots$ の(無限)直和という．

15. 前ヒルベルト空間 H の有限次元部分空間 K は強閉である.　[練 1-B. 15]

〔ヒント〕 K の中に ONS をつくる.

16. H をヒルベルト空間とする. K_1, K_2 が共に H の閉部分空間で, かつ $K_1 \perp K_2$ であるならば, K_1+K_2 も, H の閉部分空間である.

H が前ヒルベルト空間である(完備でない)ときは, このことは一般に成立しない.

[練 1-B. 16]

17. H を前ヒルベルト空間とする. $x_1, x_2, \cdots$ を H の一次独立な要素とし, これからシュミットの直交化(定理 4.3)によって ONS $\phi_1, \phi_2, \cdots$ をつくるとき, $\phi_1, \phi_2, \cdots$ は,

(i) ϕ_n は $x_1, x_2, \cdots, x_n$ の一次結合 $(n=1, 2, \cdots)$,

(ii) $(\phi_n, x_n)>0$.

によって定められる.　[練 1-B. 17]

18. H を前ヒルベルト空間, H_0 をその1つの稠密な部分空間とする. そのとき ONS $\phi_1, \phi_2, \cdots$が, H_0 において完全であれば, $\phi_1, \phi_2, \cdots$ は H の CONS である. [練 1-B. 18]

19. H を可分な前ヒルベルト空間とすれば, H における直交系は, すべて高々可算集合をなす.　[練 1-B. 19]

20. $H=(l^2)$ とする. いま, H の要素 $(\xi_1, \xi_2, \cdots)$ で, 有限個を除いてはあとの $\xi_n=0$ であるようなものの全体を H_0 とすれば (例 5.1), H_0 は H の稠密な部分空間である.

H_0 は H の部分空間として前ヒルベルト空間であるが, 完備ではない.

H_0 の ONS $\phi_1, \phi_2, \cdots$ で, 'すべての $\phi_1, \phi_2, \cdots$ と直交する $x \in H_0$ は $x=0$ に限る.' というようなもので, しかも, 完全正規直交系ではないものが存在する.　[練 1-B. 20]

21. $H=(l^2)$ とする. H の集合 A が強相対コンパクトである(問題 1.8 参照)ための必要十分条件は, 次の (i), (ii) が成立つことである.

(i) 各 $n\ (=1, 2, \cdots)$ に対して, A の要素の第 n 座標は有界:

$$\sup\{|\xi_n|\ ;\ (\xi_1, \xi_2, \cdots) \in A\} < \infty.$$

(ii) A の要素は, その絶対値の2乗和が一様に収束:

任意の $\varepsilon>0$ に対して, 適当に番号 N をとれば, すべての $(\xi_1, \xi_2, \cdots) (\in A)$ について,

$$\sum_{n=N}^{\infty} |\xi_n|^2 < \varepsilon$$

[練 1-B. 21]

22. 数列 $(\alpha_1, \alpha_2, \cdots)$ に対し, $\sum_{n=1}^{\infty} \alpha_n \xi_n$ がすべての $(\xi_1, \xi_2, \cdots) \in (l^2)$ について収束であるときは, $\sum_{n=1}^{\infty} |\alpha_n|^2 < \infty$. すなわち, $(\alpha_1, \alpha_2, \cdots) \in (l^2)$ となっていなければならないことを証明せよ.　[演 1-B. 22]

〔ヒント〕 後に, 一般的原理(バナッハ・スタインハウスの定理 (定理 11.2, 問 11.3)) を示すが, ここでは, $\sum_{n=1}^{\infty} |\alpha_n|^2 = \infty$ として矛盾を出すことを試みよ.

第2章　線形作用素，線形汎函数

§ 6. 線形作用素

定義 6.1. ノルム空間 V の部分集合 D の各要素 x に，ノルム空間 V_1 の要素を1つずつ対応させる写像 $T: x \to Tx \in V_1$ を**作用素**という．

D をその**定義域**といい，$\mathcal{D}(T)$ と書く．また集合 $A \subset D$ に対して，集合 $\{Tx\,;\,x \in A\}$ を TA と書く．特に TD を，T の**値域**といい，また $\mathcal{R}(T)$ と書く．

また，$x_0 \in D$ に対して，$x_1, x_2, \cdots \in D$，かつ $\lim_{n\to\infty} x_n = x_0$ ならば，必ず $Tx_1, Tx_2, \cdots$ は Tx_0 に強収束するというとき，T は，**点 x_0 において連続**であるという．この定義は，また ε-δ 式で，次のような形で formulate されたものと同じことである．（問 6.1）

$$
(6.1)\qquad \begin{cases} \text{任意の } \varepsilon > 0 \text{ に対して，適当な } \delta > 0 \text{ が存在して，} \\ x \in D,\ \|x - x_0\| < \delta \text{ ならば，つねに } \|Tx - Tx_0\| < \varepsilon. \end{cases}
$$

D の各点において連続な作用素は，単に**連続**であるという[1]．

定義 6.2. V から V_1 への作用素 T が，その定義域 $\mathcal{D}(T)$ が V の部分空間で，かつ線形演算を保存する．すなわち，

$$
(6.2)\qquad T(\alpha x + \beta y) = \alpha Tx + \beta Ty \quad (\alpha, \beta \in \mathbf{C},\ x, y \in \mathcal{D}(T))
$$

であるとき，**線形作用素**という．

系 6.1. 線形作用素の値域は，また部分空間である．　　　　（問 6.2）

有限次元のベクトル空間の議論では，基をとって行列による表現を用いるのが大切な手段であったが，無限次元の空間では，これはあまり役に立たない．

定理 6.1. ノルム空間 V からノルム空間 V_1 への線形作用素 T に対して，次の3つの条件は同等である．

（i）　T は連続である．

（ii）　T は $\mathcal{D}(T)$ 内の1点において連続である．

1）　問題 2.24 参照．

(iii) 適当な正の数 γ が存在して[1],

(6.3) すべての $x\in\mathcal{D}(T)$ について, $\|Tx\|\leqq\gamma\|x\|$.

証明. (i)⇒(ii) は明らか.

(ii)⇒(iii). T は $x_0\in\mathrm{D}=\mathcal{D}(T)$ において連続であるとする. いま $\varepsilon=1$ として, 対応して (6.1) によって定まる $\delta>0$ をとる: $x\in\mathrm{D}$, $\|x-x_0\|<\delta$ ならば $\|Tx-Tx_0\|<1$. さて, 任意の $x\in\mathrm{D}$, $x\neq0$ について, $x'=x_0+\dfrac{\delta}{2\|x\|}x$ とすれば, $x'\in\mathrm{D}$, $\|x'-x_0\|=\dfrac{\delta}{2}<\delta$ であるから, $\|Tx'-Tx_0\|<1$. $Tx'-Tx_0=\dfrac{\delta}{2\|x\|}Tx$ から, $\|Tx\|<\dfrac{2}{\delta}\|x\|$ となり, $\gamma=2/\delta$ として (6.3) を得る.

(iii)⇒(i). 任意の $x_0\in\mathcal{D}(T)$ をとるとき, 任意の $\varepsilon>0$ に対して, $\delta=\varepsilon/\gamma$ とすれば, $x\in\mathcal{D}(T)$, $\|x-x_0\|<\delta$ のとき, $\|Tx-Tx_0\|=\|T(x-x_0)\|\leqq\gamma\|x-x_0\|<\gamma\delta=\varepsilon$ となり, これは T が x_0 において連続であることを示している. したがって T は $\mathcal{D}(T)$ の各点で連続となるから, T は連続. (証明終)

定義 6.3. ノルム空間 V からノルム空間 V_1 への線形作用素 T に対して, $\mathcal{D}(T)=\mathrm{V}$, かつ,

(6.4) $$\|Tx\|\leqq\gamma\|x\| \quad (x\in\mathrm{V})$$

を満足する $\gamma>0$ が存在するとき, T を**有界線形作用素**という.

このとき, (6.4) を満足する γ の下限(実は最小値)を T の**ノルム**といって, $\|T\|$ で示す. $\|T\|$ は,

(6.5)
$$\begin{aligned}\|T\|&=\inf\{\gamma\,;\,\|Tx\|\leqq\gamma\|x\|\ (x\in\mathrm{V})\}\\&=\sup\{\|Tx\|\,;\,x\in\mathrm{V},\ \|x\|\leqq1\}\\&=\sup\left\{\frac{\|Tx\|}{\|x\|}\,;\,x\in\mathrm{V},\ x\neq0\right\}\end{aligned}$$

によって与えられる. (問 6.3)

定義 6.4. ノルム空間 V からノルム空間 V_1 への線形作用素 T に対して,
$$\mathcal{N}(T)=\{x\,;\,x\in\mathcal{D}(T),\ Tx=0\}$$
とおく.

---

1) (6.3) の左辺におけるノルムは V_1 におけるもの, 右辺におけるノルムは V におけるもので, 区別しなければならないが, さしあたり混乱のおそれはないであろうから, 同じように書いておく. (p. 9, 脚注 1 と同様)

系 6.2. T が有界線形作用素であれば，$\mathcal{N}(T)$ は V の閉部分空間である．

(問 6.2)

定理 6.2. ノルム空間 V からノルム空間 V_1 への線形作用素 T が $\mathcal{D}(T)$ と $\mathcal{R}(T)$ の間の1対1対応を与えているときは，その逆写像 T^{-1} は，また V_1 から V への線形作用素で，$\mathcal{D}(T^{-1})=\mathcal{R}(T)$，$\mathcal{R}(T^{-1})=\mathcal{D}(T)$ である．また $(T^{-1})^{-1}$ が存在して，$=T$.

線形作用素 T が逆作用素 T^{-1} を有するための必要十分条件は，

(6.6) $\quad x\in\mathcal{D}(T), Tx=0$ ならば $x=0$. あるいは $\mathcal{N}(T)=\{0\}$.

である．

また T^{-1} が存在して連続であることは，次の (6.7) または (6.8) と同等である．

(6.7) $\quad\left\{\begin{array}{l}\text{すべての } x\in\mathcal{D}(T) \text{ に対して，} \|Tx\|\geqq\delta\|x\| \text{ であるような } \delta>0 \\ \text{が存在する．}\end{array}\right.$

(6.8) $\quad x_1, x_2, \cdots\in\mathcal{D}(T)$，$\lim_{n\to\infty} Tx_n=0$ ならば，$\lim_{n\to\infty} x_n=0$.

証明. T が $\mathcal{D}(T)$ と $\mathcal{R}(T)$ の間の1対1対応であるとき，$x_1, y_1\in\mathcal{R}(T)$ ならば，$Tx=x_1$，$Ty=y_1$ $(x, y\in\mathcal{D}(T))$ であるような x, y が一意的に定まる．$\alpha, \beta\in\mathbf{C}$ に対して，$\alpha x+\beta y\in\mathcal{D}(T)$ で $\alpha x_1+\beta y_1=T(\alpha x+\beta y)$ であるから，$T^{-1}(\alpha x_1+\beta y_1)=\alpha x+\beta y=\alpha T^{-1}x_1+\beta T^{-1}y_1$. これと $\mathcal{R}(T)$ が V_1 の部分空間であること(系 6.1)から，T^{-1} が線形作用素であることが知られた．T^{-1} も $\mathcal{D}(T^{-1})=\mathcal{R}(T)$ と $\mathcal{R}(T^{-1})=\mathcal{D}(T)$ の間の1対1対応を与えているから，$(T^{-1})^{-1}$ が存在する．それが $=T$ であることは明らかである．T が1対1対応を与えていれば，$Tx=0$ から，同じく $T0=0$ であることより，$x=0$ が得られる．すなわち (6.6)．逆に (6.6) があれば，$x, y\in\mathcal{D}(T)$，$Tx=Ty$ のとき $T(x-y)=0$ から $x-y=0$，$x=y$ が得られることとなる．すなわち T が1対1対応を与えていることが知られた．

次に T^{-1} が連続な線形作用素であるとすれば，適当な正の数 γ をとれば，$\|T^{-1}y\|\leqq\gamma\|y\|$ (定理 6.1)．$x\in\mathcal{D}(T)$ のとき，$T^{-1}(Tx)=x$，$\|x\|=\|T^{-1}(Tx)\|\leqq\gamma\|Tx\|$. したがって，$\delta=1/\gamma$ とおいて (6.7) を得る．(6.7) から，$\lim_{n\to\infty} Tx_n=0$ のとき，$\|x_n\|\leqq\frac{1}{\delta}\|Tx_n\|\to 0$ を得て，$\lim_{n\to\infty} x_n=0$. すなわち (6.8)．次に

(6.8) があれば, まず, T は1対1写像である. 実際 $Tx=0$ ならば $x, x, \cdots$ (すべての項が x であるような要素列)を考えることによって, $\lim Tx=0$ より, $x=0$ ((6.8) による) となり, (6.6) によって T は1対1である. そうすれば, (6.8) は T^{-1} が連続であることをいっているわけである. (証明終)

定義 6.5. ノルム空間 V から V_1 への線形作用素 T, S に対して, $\alpha T+\beta S$ $(\alpha, \beta \in \mathbf{C})$ を,

$$\mathscr{D}(\alpha T+\beta S)=\mathscr{D}(T) \frown \mathscr{D}(S),$$

$$(\alpha T+\beta S)(x)=\alpha Tx+\beta Sx \quad (x \in \mathscr{D}(T) \frown \mathscr{D}(S))$$

によって定義する.

また V から V_1 への線形作用素 T_1, V_1 から V_2 への線形作用素 T_2 に対して, 積 T_2T_1 を,

$$\mathscr{D}(T_2T_1)=\{x\ ;\ x \in \mathscr{D}(T_1),\ T_1x \in \mathscr{D}(T_2)\},$$

$$T_2T_1(x)=T_2(T_1x) \quad (x \in \mathscr{D}(T_2T_1))$$

によって定義する. (また $T_2 \circ T_1$ と書くこともある.)

系 6.3. T, S, T_1, T_2 が有界線形作用素ならば, $\alpha T+\beta S$, T_2T_1 も有界線形作用素で,

$$\|\alpha T+\beta S\| \leqq |\alpha|\|T\|+|\beta|\|S\|,$$

$$\|T_2T_1\| \leqq \|T_2\|\|T_1\|. \qquad \text{(問 6.4)}$$

$\mathrm{V}=\mathrm{V}_1$ のとき. V から V への作用素を, V の作用素という.

V の有界線形作用素の全体 $\boldsymbol{B}(\mathrm{V})$ は, 上述の線形演算と, 積に関して, (非可換な)多元環をつくる. この多元環の零元は,

零作用素 O: すべての $x \in \mathrm{V}$ に対して $Ox=0$

である. またこの多元環は単位元を有し, それは,

恒等作用素 I: すべての $x \in \mathrm{V}$ に対して, $Ix=x$.

また $\mathrm{V}=\mathrm{V}_1$ のとき, $TT=T^2$ 等と書く. (この記号は, T が有界でない場合にも用いられる.)

問 1. 作用素 T が1点 x_0 において連続であることの2つの定義が同等であることを示せ. [練 2-A. 1]

問 2. 系 6.1, 6.2 を証明せよ. [練 2-A. 2]

問 3. 有界線形作用素 T のノルム $\|T\|$ は，$\|Tx\|\leqq\gamma\|x\|$ をみたす γ の最小値であることを示せ．また (6.5) を証明せよ．また，V_1 が前ヒルベルト空間であるときは，

(6.9)　　$\|T\|=\sup\{|(Tx,y)|\,;\,x\in V,\ \|x\|\leqq 1, y\in V_1, \|y\|\leqq 1\}.$　　[練 2-A.3]

問 4. 系 6.3 を証明せよ．　　[練 2-A.4]

問 5. V の線形作用素 T に対して，

(i)　$TI=IT=T.$

(ii)　$TO=O.\ OTx=0\ (x\in\mathscr{D}(T)).$

また，V から V_1 への線形作用素 T が，逆作用素を有するとき，$T^{-1}T$ は V の線形作用素であるが，

(iii)　$T^{-1}Tx=Ix\ (x\in\mathscr{D}(T)).$

((ii)，(iii) の場合，一般には $OT\neq O$，$T^{-1}T\neq I.$)　　[練 2-A.5]

問 6. ノルム空間 V において，T, T_1, T_2 は有界線形作用素，また S は一般の線形作用素，α,β はスカラーとするとき，次の関係を示せ．

$$\mathscr{D}(TS)=\mathscr{D}(S),\quad \mathscr{D}(\alpha S)=\mathscr{D}(S).$$

$$T_1(T_2S)=(T_1T_2)S,\quad \alpha(\beta S)=(\alpha\beta)S,\quad T+(-T+S)=S.$$

[練 2-A.6]

§ 7. 直交分解

定義 7.1. ベクトル空間 V の 2 つの要素 x，y に対して，$\alpha x+(1-\alpha)y\ (0\leqq\alpha\leqq 1)$ という形の要素の全体を x, y を結ぶ**線分**といって，$[x,y]$ で表わす．また，$x\neq y$ であるような線分 $[x,y]$——non-trivial な線分という——において，　$\alpha x+(1-\alpha)y$,　$0<\alpha<1$ という形の要素を，$[x,y]$ の**内点**という．

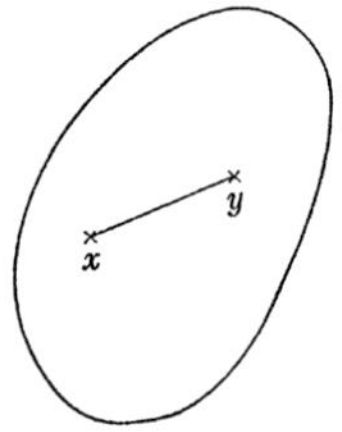

図　2

定義 7.2. ベクトル空間 V の集合 A が，$x, y\in A$ のとき，必ずまた線分 $[x,y]\subset A$ を満たしているならば，**凸集合**であるという．

たとえば，V の部分空間 W は 1 つの凸集合である．また A が凸集合，$x_0\in V$ のとき，$x_0+A=\{x_0+y\,;\,y\in A\}$ は凸集合である．

§1 において，部分空間について考えたと同様に，

定義 7.3. ベクトル空間 V の集合 A に対して，A を含む最小の凸集合が存在する．それを A の**凸包**といって，$\mathcal{C}(A)$ で示す．

凸集合の族 $\{C_\lambda\,;\,\lambda\in\Lambda\}$ があるとき，それらの共通部分は空集合，または，

また1つの凸集合となるから，A の凸包 $\mathcal{C}(\mathrm{A})$ とは，A を含む V の凸集合全部の共通部分である．また $\mathcal{C}(\mathrm{A})$ は，A の要素の**凸一次結合**：

$$\alpha_1 x_1 + \cdots + \alpha_n x_n \quad \left(\alpha_k \geqq 0 \ (k=1, \cdots, n),\ \sum_{k=1}^{n} \alpha_k = 1\right)$$

の全体としても定められる．

ノルム空間では，凸集合の強閉包は凸集合である(問 7.4)．そして，

定義 7.4. ノルム空間において，集合 A を含む最小の強閉凸集合が存在する．これをAの**閉凸包**といって $\overline{\mathcal{C}}(\mathrm{A})$ で示す．

系 7.1. $\overline{\mathcal{C}}(\mathrm{A}) = \overline{\mathcal{C}(\mathrm{A})}$. (問 7.5)

これらの概念は，いろいろなところに用いられるが，さしあたっては，凸集合の概念があればよい．なお，強閉というのは，弱閉という概念と対比して用いられるのであるが，凸集合に対しては両者の概念は一致するので(定理33.1)，単に**閉凸集合**といわれる．

定理 7.1. ヒルベルト空間 H において，A を 1 つの閉凸集合であるとする．$x \notin \mathrm{A}$ とすれば，x から一番近い A の要素 x_A がただ1つ定まる．すなわち，

$$\begin{cases} x_\mathrm{A} \in \mathrm{A}. \\ \text{すべての } y \in \mathrm{A},\, y \neq x_\mathrm{A} \text{ に対して，} \|x - x_\mathrm{A}\| < \|x - y\|. \end{cases}$$

証明. $\inf\{\|x-y\|\,;\, y \in \mathrm{A}\} = \alpha$ とすれば，A の要素 $y_1, y_2, \cdots$ で，$\lim_{n\to\infty} \|x - y_n\| = \alpha$ であるようなものがとれる．

$y_1, y_2, \cdots$ は基本列をなす．それを示すために，任意に n, m をとれば，中線定理 (2.13) によって，

$$\begin{aligned} \|y_n - y_m\|^2 &= \|(x-y_m) - (x-y_n)\|^2 \\ &= 2(\|x-y_m\|^2 + \|x-y_n\|^2) - \|(x-y_m)+(x-y_n)\|^2 \\ &= 2(\|x-y_m\|^2 + \|x-y_n\|^2) - 4\left\|x - \frac{1}{2}(y_m+y_n)\right\|^2 \end{aligned}$$

が得られる．ここで，$y_m, y_n \in \mathrm{A}$ から，A が凸集合であることにより，$\frac{1}{2}(y_m+y_n) \in \mathrm{A}$．したがって，$\alpha$ の定義から，$\left\|x - \frac{1}{2}(y_m+y_n)\right\| \geqq \alpha$．故に，

$$\|y_n - y_m\|^2 \leqq 2(\|x-y_m\|^2 + \|x-y_n\|^2) - 4\alpha^2.$$

この右辺は $n,m\to\infty$ としたとき 0 となり，一方左辺はつねに $\geqq 0$ であるから，これより $\lim_{n,m\to\infty}\|y_n-y_m\|=0$ が結論される．したがって $y_1,y_2,\cdots$ は基本列となり，H はヒルベルト空間であるから，これは H のある 1 つの要素 x_A に強収束する．A は強閉であるから，$x_A\in A$ である．そして系 2.4 によって，$\|x-x_A\|=\lim_{n\to\infty}\|x-y_n\|=\alpha$ となる．

α の定義から，$y\in A$ のとき $\|x-y\|\geqq\alpha=\|x-x_A\|$ であるが，$y\neq x_A$ ならば，上と同様，中線定理によって，$\left(\frac{1}{2}(y+x_A)\in A \text{ を用いて}\right)$，

$$\alpha^2+\|x-y\|^2=\|x-x_A\|^2+\|x-y\|^2=\frac{1}{2}(\|x_A-y\|^2+\|2x-(x_A+y)\|^2)$$
$$=\frac{1}{2}\|x_A-y\|^2+2\left\|x-\frac{1}{2}(x_A+y)\right\|^2\geqq\frac{1}{2}\|x_A-y\|^2+2\alpha^2.$$

すなわち，

$$\|x-y\|^2\geqq\frac{1}{2}\|x_A-y\|^2+\alpha^2>\alpha^2$$

となり，$\|x-x_A\|=\alpha<\|x-y\|$ が結論された．　　(証明終)

系 7.2. 定理 7.1 の x_A に対して，任意の $y\in A$ に対し，

(7.1)　　$\Re(y-x_A,\ x-x_A)\leqq 0.$

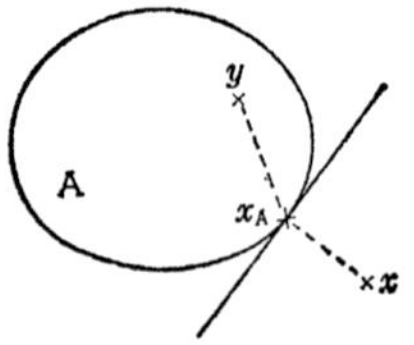

図 3

証明. $y\in A$ ならば，$0<\xi<1$ のとき，$\xi y+(1-\xi)x_A\in A$．故に，

$$\|x_A-x\|\leqq\|\xi y+(1-\xi)x_A-x\|$$
$$=\|\xi(y-x_A)+(x_A-x)\|.$$

これより，順次，

$$\|x_A-x\|^2\leqq\|\xi(y-x_A)+(x_A-x)\|^2$$
$$=\xi^2\|y-x_A\|^2+2\xi\Re(y-x_A,\ x_A-x)+\|x_A-x\|^2.$$
$$-2\xi\Re(y-x_A,\ x_A-x)\leqq\xi^2\|y-x_A\|^2.$$
$$\Re(y-x_A,\ x-x_A)\leqq\frac{\xi}{2}\|y-x_A\|^2.$$

$\xi\to 0$ として (7.1) を得る．　　(証明終)

定義 7.5. H はヒルベルト空間，A をその任意の部分集合とする．A のす

べての要素と直交するような H の要素の全体を $A^{\perp}$ で示し，A の**直交補集合**という．すなわち，

(7.2) $$A^{\perp}=\{x\,;\,(x,y)=0\quad(y\in A)\}.$$

系 7.3. $A^{\perp}$ は H の閉部分空間である．そして，$A\frown A^{\perp}=\{0\}$ または $=\phi$; $A\subset(A^{\perp})^{\perp}$. (問 7.7)

定理 7.2. H はヒルベルト空間，K をその閉部分空間とする．任意の $x\in H$ は，一意的に，

(7.3) $$x=x_K+x',\quad x_K\in K,\quad x'\in K^{\perp}$$

と分解される．

証明. $x\in K$ ならば，$x_K=x$, $x'=0$ とすればよい．$x\notin K$ のときには，K は 1 つの閉凸集合であるから，定理 7.1 により，$x_K\in K$ で，

$$\|x-x_K\|<\|x-y\|\quad(y\in K,\ y\neq x_K)$$

となるようなものがただ 1 つ存在する．$x'=x-x_K$ とおくとき，$x'\in K^{\perp}$. 実際，任意の $y\in K$ に対し，任意の $\xi\in C$ について $x_K+\xi y\in K$ であるから，系 7.2 によって，

$$\Re\xi(y,x')=\Re(x_K+\xi y-x_K,\,x-x_K)\leqq 0.$$

したがって，もし $(y,x')\neq 0$ ならば，$\xi=\overline{(y,x')}$ を代入すれば矛盾が生ずる．故に $(y,x')=0$ $(y\in K)$.

分解の一意性．いまかりに，

$$x=x_K+x'=y+x''\quad(x_K,y\in K,\,x',x''\in K^{\perp})$$

という 2 通りの分解があったとすれば，

$$x_K-y=x''-x'$$

で，$x_K-y\in K$, $x''-x'\in K^{\perp}$ から，

$$\|x_K-y\|^2=(x_K-y,\,x_K-y)=(x_K-y,\,x''-x')=0$$

が結論され，$y=x_K$, $x'=x''$ が得られることとなる． (証明終)

系 7.4. K が H の閉部分空間であるための必要十分条件は，

(7.4) $$K=(K^{\perp})^{\perp}.$$

証明. [$\Leftarrow$] 系 7.3 により，$(K^{\perp})^{\perp}$ は閉部分空間．

[$\Rightarrow$] 系 7.3 により，$K\subset(K^{\perp})^{\perp}$. $x\in(K^{\perp})^{\perp}$ のとき，$x=x_K+x'(x_K\in K,$

$x'\in K^\perp$) を，x の K に関する直交分解とすれば，$x=x'+x_K=0+x$ は，x'，$0\in K^\perp$，$x_K\in K\subset(K^\perp)^\perp$，$x\in(K^\perp)^\perp$ から，共に x の $K^\perp$ に関する直交分解となり，分解の一意性によって $x'=0$，$x=x_K\in K$．故に，$(K^\perp)^\perp\subset K$．(証明終)

系 7.5. H の部分集合 A に対して，A によって生成された閉部分空間 $\overline{\mathcal{V}}(A)$ (定義 2.7) は，

$$\overline{\mathcal{V}}(A)=(A^\perp)^\perp. \tag{7.5}$$

証明. $K=\overline{\mathcal{V}}(A)$ とする．$A\subset K$ から $A^\perp\supset K^\perp$，$(A^\perp)^\perp\subset(K^\perp)^\perp=K$ (系 7.4)．一方，$(A^\perp)^\perp$ は A を含む閉部分空間である (系 7.3) から，これは A を含む最小の閉部分空間 $\overline{\mathcal{V}}(A)$ を含む：$\overline{\mathcal{V}}(A)\subset(A^\perp)^\perp$．これによって (7.5) が得られた．　(証明終)

問 1. ベクトル空間 V の集合 A が凸集合であるための必要十分条件は，任意の $x_1, \cdots, x_n\in A$，および $\alpha_1, \cdots, \alpha_n\geqq 0$，$\sum_{k=1}^n \alpha_k=1$ に対して，$\sum_{k=1}^n \alpha_k x_k\in A$ であることである．[練 2-A.7]

問 2. ベクトル空間 V の凸集合の族 $\{C_\lambda;\lambda\in\Lambda\}$ に対して，$\bigcap C_\lambda$ は，$=\phi$ または，また1つの凸集合である．[練 2-A.8]

問 3. ベクトル空間 V の部分集合 A に対し，A の要素の凸一次結合の全体が，A の凸包 $C(A)$ をつくる．[練 2-A.9]

問 4. ノルム空間 V において，凸集合 A の強閉包は，また1つの凸集合となる．[練 2-A.10]

問 5. 系 7.1 を証明せよ．[練 2-A.11]

問 6. ヒルベルト空間 H の部分集合 A, B に対し，$A\subset B$ ならば，$B^\perp\subset A^\perp$．[練 2-A.12]

問 7. 系 7.3 を証明せよ．[練 2-A.13]

§ 8. 線形汎函数，リースの定理

定義 8.1. ヒルベルト空間 H から複素数体 **C** への線形作用素を**線形汎函数**という．すなわち線形汎函数 f とは，H のある部分空間 D 上で定義された複素数値函数で，

$$f(\alpha x+\beta y)=\alpha f(x)+\beta f(y)\quad(\alpha, \beta\in\mathbf{C},\ x, y\in D)$$

をみたすものである．

線形作用素の一般論は，線形汎函数にも適用される．特に，

定理 8.1. H の線形汎函数 f に対して，次の3条件は同等である．

（1） f は連続である．

（2） f は $\mathcal{D}(f)$ 内の 1 点において連続である．

（3） 適当な正の数 γ が存在して，すべての $x\in\mathcal{D}(f)$ について，$|f(x)|\leqq\gamma\|x\|$．

定義 8.2. H 全体で定義された線形汎函数 f に対して，

$$|f(x)|\leqq\gamma\|x\| \quad (x\in \mathrm{H}) \tag{8.1}$$

を満足する $\gamma>0$ が存在するとき，f を**有界線形汎函数**という．

このとき，**汎函数のノルム** $\|f\|$ が，

$$\begin{aligned}\|f\|&=\inf\{\gamma\,;\,|f(x)|\leqq\gamma\|x\| \ (x\in\mathrm{H})\}\\&=\sup\{|f(x)|\,;\,x\in\mathrm{H},\,\|x\|\leqq1\}\\&=\sup\left\{\frac{|f(x)|}{\|x\|}\,;\,x\in\mathrm{H},\,x\neq0\right\}\end{aligned} \tag{8.2}$$

によって定義される．

さて，任意の $x_0\in\mathrm{H}$ に対し，

$$f(x)=(x,\,x_0)$$

は有界線形汎函数であり，$\|f\|=\|x_0\|$ であるが，この逆が成立することを主張するのが次の定理であって，1つの基本定理である．

定理 8.2. f を H 上の有界線形汎函数とするとき，

$$f(x)=(x,\,x_0) \quad (x\in\mathrm{H}) \tag{8.3}$$

を満足させる $x_0\in\mathrm{H}$ がただ 1 つ存在する．そして $\|f\|=\|x_0\|$．

（リースの定理）

証明． 系 6.2 から，

$$\mathcal{N}_f=\{x\,;\,f(x)=0\}$$

は H の閉部分空間である．$\mathcal{N}_f=\mathrm{H}$ ならば，すべての $x\in\mathrm{H}$ について $f(x)=0$ であるから，$x_0=0$ととって (8.3) が成立つ．そうでないときは $(\mathcal{N}_f)^\perp\neq\{0\}$．そこで，この中から $x\neq0$ をとって，$x_0=\dfrac{\overline{f(x)}}{\|x\|^2}x$ とおく．これが (8.3) を満たすことを示すのに，まず $x\notin\mathcal{N}_f$ であるから，$f(x)\neq0$．そこで，任意の $y\in\mathrm{H}$ に対して，$y-\dfrac{f(y)}{f(x)}x$ なる要素が考えられるが，$f\left(y-\dfrac{f(y)}{f(x)}x\right)=f(y)-\dfrac{f(y)}{f(x)}f(x)=0$ より，$y-\dfrac{f(y)}{f(x)}x\in\mathcal{N}_f$．そして $x_0\in(\mathcal{N}_f)^\perp$ であるから，

$\left(y-\dfrac{f(y)}{f(x)}x,\ x_0\right)=0$.　故に，　$(y,x_0)=\dfrac{f(y)}{f(x)}(x,x_0)=\dfrac{f(y)}{f(x)}\left(x,\ \dfrac{\overline{f(x)}}{\|x\|^2}x\right)$

$=\dfrac{f(y)}{f(x)}\dfrac{f(x)}{\|x\|^2}(x,x)=f(y)$.

次に一意性を示す．$f(x)=(x,x_0)=(x,x_0')$ $(x\in\mathrm{H})$ とすれば，$(x,x_0-x_0')=0(x\in\mathrm{H})$．特に $x=x_0-x_0'$ ととれば，$\|x_0-x_0'\|^2=0$．故に，$x_0=x_0'$ となる．$|f(x)|=|(x,x_0)|\leqq\|x_0\|\|x\|$ $(x\in\mathrm{H})$ であるから，$\|f\|\leqq\|x_0\|$．一方，$x=x_0$ とすれば，$\|x_0\|^2=(x_0,x_0)=f(x_0)\leqq\|f\|\|x_0\|$ より，$\|x_0\|\leqq\|f\|$．したがって，$\|f\|=\|x_0\|$.　　　（証明終）

問 1. ヒルベルト空間 H の要素 x_0 $(x_0\neq0)$ に対して，$f(x_0)=\|x_0\|$，$\|f\|=1$ であるような H 上の有界線形汎函数 f が存在する．　[練 2-A. 14]

問 2. ヒルベルト空間 H の部分空間 K と，$x_0\notin\bar{\mathrm{K}}$ に対して，$f(x)=0$ $(x\in\mathrm{K})$，$f(x_0)=1$ であるような H 上の有界線形汎函数 f が存在する．　[練 2-A. 15]

§ 9. 有界線形作用素の共役作用素

T をヒルベルト空間 H 上の有界線形作用素とするとき，任意の $y\in\mathrm{H}$ に対して，

$$x\to(Tx,y)\in\mathbf{C}$$

は，H 上の有界線形汎函数となり，したがって，リースの定理（定理 8.2）により，

(9.1)　　$(Tx,y)=(x,y^*)$　（すべての $x\in\mathrm{H}$ に対して）

を満足する $y^*\in\mathrm{H}$ がただ1つ定まる．

定義 9.1. 各 $y\in\mathrm{H}$ に対して，(9.1) を満足する $y^*\in\mathrm{H}$ を対応させる対応を T^* で表わし，T の**共役作用素**という．

したがって，T^* は，

(9.2)　　$(Tx,y)=(x,T^*y)$　$(x,y\in\mathrm{H})$

を満足する作用素として定められている．

定理 9.1. T^* は有界線形作用素で，

(9.3)　　$\|T^*\|=\|T\|$.

さらに，次の式が成立する（T,S は有界線形作用素）．

(9.4)　　$(T+S)^*=T^*+S^*$.

(9.5) $$(\alpha T)^* = \bar{\alpha} T^* \quad (\alpha \in \mathbf{C}).$$

(9.6) $$(TS)^* = S^* T^*.$$

(9.7) $$(T^*)^* = T.$$

証明. $y_1, y_2 \in \mathrm{H}$, $\alpha_1, \alpha_2 \in \mathbf{C}$ のとき,

$$(Tx, \alpha_1 y_1 + \alpha_2 y_2) = \bar{\alpha}_1 (Tx, y_1) + \bar{\alpha}_2 (Tx, y_2) = \bar{\alpha}_1 (x, T^* y_1) + \bar{\alpha}_2 (x, T^* y_2)$$
$$= (x, \alpha_1 T^* y_1 + \alpha_2 T^* y_2) \quad (x \in \mathrm{H}).$$

これから, $T^*(\alpha_1 y_1 + \alpha_2 y_2) = \alpha_1 T^* y_1 + \alpha_2 T^* y_2$ となり, T^* が線形作用素であることが知られる. また,

$$\|T^* y\| = \sup\{|(x, T^* y)|\ ;\ \|x\| \leqq 1\} = \sup\{|(Tx, y)|\ ;\ \|x\| \leqq 1\}$$
$$\leqq \sup\{\|Tx\|\|y\|\ ;\ \|x\| \leqq 1\} = \|T\|\|y\|$$

であるから, T^* は有界となり, $\|T^*\| \leqq \|T\|$. T^* が有界線形作用素であることが知られたから, (9.2) の関係は, $(T^*)^* = T$ を示している. そうすれば, また, $\|T\| = \|(T^*)^*\| \leqq \|T^*\|$. 故に, $\|T\| = \|T^*\|$.

(9.4—6) は容易に知られる. (問 9.1) (証明終)

系 9.1. $\mathcal{N}(T^*) = (\mathcal{R}(T))^{\perp}$, $\overline{\mathcal{R}(T^*)} = (\mathcal{N}(T))^{\perp}$.

証明. $x \in \mathcal{N}(T^*) \rightleftarrows T^* x = 0 \rightleftarrows (T^* x, y) = (x, Ty) = 0$ (すべての $y \in \mathrm{H}$ に対して) $\rightleftarrows x \perp \mathcal{R}(T) \rightleftarrows x \in (\mathcal{R}(T))^{\perp}$.

$\mathcal{R}(T^*)$ は部分空間であるから(系 6.1), $\overline{\mathcal{R}(T^*)} = (\mathcal{R}(T^*))^{\perp\perp}$ (系 7.5) $= (\mathcal{N}(T^{**}))^{\perp} = (\mathcal{N}(T))^{\perp}$. (証明終)

定義 9.2. $A = A^*$ であるような有界線形作用素を, **エルミット作用素**, または**自己共役作用素**という.

$UU^* = U^* U = I$ であるような有界線形作用素を, **ユニタリ作用素**という.

系 9.2. A, B をエルミット作用素とする.

(i) $A+B$, αA (αは実数) はまたエルミット作用素である.

(ii) AB がエルミット作用素であるための条件は, A, B が交換可能: $AB = BA$. (問 9.3)

定理 9.2. 有界線形作用素 A が, エルミット作用素であることと, (9.8), (9.9) のそれぞれは同等である.

(9.8) $$(Ax, y) = (x, Ay) \quad (x, y \in \mathrm{H}).$$

(9.9)　(Ax, x) は，すべての $x \in \mathrm{H}$ に対して実数となる．

証明． $A = A^*$ を (9.2) に代入して，(9.8) を得る．(9.8) で $y = x$ とすれば，$(Ax, x) = (x, Ax) = \overline{(Ax, x)}$．したがって，$(Ax, x)$ は実数である．次に，(9.9) からは，任意の $\lambda \in \mathbf{C}$ について，$(A(\lambda x + y), \lambda x + y)$ は実数となり，

$$(A(\lambda x + y), \lambda x + y) = |\lambda|^2 (Ax, x) + (Ay, y) + \lambda (Ax, y) + \bar{\lambda} (Ay, x)$$

から，$\lambda (Ax, y) + \bar{\lambda} (Ay, x) = \lambda (Ax, y) + \bar{\lambda} \overline{(x, Ay)}$ が実数となる．$\lambda = 1$ として，虚部 $= 0$ から，$\mathfrak{I}(Ax, y) - \mathfrak{I}(x, Ay) = 0$．$\lambda = i$ として同じく，$\mathfrak{R}(Ax, y) - \mathfrak{R}(x, Ay) = 0$．したがって $(Ax, y) = (x, Ay)$ が成立することとなる．これと (9.2) を比較して，$A^* y = Ay$．すなわち，$A = A^*$ が得られることとなる．（証明終）

定理 9.3. $\mathscr{D}(U) = \mathrm{H}$ なる線形作用素 U について，次の3条件は同等である．

(9.10)　$\|Ux\| = \|x\|$　$(x \in \mathrm{H})$.

(9.11)　$(Ux, Uy) = (x, y)$　$(x, y \in \mathrm{H})$.

(9.12)　$U^* U = I$.

このとき，U は有界線形作用素で，$\|U\| = 1$．また $\mathscr{R}(U)$ は H の閉部分空間である．

証明． (9.10)，(9.11)，(9.12) の同等なこと，および $\|U\| = 1$ なることは容易である．（問 9.5）

$\mathscr{R}(U)$ は部分空間であるが，さらに強閉である．実際，いま $y_1, y_2, \cdots \in \mathscr{R}(U)$，$\lim_{n\to\infty} y_n = y$ とする．$y_n = Ux_n$ とすれば，(9.12)から，$x_n = U^* y_n$．故に，$\lim_{n\to\infty} x_n$ が存在して，$= U^* y$．したがって，$y = \lim_{n\to\infty} y_n = \lim_{n\to\infty} Ux_n = U(\lim_{n\to\infty} x_n) = U(U^* y) \in \mathscr{R}(U)$.　（証明終）

定義 9.3. 定理 9.3 の条件をみたす有界線形作用素 U を，**等距離作用素**という．

定理 9.4. 等距離作用素 U がユニタリ作用素であるための必要十分条件は，次の条件のいずれかが成立することである．

（i）　U^* も等距離作用素である．

（ii）　$\mathscr{R}(U) = \mathrm{H}$.

(iii)　$U^{-1} = U^*$.

証明． U: ユニタリ ⇒（ii）．$UU^* = I$．故に，$x \in \mathrm{H}$ に対し，$x = Ix = U(U^* x)$

$\in \mathcal{R}(U)$. 故に, $\mathcal{R}(U)=\mathrm{H}$.

(ii)$\Rightarrow$(iii). $\|Ux\|=\|x\|$ ((9.10)) から, (6.6) がみたされ, U^{-1} が存在する. $\mathcal{D}(U^{-1})=\mathcal{R}(U)=\mathrm{H}$. $y=Ux$ のとき, $U^{-1}y=x=U^*Ux$ ((9.12))$=U^*y$. 故に, $U^{-1}=U^*$.

(iii)$\Rightarrow$(i). $\mathcal{D}(U^{-1})=\mathcal{D}(U^*)=\mathrm{H}$. $x\in\mathrm{H}$ に対し, $UU^*x=UU^{-1}x=x$. すなわち $(U^*)^*U^*=I$. (9.12) が U^* に対し満たされるから, U^* は等距離作用素.

(i)$\Rightarrow U$: ユニタリ. U, U^* が共に等距離作用素であるから, (9.12) により, $UU^*=U^*U=I$. 故に, U はユニタリ作用素. (証明終)

注. 等距離作用素 U が, ユニタリになるための別の条件として, H の任意の部分集合 A に対して,

(9.13) $$U\mathrm{A}^{\perp}=(U\mathrm{A})^{\perp}.$$

証明. [$\Rightarrow$] $(Ux, Uy)=(x, y)=(U^*x, U^*y)$ であるから, $x\in\mathrm{A}^{\perp}\Rightarrow Ux\in(U\mathrm{A})^{\perp}$. したがって, $U\mathrm{A}^{\perp}\subset(U\mathrm{A})^{\perp}$. 同様に, $U^*\mathrm{A}^{\perp}\subset(U^*\mathrm{A})^{\perp}$. このあとの式で, A のかわりに $U\mathrm{A}$ を代入すれば, $U^*(U\mathrm{A})^{\perp}\subset(U^*U\mathrm{A})^{\perp}=\mathrm{A}^{\perp}$. 故に, $(U\mathrm{A})^{\perp}=UU^*(U\mathrm{A})^{\perp}\subset U\mathrm{A}^{\perp}$. 故に, $(U\mathrm{A})^{\perp}=U\mathrm{A}^{\perp}$. [$\Leftarrow$] $\mathrm{K}=\{x\,;\,Ux=0\}$ とすれば, $\mathrm{H}=\{0\}^{\perp}=(U\mathrm{K})^{\perp}=U\mathrm{K}^{\perp}$. 故に, $\mathcal{R}(U)=\mathrm{H}$. 定理 9.4 (ii) によって, U はユニタリになる.

問 1. (9.4–6) の関係を証明せよ. [練 2-A. 16]

問 2. 各 $x\in\mathrm{H}$ に αx (αは固定されたスカラー) を対応させる作用素 αI に対して, $(\alpha I)^*=\bar{\alpha}I$. 特に, $I^*=I$, $O^*=O$. [練 2-A. 17]

問 3. 系 9.2 を証明せよ. [練 2-A. 18]

問 4. 任意の有界線形作用素 T に対して,

(i) T^*T, TT^* はエルミット作用素である.

(ii) $\|T^*T\|=\|TT^*\|=\|T\|^2$.

(iii) $T^*T=O$ ならば, $T=O$. $TT^*=O$ のときも同様.

(iv) $\mathcal{N}(T)=\mathcal{N}(T^*T)$, $\overline{\mathcal{R}(T)}=\overline{\mathcal{R}(TT^*)}$. [練 2-A. 19]

問 5. (9.10), (9.11), (9.12) の同等なことを示せ. また, 任意の有界線形作用素 T に対して, $\|UT\|=\|T\|$ であることを示せ. (特に, $\|U\|=1$.) [練 2-A. 20]

問 6. $\mathrm{H}=(l^2)$ において, 作用素 U を,

$$U(\xi_1, \xi_2, \cdots)=(\overbrace{0, \cdots, 0}^{n}, \xi_1, \xi_2, \cdots)$$

によって定義すれば,

(i) Uは等距離作用素である.

(ii) $U^*(\xi_1, \xi_2, \cdots)=(\xi_{n+1}, \xi_{n+2}, \cdots)$.

この作用素Uを**移動作用素**という. [練 2-A. 21]

§ 10. 射影作用素

H をヒルベルト空間，K をその1つの閉部分空間とするとき，定理 7.2 により，各 $x\in\mathrm{H}$ は，

$$x=x_{\mathrm{K}}+x' \qquad (x_{\mathrm{K}}\in\mathrm{K},\ x'\in\mathrm{K}^{\perp})$$

と一意的に分解される．

定義 10.1. 各 $x\in\mathrm{H}$ に x_{K} を対応させる作用素を，K 上への**射影作用素**という．そして P_{K} または $\mathrm{proj}(\mathrm{K})$ で表わす．

定理 10.1. 射影作用素 P_{K} は，H 全体で定義された有界線形作用素で，次の性質を有する．

(10.1) $$\begin{cases}\mathrm{K}=\{0\}\ \text{のとき}\ P_{\mathrm{K}}=O,\ \mathrm{K}\neq\{0\}\ \text{のとき},\ \|P_{\mathrm{K}}\|=1.\\ \mathrm{K}=\mathrm{H}\ \text{のとき},\ P_{\mathrm{K}}=I.\end{cases}$$

(10.2) $$P_{\mathrm{K}}\mathrm{H}=\mathcal{R}(P_{\mathrm{K}})=\mathrm{K}.$$

(10.3) $$x\in\mathrm{K}\rightleftarrows P_{\mathrm{K}}x=x\rightleftarrows\|P_{\mathrm{K}}x\|=\|x\|.$$

(10.4) $$x\perp\mathrm{K}\rightleftarrows P_{\mathrm{K}}x=0.$$

証明． $\mathcal{D}(P_{\mathrm{K}})=\mathrm{H}$ は明らか．$x, y\in\mathrm{H}$ に対して，$x=x_{\mathrm{K}}+x'$，$y=y_{\mathrm{K}}+y'$ $(x_{\mathrm{K}}, y_{\mathrm{K}}\in\mathrm{K},\ x', y'\in\mathrm{K}^{\perp})$ とすれば，$\alpha x+\beta y=(\alpha x_{\mathrm{K}}+\beta y_{\mathrm{K}})+(\alpha x'+\beta y')$ で，$\alpha x_{\mathrm{K}}+\beta y_{\mathrm{K}}\in\mathrm{K}$，$\alpha x'+\beta y'\in\mathrm{K}^{\perp}$ であるから，直交分解の一意性によって，$P_{\mathrm{K}}(\alpha x+\beta y)=\alpha x_{\mathrm{K}}+\beta y_{\mathrm{K}}=\alpha P_{\mathrm{K}}x+\beta P_{\mathrm{K}}y$．これは P_{K} が線形作用素であることを示す．また $\|x\|^2=\|x_{\mathrm{K}}\|^2+\|x'\|^2\geqq\|x_{\mathrm{K}}\|^2=\|P_{\mathrm{K}}x\|^2$ であるから，P_{K} は有界で，$\|P_{\mathrm{K}}\|\leqq 1$．そして，$\|P_{\mathrm{K}}x\|=\|x\|$ ならば $x'=0$．故に，$x=P_{\mathrm{K}}x$．

$P_{\mathrm{K}}x\in\mathrm{K}$ であるから，$P_{\mathrm{K}}x=x$ ならば，$x\in\mathrm{K}$．逆に $x\in\mathrm{K}$ のとき，$x=x+0$ は，$x\in\mathrm{K}$，$0\in\mathrm{K}^{\perp}$ より x の K に関する直交分解を与えるから，$x=P_{\mathrm{K}}x$．故に (10.3) が知られた．また同時に (10.2) も得られる．さて，$\mathrm{K}\neq\{0\}$ ならば，$x\neq 0$ なる $x\in\mathrm{K}$ があるから，$\|x\|=\|P_{\mathrm{K}}x\|\leqq\|P_{\mathrm{K}}\|\|x\|$ から，$\|P_{\mathrm{K}}\|\geqq 1$．故に，$\|P_{\mathrm{K}}\|=1$ である．$\mathrm{K}=\{0\}$ のとき $P_{\mathrm{K}}=O$，$\mathrm{K}=\mathrm{H}$ のとき $P_{\mathrm{K}}=I$ は明らか．

$x\in\mathrm{K}^{\perp}$ のときは，$x=0+x$ が直交分解を与えることから，$P_{\mathrm{K}}x=0$．また $P_{\mathrm{K}}x=0$ ならば，$x=x_{\mathrm{K}}+x'$ $(x_{\mathrm{K}}\in\mathrm{K},\ x'\in\mathrm{K}^{\perp})$ とするとき，$0=P_{\mathrm{K}}x=P_{\mathrm{K}}x_{\mathrm{K}}+P_{\mathrm{K}}x'=x_{\mathrm{K}}$．故に，$x=x'\in\mathrm{K}^{\perp}$．これは (10.4) を示す．　（証明終）

定理 10.2. 有界線形作用素Pが，射影作用素であるための必要十分条件は，

(i)　**巾等**: $P^2=P$.

(ii)　エルミット作用素: $P^*=P$.

である．このとき，$\mathrm{K}=P\mathrm{H}=\mathcal{R}(P)$ は，H の閉部分空間で，$P=P_{\mathrm{K}}$.

証明. [⇒] P がある閉部分空間 K 上への射影作用素であるとする: $P=P_{\mathrm{K}}$. そのとき，$x\in\mathrm{H}$ に対し，$Px\in\mathrm{K}$ から，$P^2x=P(Px)=Px$. 故に，$P^2=P$. また，$x, y\in\mathrm{H}$ に対し，$Px, Py\in\mathrm{K}$,　$x-Px$, $y-Py\in\mathrm{K}^\perp$ から，$(Px, y-Py)=(Px, y)-(Px, Py)=0$, $(x-Px, Py)=(x, Py)-(Px, Py)=0$. 故に，$(Px, y)=(Px, Py)=(x, Py)$.

[⇐]　$\mathrm{K}=\mathcal{R}(P)$ とする．$Py=0$ ならば，すべての $x\in\mathrm{H}$ に対して，$(Px, y)=(x, Py)=0$ となるから，$y\in\mathrm{K}^\perp$. 故に，すべての $x\in\mathrm{H}$ に対して，$P(x-Px)=Px-P^2x=0$ から，$x-Px\in\mathrm{K}^\perp$. さて，$\mathrm{K}\subset(\mathrm{K}^\perp)^\perp$ (系 7.3) であるが，$x\in(\mathrm{K}^\perp)^\perp$ のとき，$Px\in\mathrm{K}\subset(\mathrm{K}^\perp)^\perp$ から，$x-Px\in(\mathrm{K}^\perp)^\perp$. そして，$x-Px\in\mathrm{K}^\perp$ でもあるから，$x-Px\in\mathrm{K}^\perp\frown(\mathrm{K}^\perp)^\perp=\{0\}$ (系 7.3). 故に，$x=Px\in\mathrm{K}$. 故に，$\mathrm{K}=(\mathrm{K}^\perp)^\perp$. 故に，K は H の閉部分空間である．そして，任意の $x\in\mathrm{H}$ に対し，$x=Px+(x-Px)$ は，$Px\in\mathrm{K}$, $x-Px\in\mathrm{K}^\perp$ より，x の K に関する直交分解を与える．故に，$Px=P_{\mathrm{K}}x$. 故に，$P=P_{\mathrm{K}}$.　(証明終)

系 10.1. P が射影作用素のとき，任意の $x\in\mathrm{H}$ に対して，

$$(Px, x)=\|Px\|^2, \tag{10.5}$$

$$\|x-Px\|^2=\|x\|^2-\|Px\|^2. \tag{10.6}$$

定理 10.3. $\mathrm{K}_1, \mathrm{K}_2$ 等を H の閉部分空間とし，$P_1=\mathrm{proj}(\mathrm{K}_1)$, $P_2=\mathrm{proj}(\mathrm{K}_2)$ とする．

(i)　$\mathrm{proj}(\mathrm{K}^\perp)=I-P_{\mathrm{K}}$.

(ii)　$\mathrm{K}_1\subset\mathrm{K}_2$ のとき，$P_1\leqq P_2$ と書く．このことは，

$$\|P_1x\|\leqq\|P_2x\| \qquad (x\in\mathrm{H}) \tag{10.7}$$

と同等である．このとき，$P=P_2-P_1$ も射影作用素で，$P=\mathrm{proj}(\mathrm{K}_2\frown\mathrm{K}_1^\perp)$.

そして，

$$P_1P_2=P_1, \text{ かつ } \|P_2x-P_1x\|^2=\|P_2x\|^2-\|P_1x\|^2. \tag{10.8}$$

(iii)　P_1+P_2 が射影作用素であるための条件は，$P_1P_2=O$. このとき，$\mathrm{K}_1\perp\mathrm{K}_2$.

そして K_1+K_2 は H の閉部分空間で，$P_1+P_2=\mathrm{proj}(K_1+K_2)$.

(iv) P_1P_2 が射影作用素であるための条件は，$P_1P_2=P_2P_1$. このとき，$P_1P_2=\mathrm{proj}(K_1\frown K_2)$.

なお，定理 12.5 参照.

証明. 系 9.2 から，$I-P_K$, P_2-P_1, P_1+P_2 はエルミット作用素である．また，P_1P_2 がエルミット作用素であるための条件が，$P_1P_2=P_2P_1$ である.

(i) $(I-P_K)^2=I-2P_K+P_K{}^2=I-2P_K+P_K=I-P_K$ から，$I-P_K$ は射影作用素. $x\in K^\perp \rightleftarrows P_Kx=0 \rightleftarrows x=x-P_Kx=(I-P_K)x \rightleftarrows x=(I-P_K)y$ (ある $y\in H$ に対して) $\rightleftarrows x\in\mathcal{R}(I-P_K)$. 故に，$\mathcal{R}(I-P_K)=K^\perp$. $\mathrm{proj}(K^\perp)=I-P_K$.

(iv) $P_1P_2=P_2P_1$ ならば，$(P_1P_2)^2=P_1P_2P_1P_2=P_1P_1P_2P_2=P_1P_2$. 故に，$P_1P_2$ は射影作用素. $\mathcal{R}(P_1P_2)\subset\mathcal{R}(P_1), \mathcal{R}(P_2)$. 故に，$\mathcal{R}(P_1P_2)\subset K_1\frown K_2$. 逆に，$x\in K_1\frown K_2$ ならば，$x=P_1P_2x\in\mathcal{R}(P_1P_2)$. 故に，$\mathcal{R}(P_1P_2)=K_1\frown K_2$.

(iii) P_1+P_2 が射影作用素 $\rightleftarrows (P_1+P_2)^2=P_1{}^2+P_1P_2+P_2P_1+P_2{}^2=P_1+P_2 \rightleftarrows P_1P_2+P_2P_1=O$. この式に左から P_1 を乗じて，$P_1P_2+P_1P_2P_1=O$. 更に右から P_1 を乗じて，$2P_1P_2P_1=O$. 故に，$P_1P_2=O$. 逆に，$P_1P_2=O$ なら，(iv)から $P_1P_2=P_2P_1$. 故に，$P_1P_2+P_2P_1=O$. このとき，$x\in K_2 \Rightarrow x=P_2x \Rightarrow P_1x=P_1P_2x=0 \Rightarrow x\perp K_1$. 故に，$K_1\perp K_2$. また，$x\in K_1+K_2 \rightleftarrows x=P_1y_1+P_2y_2$ (ある $y_1, y_2\in H$ に対して) $\rightleftarrows x=P_1x+P_2x=(P_1+P_2)x \rightleftarrows x=(P_1+P_2)y$ (ある $y\in H$ に対して) $\rightleftarrows x\in\mathcal{R}(P_1+P_2)$. 故に，$K_1+K_2=\mathcal{R}(P_1+P_2)$. これから，$K_1+K_2$ が閉部分空間なることが知られ[1]，かつ，$P_1+P_2=\mathrm{proj}(K_1+K_2)$.

(ii) $P_2P_1x=P_1x$ ($P_1x\in K_1\subset K_2$ だから) がすべての x について成立つから，$P_2P_1=P_1$. (iv) から，$P_2P_1=P_1P_2$. 故に，$P^2=(P_2-P_1)^2=P_2{}^2-P_2P_1-P_1P_2+P_1{}^2=P_2-P_1=P$. 故に，$P$ は射影作用素. $P=P_2-P_1=P_2-P_2P_1=P_2(I-P_1)$ であるから，(i)，(iv) より，$P=\mathrm{proj}(K_2\frown K_1{}^\perp)$. また (10.6) から，$\|Px\|^2=\|(I-P_1)P_2x\|^2=\|P_2x\|^2-\|P_1P_2x\|^2=\|P_2x\|^2-\|P_1x\|^2$. 故に，(10.7)，(10.8)が得られる. 逆に，(10.7)からは，$x\in K_2{}^\perp \Rightarrow P_2x=0 \Rightarrow P_1x=0 \Rightarrow x\in K_1{}^\perp$. 故に，$K_2{}^\perp\subset K_1{}^\perp$. 故に，系 7.4 によって，$K_1=(K_1{}^\perp)^\perp\subset(K_2{}^\perp)^\perp=K_2$. (証明終)

問 1. ヒルベルト空間 H において，$x\in H$, $x\neq 0$ とするとき，$\mathcal{V}\{x\}$ 上への射影作

---

1) なお，問題 1.16 参照.

用素 P は,

$$Py=\frac{(y,x)}{\|x\|^2}x \qquad (y\in \mathrm{H})$$

によって与えられる. [練 2-A. 22]

問 2. 系 10.1 を証明せよ. [練 2-A. 23]

問 3. 有界線形作用素 P が, 射影作用素であるための必要十分条件は, すべての $x\in\mathrm{H}$ に対し, (10.5) が成立つことである. [練 2-A. 24]

問 4. $\mathrm{K}_1, \mathrm{K}_2$ は H の閉部分空間とし, $P_1=\mathrm{proj}(\mathrm{K}_1)$, $P_2=\mathrm{proj}(\mathrm{K}_2)$ とする.

(i) $\mathrm{K}_1\perp\mathrm{K}_2$ のとき, $P_1P_2=0$.

(ii) P_1, P_2 が交換可能, すなわち $P_1P_2=P_2P_1$ であれば, $P_1\mathrm{K}_2$, $P_2\mathrm{K}_1$, および, $\mathrm{K}=\mathrm{K}_1+\mathrm{K}_2$ は H の閉部分空間である. そして,

$$P_1\mathrm{K}_2=P_2\mathrm{K}_1=\mathcal{R}(P_1P_2)=\mathrm{K}_1\frown\mathrm{K}_2, \qquad \mathrm{proj}(\mathrm{K})=P_1+P_2-P_1P_2.$$ [練 2-B. 19]

問 5. 射影作用素 P_1, P_2 に対して, $P_1x=0$ ならば必ずまた $P_2x=0$ であるならば, $P_1\geqq P_2$. [練 2-A. 25]

問 6. 射影作用素の間の順序(定理 10.3 (ii))は, 順序の関係:

(i) $P\leqq Q$, $Q\leqq P$ ならば, $P=Q$.

(ii) $P\leqq Q$, $Q\leqq R$ ならば, $P\leqq R$.

を満たしていることを示せ. [練 2-A. 26]

問 7. ヒルベルト空間 H において, K を, H の 1 つの正規直交系 $\phi_1, \phi_2, \cdots$ によって生成された閉部分空間とすれば,

$$P_{\mathrm{K}}x=\sum_{n=1}^{\infty}(x,\phi_n)\phi_n.$$

このことに注意して, 定理 7.2 の別証明をなせ. [演 § 10. 例題 1]

問 8. ヒルベルト空間 H の等距離作用素 U に対して,

$$UU^*=\mathrm{proj}(\mathcal{R}(U)).$$ [練 2-B. 20]

問 9. ヒルベルト空間 H における有界線形作用素 V に対して, V^*V が射影作用素ならば, VV^* も射影作用素である. (このような作用素は, **部分的等距離作用素**と呼ばれる.) [練 2-B. 21]

§ 11. 弱　収　束

定義 11.1. ヒルベルト空間 H の要素列 $x_1, x_2, \cdots$ に対して, ある $x_0\in\mathrm{H}$ が存在して,

$$(11.1) \qquad \lim_{n\to\infty}(x_n, x)=(x_0, x) \qquad (\text{すべての } x\in\mathrm{H} \text{ に対して}).$$

となるとき, $x_1, x_2, \cdots$ は x_0 に**弱収束**するといい, また x_0 をその**弱極限**といって,

(11.2)
$$\text{w-}\lim_{n\to\infty} x_n = x_0$$

で表わす．(時に $\lim_{n\to\infty} x_n = x_0$ (弱)，$x_n \to x_0$ (弱) とも書かれる．)[1]

系 11.1. 弱極限は一意的に定まる．　(問 11.1)

系 11.2. 強収束する要素列 $x_1, x_2, \cdots$ は弱収束する．そして，

$$\text{w-}\lim_{n\to\infty} x_n = \lim_{n\to\infty} x_n. \quad (\text{問 } 11.1)$$

系 11.3. 正規直交系 $\phi_1, \phi_2, \cdots$ は，0 に弱収束する．　(問 11.1)

系 11.4. $\text{w-}\lim_{n\to\infty} x_n = x_0$，かつ，$\lim_{n\to\infty}\|x_n\| = \|x_0\|$ ならば，$x_1, x_2, \cdots$ は x_0 に強収束する．

証明. $\|x_n - x_0\|^2 = \|x_n\|^2 - 2\Re(x_n, x_0) + \|x_0\|^2 \to \|x_0\|^2 - 2\|x_0\|^2 + \|x_0\|^2 = 0.$

(証明終)

系 11.5. $\text{w-}\lim_{n\to\infty} x_n = x_0$ ならば，任意の有界線形作用素 T に対して，w-$\lim_{n\to\infty} Tx_n = Tx_0$ である．

証明. 任意の $x \in \mathrm{H}$ に対して，

$$(Tx_n, x) = (x_n, T^*x) \to (x_0, T^*x) = (Tx_0, x)$$

となることから知られる．　(証明終)

例 11.1. 強収束と弱収束の概念は，複素ユークリッド空間においては一致する．

(問 11.2)

(l^2) においては，たとえば $\phi_1 = (1, 0, 0, \cdots)$，$\phi_2 = (0, 1, 0, \cdots)$，$\cdots$ は (l^2) の完全正規直交系をなしているから，系 11.3 により，0 に弱収束するが，H のいかなる要素にも強収束しない．(もし，$\lim_{n\to\infty}\phi_n = x$ とすれば，系 11.2 より，$x = \text{w-}\lim_{n\to\infty}\phi_n = 0$．ところが，系 2.4 より，同時に，$\|x\| = \lim_{n\to\infty}\|\phi_n\| = 1$ を得るから矛盾である．)

(l^2) では，$x_1, x_2, \cdots$ $(x_n = (\xi_{n1}, \xi_{n2}, \cdots))$ が弱収束するための必要十分条件は，$\|x_1\|$，$\|x_2\|, \cdots$ が有界で，かつ各 $k = 1, 2, \cdots$ に対して，$\lim_{n\to\infty}\xi_{nk}$ が存在することである．

(問題 2.25)

定理 11.1. $x_1, x_2, \cdots$ が弱収束するならば，$\|x_1\|, \|x_2\|, \cdots$ は有界で，かつ，$x_0 = \text{w-}\lim_{n\to\infty} x_n$ とするとき，

(11.3)
$$\|x_0\| \leq \varliminf_{n\to\infty} \|x_n\|.$$

証明. (11.3) は，$|(x_0, x_n)| \leq \|x_0\|\|x_n\|$ から，

1) 要素列の弱収束の概念はトポロジーの概念としては十分でない．これについては §33 参照．

$$\|x_0\|^2=(x_0,x_0)=\lim_{n\to\infty}|(x_0,x_n)|\leqq\varliminf_{n\to\infty}\|x_0\|\|x_n\|=\|x_0\|\varliminf_{n\to\infty}\|x_n\|$$

によって得られる.

前半を証明する[1] ために, $\|x_1\|$, $\|x_2\|$, … は有界でなかったものとする. いま, 数学的帰納法によって, $x_1, x_2, \cdots$ の部分列 $x_{n(1)}, x_{n(2)}, \cdots$ を,

$$\|x_{n(m)}\|\geqq 2^{2m} \tag{11.4}$$

$$|(x_{n(k)},x_{n(m)})|\leqq 2\|x_{n(k)}\|\|x_0\| \qquad (k<m) \tag{11.5}$$

をみたすようにえらぶ. まず $\|x_n\|$ は有界でないから $\|x_n\|\geqq 1$ となるような n がある. そのような n の1つを $n(1)$ とする. $x_{n(1)},\cdots,x_{n(m)}$ は既に選ばれたとして, $x_{n(m+1)}$ は, $|(x_{n(k)},x_{n(m+1)})|\leqq 2\|x_{n(k)}\|\|x_0\|$ $(k=1,\cdots,m)$; $\|x_{n(m+1)}\|\geqq 2^{2(m+1)}$, $\|x_{n(m)}\|$ を満たすようにとる. (第1の条件は, $\lim_{n\to\infty}|(x_{n(k)}, x_n)|=|(x_{n(k)},x_0)|\leqq\|x_{n(k)}\|\|x_0\|$ から, 第2の条件は, $\|x_n\|$ が有界でないことから.)

このように部分列をとって, $x=\sum_{k=1}^{\infty}\frac{1}{2^k\|x_{n(k)}\|}x_{n(k)}$ とおく. (系 3.4 によって, この右辺の級数は強収束する.) そうすれば,

$$
\begin{aligned}
&|(x,x_{n(m)})|\\
&=\left|\sum_{k=1}^{m-1}\frac{1}{2^k\|x_{n(k)}\|}(x_{n(k)},x_{n(m)})+\frac{\|x_{n(m)}\|}{2^m}+\sum_{k=m+1}^{\infty}\frac{1}{2^k\|x_{n(k)}\|}(x_{n(k)},x_{n(m)})\right|\\
&\geqq\frac{\|x_{n(m)}\|}{2^m}-\sum_{k=1}^{m-1}\frac{1}{2^k\|x_{n(k)}\|}2\|x_{n(k)}\|\|x_0\|-\sum_{k=m+1}^{\infty}\frac{1}{2^k\|x_{n(k)}\|}2\|x_0\|\|x_{n(m)}\|\\
&\geqq\frac{\|x_{n(m)}\|}{2^m}-2\|x_0\|-2\|x_0\|\|x_{n(m)}\|\sum_{k=m+1}^{\infty}\frac{1}{2^{3k}}\\
&\geqq\frac{\|x_{n(m)}\|}{2^m}-2\|x_0\|-\|x_0\|\|x_{n(m)}\|\frac{1}{2^{3m}}\\
&=\frac{1}{2^m}\left(1-\frac{\|x_0\|}{2^{2m}}\right)\|x_{n(m)}\|-2\|x_0\|\\
&\geqq 2^m\left(1-\frac{\|x_0\|}{2^{2m}}\right)-2\|x_0\|\to\infty.
\end{aligned}
$$

これは, $\lim_{n\to\infty}(x,x_n)$ が存在するという仮定に反する.　(証明終)

系 11.6. $\text{w-}\lim_{n\to\infty}x_n=x_0$, $\lim_{n\to\infty}y_n=y_0$ ならば, $\lim_{n\to\infty}(x_n,y_n)=(x_0,y_0)$.

---

1) ここでは直接の証明を与えるが, 後に別の原理で証明する(定理 32.1).

証明.
$$|(x_n, y_n)-(x_0, y_0)| \leqq |(x_n, y_n-y_0)|+|(x_n-x_0, y_0)|$$
$$\leqq \|x_n\|\|y_n-y_0\|+|(x_n-x_0, y_0)|.$$
$\|x_n\|$ は有界であるから，右辺は $n\to\infty$ のとき，0 に収束する． (証明終)

定義 11.2. 前ヒルベルト空間 H の部分集合 A は，任意の $y\in$H に対して，$\sup\{|(x, y)|\,;\,x\in\mathrm{A}\}<\infty$ であるとき，**弱有界**であるという．

定理 11.2. ヒルベルト空間においては，弱有界と，定義 2.4 における有界の概念は一致する．すなわち，集合 A が弱有界ならば，$\sup\{\|x\|\,;\,x\in\mathrm{A}\}<\infty$.

証明. A は弱有界とする．もしも $\sup\{\|x\|\,;\,x\in\mathrm{A}\}=\infty$ ならば，$n=1, 2, \cdots$ に対して，$\|x_n\|\geqq n^2$ であるような $x_n\in\mathrm{A}$ をとることができる． $x_n'=\dfrac{1}{n}x_n$ とすれば，$\|x_n'\|=\dfrac{1}{n}\|x_n\|\geqq n$ であるから，$\sup\{\|x_1'\|, \|x_2'\|, \cdots\}=\infty$. 一方，$\mathrm{w}\text{-}\lim_{n\to\infty} x_n'=0$ である．実際，弱有界の仮定から，任意の $y\in$H に対して，$\sup\{|(x_n, y)|\,;\,n=1, 2, \cdots\}\leqq\sup\{|(x, y)|\,;\,x\in\mathrm{A}\}<\infty$. したがって，$\lim_{n\to\infty}(x_n', y)=\lim_{n\to\infty}\dfrac{1}{n}(x_n, y)=0$ となるからである．このことから，定理 11.1 によって，$\|x_1'\|, \|x_2'\|, \cdots$ は有界でなければならない．これは矛盾であるから，A は有界であることになる． (証明終)

定義 11.3. ヒルベルト空間 H の集合 A は，A のすべての要素と直交する H の要素は 0 に限るとき，**基集合**という．

補題 11.1. A が基集合であるための必要十分条件は，A の要素の 1 次結合の全体が H で稠密なことである．特に A が部分空間のとき，A が基集合であることと，A が稠密であることとは同値である．

証明. A が基集合であるとは，$\mathrm{A}^{\perp}=\{0\}$ であることである．したがって，$(\mathrm{A}^{\perp})^{\perp}=$H. この左辺は A を含む最小の閉部分空間であり(系 7.5)，それは A の一次結合の全体 $\mathcal{V}(\mathrm{A})$ の閉包である．したがって，それが $=$H とは，$\mathcal{V}(\mathrm{A})$ が H で稠密なことと同等である． (証明終)

定理 11.3. $x_1, x_2, \cdots$ が弱収束するための必要十分条件は，次の 2 条件が成立することである：

(i) $\|x_1\|, \|x_2\|, \cdots$ は有界である．

(ii) H の 1 つの基集合 A に対して，$x\in\mathrm{A}$ のとき $\lim_{n\to\infty}(x_n, x)$ が存在する．

証明. [⇒]（i）は定理 11.1 である．また（ii）は当然である．

[⇐] A の要素の任意の一次結合すなわち $\mathcal{V}(\mathrm{A})$ の要素 $y=\xi_1 y_1+\cdots+\xi_n y_n$ に対して，（ii）の仮定から，やはり，$\lim_{n\to\infty}(x_n, y)$ が存在する．任意の $x\in\mathrm{H}$ に対しては，A は H の基集合であるから，$\mathcal{V}(\mathrm{A})$ は H で稠密．したがって，任意の $\varepsilon>0$ に対して，$\|x-y\|<\varepsilon$ となる $y\in\mathcal{V}(\mathrm{A})$ が存在する．いま $\gamma=\sup\{\|x_n\|\,;\,n=1,2,\cdots\}$ とすれば，

$$|(x_n, x)-(x_n, y)|=|(x_n, x-y)|\leqq\|x_n\|\|x-y\|\leqq\gamma\varepsilon.$$

$(x_1, y), (x_2, y), \cdots$ は収束するから，適当な番号 N をとれば，$n, m\geqq N$ のとき，$|(x_n, y)-(x_m, y)|<\varepsilon$．故に，$n, m\geqq N$ のとき，

$$\begin{aligned}&|(x_n, x)-(x_m, x)|\\ &\leqq|(x_n, x)-(x_n, y)|+|(x_m, x)-(x_m, y)|+|(x_n, y)-(x_m, y)|\\ &\leqq(2\gamma+1)\varepsilon.\end{aligned}$$

$\varepsilon>0$ は任意であったから，これは，$\lim_{n\to\infty}(x_n, x)$ が存在することをいっている．

さていま $f(x)=\lim_{n\to\infty}(x, x_n)$ とすれば，f が線形汎函数となることは，殆んど明らかである．そして，

$$|f(x)|=\lim_{n\to\infty}|(x, x_n)|\leqq\varlimsup_{n\to\infty}\|x\|\|x_n\|\leqq\gamma\|x\|$$

から，f は有界となり，リースの定理によって，$f(x)=(x, x_0)$ と表わされることになる．そうすれば，$x_0=\mathrm{w}\text{-}\lim_{n\to\infty}x_n$ である．（証明終）

定理 11.4. ヒルベルト空間 H の有界無限集合 A に対して，A から，弱収束するような，相異なる要素から成る要素列を取り出すことができる．

証明. A から，あらかじめ可算個の要素 $x_1, x_2, \cdots$ を取り出しておいて，これから弱収束するような部分列を取り出すことができることを証明すればよい．

対角線論法による．まず $x_1, x_2, \cdots$ の部分列 $x_{11}, x_{12}, \cdots$ を，$(x_{11}, x_1), (x_{12}, x_1), \cdots$ が収束するようにとる．これは数列 $(x_1, x_1), (x_2, x_1), \cdots$ が有界であるから，取り出せる．

$(x_{11}, x_2), (x_{12}, x_2), \cdots$ はまた有界数列であるから，この部分列 $(x_{21}, x_2), (x_{22}, x_2), \cdots$ で収束するようなものが取り出せる．次に，$x_{21}, x_{22}, \cdots$ の部分列 $x_{31}, x_{32},$

… で，$(x_{31}, x_3), (x_{32}, x_3), \cdots$ が収束するようなものが取り出せる．以下同様にして，各 n に対して，$x_{n1}, x_{n2}, \cdots$ を選ぶ．そして $x_{11}, x_{22}, \cdots, x_{nn}, \cdots$ なる要素列をつくれば，すべての m に対して，$(x_{11}, x_m), (x_{22}, x_m), \cdots$ は収束する．

$A_1=\{x_1, x_2, \cdots\}$ とおき，$A_2=A_1 \cup A_1{}^{\perp}$ なる集合を考えると，A_2 は H の1つの基集合である．実際 $A_2 \supset A_1$ から $\overline{\mathcal{V}}(A_2)=(A_2{}^{\perp})^{\perp} \supset (A_1{}^{\perp})^{\perp}$．また，$A_2 \supset A_1{}^{\perp}$ から，$\overline{\mathcal{V}}(A_2) \supset A_1{}^{\perp}$．故に，$\overline{\mathcal{V}}(A_2) \supset A_1{}^{\perp}+(A_1{}^{\perp})^{\perp}=H$．故に，補題11.1 によって，$A_2$ は H の基集合．そして各 $x \in A_2$ に対して，$(x_{11}, x), (x_{22}, x), \cdots$ は収束する．($x \in A_1$，すなわち，ある m に対して，$x=x_m$ となっているときは，上のつくり方から明らか．$x \in A_1{}^{\perp}$ のときは，$(x_{nn}, x)=0$ $(n=1, 2, \cdots)$ である．) $x_{11}, x_{22}, \cdots$ は $x_1, x_2, \cdots$ の部分列として勿論有界であるから，定理 11.3 によって，$x_{11}, x_{22}, \cdots$ は弱収束である．　　(証明終)

問 1. 系 11.1, 11.2, 11.3 を証明せよ．　[練 2-A.27]

問 2. 複素ユークリッド空間では，弱収束と強収束の概念は一致する．　[練 2-A.28]

問 3. 数列 $(\alpha_1, \alpha_2, \cdots)$ に対し，$\sum_{k=1}^{\infty} \alpha_k \xi_k$ がすべての $(\xi_1, \xi_2, \cdots) \in (l^2)$ について収束であるときは，$\sum_{k=1}^{\infty} |\alpha_k|^2 < \infty$．すなわち，$(\alpha_1, \alpha_2, \cdots) \in (l^2)$．(問題 1.22 参照) [練 2-A.29]

§ 12. 有界線形作用素の列の収束

H をヒルベルト空間とし，$T_1, T_2, \cdots$ をその有界線形作用素の列とするとき，この収束に関しては，いろいろな定義が考えられる．

定義 12.1. $T_1, T_2, \cdots$ が，適当な有界線形作用素 T に対して，

$$\lim_{n\to\infty} \|T_n - T\| = 0 \tag{12.1}$$

を満たすとき，**一様収束**するという．

$$\text{すべての } x \in H \text{ に対して，} \lim_{n\to\infty} T_n x = Tx \tag{12.2}$$

を満たすとき，**強収束**するという．

$$\text{すべての } x \in H \text{ に対して，} \operatorname*{w-lim}_{n\to\infty} T_n x = Tx \tag{12.3}$$

を満たすとき，**弱収束**するという．

それぞれの場合に応じて，

$$T = \operatorname*{u-lim}_{n\to\infty} T_n, \qquad \operatorname*{s-lim}_{n\to\infty} T_n, \qquad \operatorname*{w-lim}_{n\to\infty} T_n$$

と記すことにする．いずれの場合にも，極限の作用素は，存在すれば一意的に定まる．

定理 12.1. 上の3つの収束の概念について，

$$一様収束 \Rightarrow 強収束 \Rightarrow 弱収束.$$

この $\Rightarrow$ の意味は，左側の意味で $T_1, T_2, \cdots$ が T に収束すれば，右側の意味でも $T_1, T_2, \cdots$ は T に収束するということである．

証明は容易であるから省略する．(問 12.1)

上の定理で，逆向きには結論できない．

例 12.1. (l^2) で，次の作用素 U_n を考える：

$$U_n(\xi_1, \xi_2, \cdots) = (0, \cdots, 0, \xi_1, \xi_2, \cdots) \qquad (0 \text{ は } n \text{ 個}).$$

U_n はいずれも等距離作用素で，$V_n = U_n^*$ とすれば，

$$V_n(\xi_1, \xi_2, \cdots) = (\xi_{n+1}, \xi_{n+2}, \cdots)$$

となる．(問 9.6)

このとき，

$$\underset{n\to\infty}{\text{u-lim}}\, U_n,\ \underset{n\to\infty}{\text{u-lim}}\, V_n \text{ はいずれも存在しない.}$$

$$\underset{n\to\infty}{\text{s-lim}}\, U_n \text{ は存在しない.}\ \underset{n\to\infty}{\text{s-lim}}\, V_n = O.$$

$$\underset{n\to\infty}{\text{w-lim}}\, U_n = \underset{n\to\infty}{\text{w-lim}}\, V_n = O. \qquad (問 12.2)$$

定理 12.2. 作用素の和およびスカラー倍は，いずれの収束に関しても連続である．

積をとる演算は一様収束，強収束については連続であるが，弱収束については連続でない．

共役演算(共役作用素をとる演算)は，一様収束，弱収束については連続であるが，強収束については連続でない．

証明. 線形演算に関する連続性は容易に知られる(問 12.3)．

乗法について．一様収束の場合．$\underset{n\to\infty}{\text{u-lim}}\, T_n = T$，$\underset{n\to\infty}{\text{u-lim}}\, S_n = S$ とすれば，$\|T_nS_n - TS\| = \|(T_n - T)(S_n - S) + (T_n - T)S + T(S_n - S)\| \leq \|T_n - T\|\|S_n - S\| + \|T_n - T\|\|S\| + \|T\|\|S_n - S\|$ (系 6.3) $\to 0$．故に，$\underset{n\to\infty}{\text{u-lim}}\, T_nS_n = TS$．

強収束の場合．$\underset{n\to\infty}{\text{s-lim}}\, T_n = T$，$\underset{n\to\infty}{\text{s-lim}}\, S_n = S$ とする．このとき，

$\gamma=\sup\{\|T_n\|\,;\,n=1,2,\cdots\}<\infty$. (これは，下で，系 12.2 として証明されるが，この結果を前借する.) そして，各 $x\in\mathrm{H}$ に対して，$\|T_nS_nx-TSx\|=\|T_n(S_n-S)x+(T_n-T)Sx\|\leqq\|T_n\|\|(S_n-S)x\|+\|(T_n-T)Sx\|\leqq M\|S_nx-Sx\|+\|T_nSx-TSx\|\to 0$. 故に，$\operatorname*{s-lim}_{n\to\infty}T_nS_n=TS$.

弱収束の場合．例えば，例 12.1 の U_n，V_n を用いれば，$\operatorname*{w-lim}_{n\to\infty}U_n=O$，$\operatorname*{w-lim}_{n\to\infty}V_n=O$ であるが，U_n は等距離作用素で，したがって $V_nU_n=U_n^*U_n=I$ であるから，$\operatorname*{w-lim}_{n\to\infty}V_nU_n=I\neq O$. したがって，弱収束に関しては，積は連続でない.

共役演算について．一様収束の場合．$\operatorname*{u-lim}_{n\to\infty}T_n=T$ とすれば，$\|T_n^*-T^*\|=\|(T_n-T)^*\|$ (定理 9.1) $=\|T_n-T\|\to 0$. したがって，$\operatorname*{u-lim}_{n\to\infty}T_n^*=T^*$.

強収束の場合．例 12.1 において，$\operatorname*{s-lim}_{n\to\infty}V_n=O$ であるが，$\operatorname*{s-lim}_{n\to\infty}U_n=\operatorname*{s-lim}_{n\to\infty}V_n^*$ は存在しない．これから，強収束に関して，共役演算は連続でないことが知られる.

弱収束の場合． $\operatorname*{w-lim}_{n\to\infty}T_n=T$ とすれば， 任意の $x,y\in\mathrm{H}$ について，$\lim_{n\to\infty}(T_n^*x,y)=\lim_{n\to\infty}(x,T_ny)=(x,Ty)=(T^*x,y)$ となる．故に，$\operatorname*{w-lim}_{n\to\infty}T_n^*x=T^*x$. 故に，$\operatorname*{w-lim}_{n\to\infty}T_n^*=T^*$. (証明終)

系 12.1. $\operatorname*{w-lim}_{n\to\infty}T_n=T$，$\operatorname*{s-lim}_{n\to\infty}S_n=S$ ならば，$\operatorname*{w-lim}_{n\to\infty}T_nS_n$ は存在して，$=TS$. $\operatorname*{w-lim}_{n\to\infty}S_nT_n$ については何もいわれない.

証明. まず，定理 12.2 によって，$\operatorname*{w-lim}_{n\to\infty}T_n^*=T^*$. 故に，任意の $x,y\in\mathrm{H}$ に対して，$\lim_{n\to\infty}S_nx=Sx$，$\operatorname*{w-lim}_{n\to\infty}T_n^*y=T^*y$. 系 11.6 を用いて，

$$\lim_{n\to\infty}(T_nS_nx,y)=\lim_{n\to\infty}(S_nx,T_n^*y)=(Sx,T^*y)=(TSx,y).$$

故に，$\operatorname*{w-lim}_{n\to\infty}T_nS_n=TS$ である.

$\operatorname*{w-lim}_{n\to\infty}S_nT_n$ については，これが存在しない場合もあり，また存在しても必ずしも $=ST$ とはならない．例えば，例 12.1 の U_n,V_n を用いて，$T_n=U_n$，$S_n=V_n$ $(n=1,2,\cdots)$ とすれば， 後者の例が得られるし， また， $T_n=U_n$ $(n=1,2,\cdots)$，$S_{2m-1}=V_m$，$S_{2m}=V_{2m}$ $(m=1,2,\cdots)$ とすれば，前者の例が得られる.

定理 12.3. ヒルベルト空間 H において，有界線形作用素の列 $T_1,T_2,\cdots$ に

ついて，任意の $x, y \in \mathrm{H}$ に対し，数列 $(T_1x, y), (T_2x, y), \cdots$ が有界ならば，$\|T_1\|, \|T_2\|, \cdots$ は有界である．　　　　　**(バナッハ・スタインハウスの定理)**

証明[1]. 定理の条件から，任意の $x \in \mathrm{H}$ に対して，集合 $\{T_1x, T_2x, \cdots\}$ は弱有界であるから，定理 11.2 によって，$\sup\{\|T_nx\|\,;\, n=1, 2, \cdots\} < \infty$．そこで，このとき，$\sup\{\|T_n\|\,;\, n=1, 2, \cdots\} < \infty$ であることをいえばよい．

いま $\sup\|T_n\| = \infty$ として矛盾を出す．そのために，まず，必要ならば適当な部分列でおきかえることにより，$\lim_{n\to\infty}\|T_n\| = \infty$ であるとしておいてもよい．ここで，$S_n = \dfrac{1}{\sqrt{\|T_n\|}}T_n$ $(n=1, 2, \cdots)$ とすれば，$\lim_{n\to\infty}\|S_n\| = \lim_{n\to\infty}\sqrt{\|T_n\|} = \infty$ であるが，一方，任意の $x \in \mathrm{H}$ について，$\sup\|T_nx\| < \infty$ であるから，$\|S_nx\| = \dfrac{1}{\sqrt{\|T_n\|}}\|T_nx\| \to 0$ となる．よってこれから矛盾を出せばよい．必要ならば，さらに適当な部分列でおきかえることによって，

$$\|S_1\| \geqq 1, \quad \|S_{n+1}\| \geqq 2^n\|S_n\| \qquad (n=1, 2, \cdots) \tag{12.4}$$

であるものと仮定しておいてよい．　このとき $\|S_n\| \geqq 2^{n-1}$ $(n=1, 2, \cdots)$ である．

そこで $S_1, S_2, \cdots$ の部分列 $S_{n(1)}, S_{n(2)}, \cdots$ と，要素列 $x_1, x_2, \cdots$ を，$m=1, 2, \cdots$ について，

$$\|x_m\| = 1, \tag{12.5}$$

$$\|S_{n(m)}x_k\| \leqq \frac{1}{2^m} \qquad (k=1, \cdots, m-1), \tag{12.6}$$

$$\|S_{n(m)}x_m\| \geqq \frac{1}{2}\|S_{n(m)}\| \tag{12.7}$$

が満たされるようにえらぶ．そのためには，まず $n(1)=1$ とし，x_1 は，$\|x_1\| = 1$，$\|S_1x_1\| \geqq \dfrac{1}{2}\|S_1\|$ であるようにとる．$S_{n(1)}, \cdots, S_{n(m)}\,;\, x_1, \cdots, x_m$ はすでに選ばれたものとして，$S_{n(m+1)}$ は，$n(m+1) > n(m)$，$\|S_{n(m+1)}x_k\| \leqq \dfrac{1}{2^{m+1}}$ $(k=1, 2, \cdots, m)$ が成立つようにとる．これは，各 x_k に対して，$\lim_{n\to\infty}\|S_nx_k\| = 0$ であることから，可能である．そして x_{m+1} は，$\|x_{m+1}\| = 1$，$\|S_{n(m+1)}x_{m+1}\| \geqq \dfrac{1}{2}$

---

1) 定理 11.1 におけると同様，ここでは直接の証明を与えるが，これも後に別の見方で証明を与える．(定理 28.2，問 32.5)．

$\|S_{n(m+1)}\|$ であるようにえらぶ．このようにして帰納法により，$S_{n(1)}, S_{n(2)}, \cdots$；$x_1, x_2, \cdots$ がえらばれる．

いま $x=\sum_{k=1}^{\infty}\frac{1}{\|S_{n(k)}\|}x_k$ とする．$n(1)<n(2)<\cdots$ より $n(k)\geqq k$．したがって，$\|S_{n(k)}\|\geqq 2^{n(k)-1}\geqq 2^{k-1}$ であるから，$\|(1/\|S_{n(k)}\|)x_k\|\leqq 1/2^{k-1}$．故に，$x$ を定義する各項のノルムをとったものは収束するから，系 3.4 によって，この級数は強収束する．そこで $\|S_{n(m)}x\|$ を計算してみよう．(12.5—7) を用いると，

$$\begin{aligned}\|S_{n(m)}x\| &= \left\|\sum_{k<m}\frac{1}{\|S_{n(k)}\|}S_{n(m)}x_k+\frac{1}{\|S_{n(m)}\|}S_{n(m)}x_m+\sum_{k>m}\frac{1}{\|S_{n(k)}\|}S_{n(m)}x_k\right\| \\ &\geqq \frac{1}{\|S_{n(m)}\|}\|S_{n(m)}x_m\|-\sum_{k<m}\frac{1}{\|S_{n(k)}\|}\|S_{n(m)}x_k\| \\ &\quad -\sum_{k>m}\frac{1}{\|S_{n(k)}\|}\|S_{n(m)}x_k\| \\ &\geqq \frac{1}{2}-\sum_{k<m}\frac{1}{2^{n(k)-1}}\frac{1}{2^m}-\sum_{k>m}\frac{\|S_{n(m)}\|}{\|S_{n(k)}\|} \\ &\geqq \frac{1}{2}-\frac{1}{2^{m-1}}-\sum_{k>m}\frac{1}{2^{k-1}}\end{aligned}$$

(最後の部分は，(12.4) と，$n(k)\geqq k$ から，$\|S_{n(k)}\|\geqq 2^{n(k-1)}\|S_{n(k-1)}\|\geqq 2^{n(k-1)}\cdot\|S_{n(m)}\|\geqq 2^{k-1}\|S_{n(m)}\|$.)

$$=\frac{1}{2}-\frac{1}{2^{m-1}}-\frac{1}{2^{m-1}}=\frac{1}{2}-\frac{4}{2^m}.$$

これは，$\lim_{m\to\infty}\|S_{n(m)}x\|=0$ に反する．　　(証明終)

系 12.2. ヒルベルト空間において，一様収束，強収束，または弱収束する有界線形作用素の列 $T_1, T_2, \cdots$ は一様有界である．すなわち，$\sup\{\|T_1\|, \|T_2\|, \cdots\}<\infty$.

そして，極限作用素を T とすれば，$\|T\|\leqq\varliminf_{n\to\infty}\|T_n\|$.　　(問 12.4)

系 12.3. ヒルベルト空間における有界線形作用素の列 $T_1, T_2, \cdots$ に対して，

(i) $\lim_{n,m\to\infty}\|T_n-T_m\|=0$ ならば，$T_1, T_2, \cdots$ は，1つの有界線形作用素に一様収束する．

(ii) 各 $x\in\mathrm{H}$ について $T_1x, T_2x, \cdots$ が強収束するならば，$T_1, T_2, \cdots$ は1つの有界線形作用素に強収束する．

(iii)　各 $x, y\in \mathrm{H}$ について $\lim_{n\to\infty}(T_nx, y)$ が存在するならば，$T_1, T_2, \cdots$ は1つの有界線形作用素に弱収束する．

証明． (iii)，(ii)，(i) の順に示す．

(iii)　$\lim_{n\to\infty}(T_nx, y)$ が存在するから，各 $x, y\in \mathrm{H}$ について，$\{(T_1x, y), (T_2x, y), \cdots\}$ は有界．したがって，バナッハ・スタインハウスの定理（定理12.3)によって，$\gamma=\sup\{\|T_1\|, \|T_2\|, \cdots\}<\infty$．いま，$x\in\mathrm{H}$ を固定して，

$$f(y)=\lim_{n\to\infty}(y, T_nx)\qquad (y\in\mathrm{H})$$

とおけば，これは H 上の線形汎函数であるが，これが有界なことは，$|f(y)|\leqq\varlimsup_{n\to\infty}|(y, T_nx)|\leqq\varlimsup_{n\to\infty}\|y\|\|T_n\|\|x\|\leqq\|y\|\gamma\|x\|$ によって知られる．したがって，リースの定理（定理 8.2)によって，$f(y)=(y, x')$ となる $x'\in\mathrm{H}$ が定まる．そして $\|x'\|\leqq\gamma\|x\|$．各 $x\in\mathrm{H}$ に対して，このようにして定まる x' を対応させる対応を $x'=Tx$ と書けば，T は H 上の線形作用素であるが，これが有界なことは，上の $\|x'\|\leqq\gamma\|x\|$ から得られる．そして $\text{w-}\lim_{n\to\infty}T_n=T$.

(ii)　各 $x\in\mathrm{H}$ に対して，$\lim_{n\to\infty}T_nx=Tx$ とする．そうすれば，T は H 上の線形作用素であるが，このとき同時に $\text{w-}\lim_{n\to\infty}T_nx=Tx$ であるから，$T_1, T_2, \cdots$ は T に弱収束し，(iii) によって T は有界，そして，$\text{s-}\lim_{n\to\infty}T_n=T$.

(i)　各 $x\in\mathrm{H}$ に対して，$\|T_nx-T_mx\|\leqq\|T_n-T_m\|\|x\|\to 0$ であるから，$\lim_{n\to\infty}T_nx$ が存在する．したがって (ii) によって，ある有界線形作用素 T に対して，$\text{s-}\lim_{n\to\infty}T_n=T$ となっている．いま，任意に与えた $\varepsilon>0$ に対して，番号 N を，$n, m\geqq N$ ならば，$\|T_n-T_m\|\leqq\varepsilon$ であるようにとっておけば，$n\geqq N$ ならば，$\|T_nx-Tx\|=\lim_{m\to\infty}\|T_nx-T_mx\|\leqq\varepsilon\|x\|$ となり，$\|T_n-T\|\leqq\varepsilon$.
これは，$\lim_{n\to\infty}\|T_n-T\|=0$ を示している．故に，$\text{u-}\lim_{n\to\infty}T_n=T$.　(証明終)

定理 12.4. ユニタリ作用素の列 $U_1, U_2, \cdots$ が，ユニタリ作用素 U に弱収束するならば，実は強収束する．

証明． 各 $x\in\mathrm{H}$ に対し

$$\begin{aligned}\|U_nx-Ux\|^2&=\|U_nx\|^2-2\Re(U_nx, Ux)+\|Ux\|^2\\&=2\|x\|^2-2\Re(U_nx, Ux)\\&\to 2\|x\|^2-2\|Ux\|^2=0.\end{aligned}$$

(証明終)

定理 12.5. 射影作用素の列 $P_1, P_2, \cdots$ が，

（i） $P_1 \leqq P_2 \leqq \cdots$ を満たすならば，$\mathop{\text{s-lim}}_{n\to\infty} P_n$ が存在する．$P = \mathop{\text{s-lim}}_{n\to\infty} P_n$ とおけば，P は射影作用素で，$\mathcal{R}(P) = \overline{\mathcal{CV}}\left\{\bigcup_{n=1}^{\infty} \mathcal{R}(P_n)\right\}$.

（ii） $P_1 \geqq P_2 \geqq \cdots$ を満たすならば，$\mathop{\text{s-lim}}_{n\to\infty} P_n$ が存在する．$P = \mathop{\text{s-lim}}_{n\to\infty} P_n$ とおけば，P は射影作用素で，$\mathcal{R}(P) = \bigcap_{n=1}^{\infty} \mathcal{R}(P_n)$.

証明. $Q_1 = \mathrm{proj}\left(\overline{\mathcal{CV}}\left(\bigcup_{n=1}^{\infty} \mathcal{R}(P_n)\right)\right)$[1]，$Q_2 = \mathrm{proj}\left(\bigcap_{n=1}^{\infty} \mathcal{R}(P_n)\right)$ とする．

（i） $n \leqq m$ ならば，$P_n \leqq P_m \leqq Q_1$．故に，任意の $x \in \mathrm{H}$ に対して，$\|P_n x\| \leqq \|P_m x\| \leqq \|Q_1 x\|$（定理 10.3（ii）），$\|P_m x - P_n x\|^2 = \|P_m x\|^2 - \|P_n x\|^2$（(10.8)）．第 1 の関係から，$\|P_1 x\| \leqq \|P_2 x\| \leqq \cdots \leqq \|Q_1 x\|$．故に，$\lim_{n\to\infty} \|P_n x\|$ が存在する．第 2 の関係から，したがって，$\lim_{n\to\infty} \|P_n x - P_m x\| = 0$．故に，$P_1 x, P_2 x, \cdots$ は強収束である．任意の $x \in \mathrm{H}$ についてこのことがいえるから，$\mathop{\text{s-lim}}_{n\to\infty} P_n$ が存在する（系 12.3）．$P = \mathop{\text{s-lim}}_{n\to\infty} P_n = \mathop{\text{w-lim}}_{n\to\infty} P_n$（定理 12.1）とすると，$P$ は射影作用素である．実際，$P^* = (\mathop{\text{w-lim}}_{n\to\infty} P_n)^* = \mathop{\text{w-lim}}_{n\to\infty} P_n^*$（定理 12.2）$= \mathop{\text{w-lim}}_{n\to\infty} P_n = P$；$P^2 = (\mathop{\text{s-lim}}_{n\to\infty} P_n)(\mathop{\text{s-lim}}_{n\to\infty} P_n) = \mathop{\text{s-lim}}_{n\to\infty} P_n^2 = \mathop{\text{s-lim}}_{n\to\infty} P_n = P$ から，巾等なエルミット作用素であることが知られるからである．さて $x \in \mathrm{H}$ に対し，$\|Px\| = \|\lim_{n\to\infty} P_n x\| = \lim_{n\to\infty} \|P_n x\| \leqq \|Q_1 x\|$．故に $P \leqq Q_1$．他方，$\|P_n x\| \leqq \|Px\|$ から，$P_n \leqq P$．故に，$\mathcal{R}(P_n) \subset \mathcal{R}(P)$．故に，$\mathcal{R}(Q_1) = \overline{\mathcal{CV}}\left(\bigcup_{n=1}^{\infty} \mathcal{R}(P_n)\right) \subset \mathcal{R}(P)$．故に $Q_1 \leqq P$．したがって $P = Q_1$．すなわち，$\mathcal{R}(P) = \mathcal{R}(Q_1) = \overline{\mathcal{CV}}\left(\bigcup_{n=1}^{\infty} \mathcal{R}(P_n)\right)$.

（ii）の証明は，（i）の場合と殆んど同様になされる． （証明終）

問 1. 定理 12.1 を証明せよ．また，有界線形作用素の列 $T_1, T_2, \cdots$ に対して，極限作用素（いずれかの意味での収束に関して）は存在すれば，一意的に定まることを証明せよ． ［練 2-A. 30］

問 2. 例 12.1 における極限を求めよ． ［練 2-A. 31］

問 3. 作用素の線形演算はいずれの意味の収束に関しても連続である．すなわち，

$$\mathop{\text{u-lim}}_{n\to\infty} T_n = T,\quad \mathop{\text{u-lim}}_{n\to\infty} S_n = S \text{ のとき，}\quad \mathop{\text{u-lim}}_{n\to\infty} (\alpha T_n + \beta S_n) = \alpha T + \beta S.$$

u-lim のかわりに，s-lim，または w-lim でも同様である． ［練 2-A. 32］

問 4. 系 12.2 を証明せよ． ［練 2-A. 33］

1） $\overline{\mathcal{CV}}\left(\bigcup_{n=1}^{\infty} \mathcal{R}(P_n)\right) = \overline{\bigcup_{n=1}^{\infty} \mathcal{R}(P_n)}$ である．

問 5. 定理 12.5 (ii) を証明せよ．　[練 2-A. 34]

問 6. T が有界線形作用素で，$\|T\|<1$ ならば，級数 $\sum_{n=0}^{\infty} T^n$ ($T^0=I$ とする) は一様収束して，$(I-T)^{-1}$ を表わすことを示せ．　[演 §12. 例題 1]

問 題 2

1. ノルム空間 V からノルム空間 V_1 への作用素 T に対し，T が $x_0\ (\in\mathcal{D}(T))$ において連続であるための必要十分条件は，$x_1, x_2, \cdots\in\mathcal{D}(T)$，$\lim_{n\to\infty} x_n=x$ ならば，つねに $x_1, x_2, \cdots$ の適当な部分列 $x_{n(1)}, x_{n(2)}, \cdots$ を，$\lim_{k\to\infty} Tx_{n(k)}=Tx_0$ であるようにとることができることである．　[練 2-B. 1]

2. 実ノルム空間 V 全体の上で定義された実ノルム空間 V_1 への作用素 T が，

加法的　すべての $x, y\in\mathrm{V}$ について，$T(x+y)=Tx+Ty$.

有　界　適当な $\gamma>0$ が存在して，すべての $x\in\mathrm{V}$ について，$\|Tx\|\leq\gamma\|x\|$.

であるならば，T は

斉　次　すべての $\alpha\in\mathbf{R}$, $x\in\mathrm{V}$ について，$T(\alpha x)=\alpha Tx$.

である．　[練 2-B. 7]

3. ノルム空間 V 全体の上で定義されたノルム空間 V_1 への線形作用素 T が，有界線形作用素であるための必要十分条件は，V の有界集合 A に対して，$T\mathrm{A}$ が必ずまた V_1 の有界集合となることである．　[練 2-B. 2]

4. ノルム空間 V から V_1 への線形作用素が連続であるとき，T は $\overline{\mathcal{D}(T)}$ を定義域とする連続な線形作用素に一意的に拡大される．すなわち，線形作用素 $\bar{T}$ で，

$$\mathcal{D}(\bar{T})=\overline{\mathcal{D}(T)},\quad \bar{T}x=Tx\ (x\in\mathcal{D}(T)),\quad \bar{T}\ は連続.$$

というようなものがただ 1 つ定まる．

そして，

$$M=\inf\{\gamma\ ;\ \|Tx\|\leq\gamma\|x\|\ \ (x\in\mathcal{D}(T))\},$$
$$\bar{M}=\inf\{\gamma\ ;\ \|\bar{T}x\|\leq\gamma\|x\|\ \ (x\in\mathcal{D}(\bar{T}))\}$$

とするとき，$M=\bar{M}$.　[演 §6. 例題 2]

5. 前問において，V がヒルベルト空間であれば，T は V から V_1 への有界線形作用素に拡大される．すなわち，V から V_1 への有界線形作用素 T_0 で，

$$T_0x=Tx\quad (x\in\mathcal{D}(T)),\qquad \|T_0\|=M$$

というようなものが(少くとも 1 つ)存在する．　[練 2-B. 4]

6. ノルム空間 V から V_1 への有界線形作用素 T が，連続な逆作用素 T^{-1} を有するならば，T による V の閉部分空間の像は，V_1 の閉部分空間である．T^{-1} が連続でないときはどうか．　[練 2-B. 5]

7. T がヒルベルト空間 H 上の有界線形作用素で，逆作用素を有し，かつ $\mathcal{D}(T^{-1})$ は H で稠密であるとする．このとき，

$$T^{-1} \text{ が連続 } \rightleftarrows \mathcal{D}(T^{-1})=\mathrm{H}.$$ [演 §11. 例題 2]

8. H が前ヒルベルト空間であるとき, H 上の線形作用素 T に対し, すべての $x\in\mathcal{D}(T)$ に対して $(Tx,x)=0$ であるとする. もしも, $\mathcal{D}(T)$ が H で稠密ならば, $T=O$ でなければならない. [練 2-B. 25]

9. ベクトル空間 V において, A, B は凸集合とする. このとき,

(i) A+B は凸集合である.

(ii) 任意のスカラー λ に対して, λA も凸集合である.

(iii) 任意の正の実数 α, β に対して, $\alpha\mathrm{A}+\beta\mathrm{A}=(\alpha+\beta)\mathrm{A}$.

(iv) T を V からベクトル空間 V_1 への線形作用素とするとき, TA ($\mathrm{A}\subset\mathcal{D}(T)$ とする) は V_1 の凸集合である. [練 2-B. 8]

10. ベクトル空間 V の集合 A, B およびスカラー α に対して,

(i) $\mathcal{C}(\mathrm{A}+\mathrm{B})=\mathcal{C}(\mathrm{A})+\mathcal{C}(\mathrm{B})$.

(ii) $\mathcal{C}(\alpha\mathrm{A})=\alpha\mathcal{C}(\mathrm{A})$.

(iii) A, B が凸集合ならば, $\mathcal{C}(\mathrm{A}\smile\mathrm{B})=\{\alpha x+(1-\alpha)y\ ;\ x\in\mathrm{A}, y\in\mathrm{B}, 0\leqq\alpha\leqq 1\}$.

また, V がノルム空間であるとき,

(iv) $\bar{\mathcal{C}}(\alpha\mathrm{A})=\alpha\bar{\mathcal{C}}(\mathrm{A})$.

(v) $\bar{\mathcal{C}}(\mathrm{A})$ が強コンパクトならば, $\bar{\mathcal{C}}(\mathrm{A}+\mathrm{B})=\bar{\mathcal{C}}(\mathrm{A})+\bar{\mathcal{C}}(\mathrm{B})$.

(vi) A, B が強コンパクトな凸集合ならば, $\mathcal{C}(\mathrm{A}\smile\mathrm{B})$ は強コンパクトである.

[練 2-B. 9]

注. 強コンパクト集合については, 問題 1.8 参照.

11. ノルム空間 V において, 強閉集合または開集合 A が凸集合であるための必要十分条件は, $x, y\in\mathrm{A}$ に対してつねに $(1/2)(x+y)\in\mathrm{A}$ が成立つことである. [演 §7. 例題 2]

12. ノルム空間 V において, 開集合 G の凸包 $\mathcal{C}(\mathrm{G})$ は開集合である. [練 2-B. 10]

以下, ヒルベルト空間 H において考える. (13-28)

13. H において, 凸集合 A が強閉であるための必要十分条件は, $x_1, x_2, \cdots\in\mathrm{A}$ かつ $\text{w-}\lim_{n\to\infty} x_n$ が存在するとき, 必ず $\text{w-}\lim_{n\to\infty} x_n\in\mathrm{A}$ となっていることである.

[練 2-B. 11]

14. H の部分集合 A に対して,

$$\mathrm{A}^{\perp\perp\perp}=\mathrm{A}^{\perp}, \qquad \mathrm{A}^{\perp}=(\bar{\mathrm{A}})^{\perp}.$$ [練 2-B. 13]

15. K は H の閉部分空間, L は H の部分空間で, K⊃L とする. このとき,

$$\mathrm{L} \text{ が } \mathrm{K} \text{ において稠密 } \rightleftarrows x\in\mathrm{K}\frown\mathrm{L}^{\perp} \text{ ならば } x=0.$$ [練 2-B. 14]

16. A がエルミット作用素ならば, $\|A^n\|=\|A\|^n$ $(n=1, 2, \cdots)$. [練 2-B. 15]

17. 任意の有界線形作用素はエルミット作用素の一次結合として表わされる

[練 2-B. 16]

18. 射影作用素 P に対して, $2P-I$ はユニタリ作用素である. したがって, 射影作用素はユニタリ作用素の一次結合として表わされる. [練 2-B. 17]

19. T を有界線形作用素とするとき, $TE=T$ なる最小の射影作用素 E が存在するこ

とを示せ．また $FT=T$ なる最小の射影作用素が存在することを示せ．[演§10. 例題2]

注． E は T の**台**，F は T の**値域射影作用素**と呼ばれる．

20． T は有界線形作用素，K は H の閉部分空間で $T\mathrm{K}\subset\mathrm{K}$ であるとする．(このとき，T は K に関して**可約**であるという．) $P=\mathrm{proj(K)}$ とすれば，このための条件は，

$$TP=PTP$$

であることを示せ．特に T がエルミット作用素であるときは，この条件は，T, P が可換：

$$TP=PT.$$

と同じことである．　[練 2-B. 18]

21． P を射影作用素とする．H の任意の閉部分空間 K に対して，$P\mathrm{K}$ がつねにまた H の閉部分空間であるならば，$\mathcal{R}(P)$ 又は $\mathcal{N}(P)=\mathcal{R}(I-P)$ は有限次元である．逆も成立つ．　[演 §11. 例題 3]

22． 定理 9.4 注によって，等距離作用素 U がユニタリ作用素であるための必要十分条件は，H の任意の部分集合 A に対して，

$$(U\mathrm{A})^{\perp}=U\mathrm{A}^{\perp}$$

であることである．U が必ずしも等距離作用素でないとしたときに，この関係を満足する作用素 U は一般にどのようなものであるかを考察せよ．　[練 2-B. 22]

〔ヒント〕　$\|x\|=\|y\|\Rightarrow\|Ux\|=\|Uy\|$ が得られて，U は等距離作用素に近い性質をもっている．

23． T は有界線形作用素として，T が次のそれぞれの性質を有するとき，T はどのような作用素であるかを決定せよ．

(i)　$T^*=-T.$

(ii)　$T^*=T,\ T^2=-I.$

(iii)　$T^*=-T,\ T^2=-I.$　[練 2-B. 26]

24． H 全体で定義された線形作用素 T に対して，次の 3 つの連続性は同値であることを示せ．

(i)　$x_1, x_2, \cdots\to x$（強）ならば，$Tx_1, Tx_2, \cdots\to Tx$（強）

(ii)　$x_1, x_2, \cdots\to x$（強）ならば，$Tx_1, Tx_2, \cdots\to Tx$（弱）

(iii)　$x_1, x_2, \cdots\to x$（弱）ならば，$Tx_1, Tx_2, \cdots\to Tx$（弱）　[練 2-B. 28]

注意． $x_1, x_2, \cdots\to x$（弱）ならば，$Tx_1, Tx_2, \cdots\to Tx$（強）であるときは，T は**コンパクト作用素**と呼ばれ，特別な性質をもつことになる．

(i) の意味の連続性が普通の連続性(定義 6.1)である．

なお，問題 6.6 参照．

25． H は可分なヒルベルト空間とし，$\phi_1, \phi_2, \cdots$ を H の 1 つの CONS とする．$x_1, x_2, \cdots\in\mathrm{H}$ が H のある要素に弱収束するための必要十分条件は，

(i)　$x_1, x_2, \cdots$ は有界．

(ii)　各 $m(=1, 2, \cdots)$ に対して，$\lim_{n\to\infty}(x_n, \phi_m)$ が存在する．

の成立つことである．　[練 2-B. 29]

26． $T_1, T_2, \cdots$ は有界線形作用素とする．すべての $x \in \mathrm{H}$ について，$\lim_{n\to\infty}(T_n x, x)$ が存在すれば，T_n はある有界線形作用素に弱収束する．　[練 2-B. 30]

27． $T_1, T_2, \cdots$ は有界線形作用素とする．もしも $\text{s-}\lim_{n\to\infty} T_n = O$ ならば，$\text{w-}\lim_{n\to\infty} T_n{}^* T_n = O$ である．　[練 2-B. 32]

28． $A_1, A_2, \cdots$ がエルミット作用素で，ある作用素に一様収束，強収束，または弱収束するならば，極限の作用素は，またエルミット作用素である．

ユニタリ作用素の列についてはどうか．　[練 2-B. 33]

注． ユニタリ作用素の列について，一様収束，強収束の場合は簡単であるが，弱収束については，

'H を可算無限次元のヒルベルト空間とするとき，任意の $\|T\| \leqq 1$ なる有界線形作用素 T(**縮小作用素**という)に対して，T に弱収束するユニタリ作用素の列を見出すことができる'

という結果が成立する([演 §12. 例題 2])．

第3章　スペクトル分解

§ 13. スペクトル

定義 13.1. ノルム空間 X における線形作用素 T に対して，その**スペクトル**というのは，次のようなスカラーの集合 $\sigma(T)$ である．

線形作用素 $T-\lambda I$ （λ はスカラー）に対して，

（i）　$\mathcal{N}(T-\lambda I)\neq\{0\}$;

（ii）　$\mathcal{N}(T-\lambda I)=\{0\}$，したがって $(T-\lambda I)^{-1}$ が存在し，

　(ii_1)　$\mathcal{D}((T-\lambda I)^{-1})$ は X で稠密，$(T-\lambda I)^{-1}$ は有界でない[1];

　(ii_2)　$\mathcal{D}((T-\lambda I)^{-1})$ は X で稠密でない;

　(ii_3)　$\mathcal{D}((T-\lambda I)^{-1})$ は X で稠密，$(T-\lambda I)^{-1}$ は有界.

という場合に分類することができる．

（i）の場合，λ は T の**点スペクトル**に属するといい，また λ を T の点スペクトル，または**固有値**という．そして，$(T-\lambda I)x=0$，すなわち，$Tx=\lambda x$ を満足する $x\neq 0$ を，固有値 λ に対応する**固有ベクトル**という．また，$\mathcal{N}(T-\lambda I)$，すなわち，固有ベクトルの全体に 0 を加えたものを**固有空間**という．T の点スペクトルを $\sigma_{\mathrm{P}}(T)$ と書く．

(ii_1) の場合，λ は T の**連続スペクトル**に属するという．

(ii_2) の場合，λ は T の**剰余スペクトル**に属するという．

以上の，点スペクトル，連続スペクトル，剰余スペクトルの和集合$\sigma(T)$を，T の**スペクトル**という．

(ii_3) の成立つ λ の全体は，T のスペクトルの補集合をなすが，これを T の**リゾルベント集合**といい，$\rho(T)$ で示す．

注. スペクトルの分類には，他の方法もある．

また，X がバナッハ空間で，T が有界線形作用素であるときは，(ii_1)，(ii_2) の条件は合せて，$\mathcal{R}(T-\lambda I)\neq\mathrm{X}$ と書くことができる．したがって，$\lambda\in\sigma(T)$ とは $\mathcal{N}(T-\lambda I)\neq\{0\}$ または $\mathcal{R}(T-\lambda I)\neq\mathrm{X}$ であることと述べられる(問 25.5，問 26.2 参照)．

---

1)　§6 によれば，連続でないといった方がよいが，普通このように表現するので，それに従った．

以上のスペクトルの定義を，複素ユークリッド空間 E^n の場合について考えて見ると，$\mathcal{N}(T-\lambda I)=\{0\}$ のときは，$\mathcal{R}(T-\lambda I)=E^n$，かつ $(T-\lambda I)^{-1}$ は有界線形作用素となるから，このときは，Tのスペクトルは点スペクトルのみから成る．いま T を，ある E^n の基に対して，(t_{ij}) という行列によって表現すれば，λ が T のスペクトルに属する，すなわち T の固有値であるための条件は，

$$\begin{vmatrix} t_{11}-\lambda & t_{12} & \cdots & t_{1n} \\ t_{21} & t_{22}-\lambda & \cdots & t_{2n} \\ \cdots & \cdots & \cdots & \cdots \\ t_{n1} & t_{n2} & \cdots & t_{nn}-\lambda \end{vmatrix}=0$$

である．そして，このとき，E^n の適当な基をとれば，T の行列表現は，三角型にすることができる：

$$\begin{pmatrix} \lambda_1 & * & \cdots & * \\ & \lambda_2 & \cdots & * \\ & & \ddots & \vdots \\ 0 & & & \lambda_n \end{pmatrix}, \qquad \{\lambda_1, \lambda_2, \cdots, \lambda_n\}=\sigma(T).$$

以上のことは．E^n でなくても，単に n 次元複素ベクトル空間というだけで成立する事柄であるが，特に，E^n のエルミット作用素 A に対しては，適当な正規直交基 $\phi_1, \phi_2, \cdots, \phi_n$ をとって，対角線形に表現できるわけである：

$$\begin{pmatrix} \mu_1 & & & 0 \\ & \mu_2 & & \\ & & \ddots & \\ 0 & & & \mu_n \end{pmatrix}, \qquad \{\mu_1, \mu_2, \cdots, \mu_n\}=\sigma(A)\subset \mathbf{R}.$$

いま，$\mu_1, \mu_2, \cdots, \mu_n$ のうちの異なるものを $\lambda_1, \cdots, \lambda_m$ とし，$\mathrm{P}(\lambda_l)=\mathcal{CV}\{\phi_k；\mu_k=\lambda_l\}$，$P(\lambda_l)=\mathrm{pro}_\mathrm{J}(\mathrm{P}(\lambda_l))$ とすれば，A がこのような形に行列表現されることは，

$$A=\sum_{l=1}^{m}\lambda_l P(\lambda_l) \tag{13.1}$$

であることをいっている．

一般のヒルベルト空間において，特に，エルミット作用素について考察しよう．

定理 13.1. ヒルベルト空間 H において定義されたエルミット作用素 A に

対しては,

(i) Aのスペクトルは，すべて実数である．いま，

(13.2) $$M_A=\sup\{(Ax, x)\ ;\ \|x\|\leqq 1\},$$

(13.3) $$m_A=\inf\{(Ax, x)\ ;\ \|x\|\leqq 1\}$$

((Ax, x) はいつでも実数であることに注意(定理 9.2))と定義すれば，$\sigma(A)\subset[m_A, M_A]$[1]．

(ii) A の1つの固有値 λ に対応する固有空間 $\mathrm{P}(\lambda)$ は，H の閉部分空間である．そして，$\lambda_1\neq\lambda_2$ ならば，$\mathrm{P}(\lambda_1)\perp\mathrm{P}(\lambda_2)$．

(iii) 剰余スペクトルは存在しない．

証明． λ が A の固有値であるとき，$\mathrm{P}(\lambda)=\mathfrak{N}(A-\lambda I)$ は H の閉部分空間である．いま，x を1つの固有ベクトルとするとき，$\frac{1}{\|x\|}x\in\mathrm{P}(\lambda)$ であるから，$\|x\|=1$ と考えてもよい．そうすれば，$(Ax, x)=\lambda(x, x)=\lambda$ であるから，λ は実数で，m_A, M_A の定義から，$\in[m_A, M_A]$．また，$\lambda_1\neq\lambda_2$ ならば，$x\in\mathrm{P}(\lambda_1), y\in\mathrm{P}(\lambda_2)$ について，$\lambda_1(x, y)=(\lambda_1 x, y)=(Ax, y)=(x, Ay)=(x, \lambda_2 y)=\lambda_2(x, y)$ となるから，$(x, y)=0$．故に，$\mathrm{P}(\lambda_1)\perp\mathrm{P}(\lambda_2)$．

次に，λ が A の固有値でない，すなわち $\mathfrak{N}(A-\lambda I)=\{0\}$ とする．もし，$\mathfrak{R}(A-\lambda I)$ が H で稠密でなければ，$x\perp\mathfrak{R}(A-\lambda I)$ であるような $x\neq 0$ が存在する．すなわち，すべての $y\in\mathrm{H}$ について，$(x, (A-\lambda I)y)=((A-\bar{\lambda}I)x, y)=0$．故に，$(A-\bar{\lambda}I)x=0$．故に，$Ax=\bar{\lambda}x$．故に，$\bar{\lambda}$ は A の固有値．故に，$\bar{\lambda}$ は実数．故に，$\lambda=\bar{\lambda}$．ところで λ は固有値でないとしたから，これは矛盾である．故に，$\mathfrak{R}(A-\lambda I)=\mathfrak{D}((A-\lambda I)^{-1})$ は H で必ず稠密となるから，剰余スペクトルは存在しない．

次に，$\lambda=\sigma+i\tau$, $\tau\neq 0$ とすれば，$\|(A-\lambda I)x\|\|x\|\geqq|((A-\lambda I)x, x)|=|((A-\sigma I)x, x)-i\tau(x, x)|\geqq|\tau|\|x\|^2$．故に，定理 6.2 によって，$(A-\lambda I)^{-1}$ は有界．また，λ が実数で，$<m_A$ とすれば，$\|(A-\lambda I)x\|\|x\|\geqq((A-\lambda I)x, x)=(Ax, x)-\lambda(x, x)\geqq(m_A-\lambda)(x, x)$．故に，また，$(A-\lambda I)^{-1}$ は有界．$\lambda>M_A$ のときも同様．したがって，A のスペクトルはすべて実数で，かつ，$\in[m_A, M_A]$ であることが知られた． (証明終)

1) 実は，m_A, M_A は必ず，$\in\sigma(\mathrm{A})$．(問 13.2)．

さて，Hが可分なヒルベルト空間であるときは，相異なる固有値は高々可算個しか存在しない．それらを，$\lambda_1, \lambda_2, \cdots$ とし，固有空間 $\mathrm{P}(\lambda_n)$ 上への射影作用素を $P(\lambda_n)$ とすれば，$\sum_{n=1}^{\infty}\lambda_n P(\lambda_n)$ は強収束する．もし A のスペクトルが点スペクトルのみから成るときは，$A=\sum_{n=1}^{\infty}\lambda_n P(\lambda_n)$ となって，(13.1) の形の，対角化ができることになる．しかしながら，エルミット作用素では，定理 13.1 に見た如く，剰余スペクトルは存在しないが，連続スペクトルは存在するから，このように議論を簡単にすますわけにはいかない．後に或種のエルミット作用素では，(13.1) の形の対角化が出来ることが示される(定理 19.10)．

例 13.1. $L^2(0,1)$ において，作用素 A を $(Ax)(t)=tx(t)$ によって定義すれば，A はエルミット作用素である．A のスペクトルは，すべて連続スペクトルで，$\sigma(A)=[0,1]$.

また，(l^2) において，移動作用素 U:

$$U(\xi_1, \xi_2, \cdots)=(0, \xi_1, \xi_2, \cdots)$$

を考えれば，$\sigma(U)=\{\lambda ; \lambda\leqq 1\}$．$|\lambda|<1$ なる λ は剰余スペクトルをつくり，$|\lambda|=1$ は連続スペクトルである． (問 13.5)

問 1. ノルム空間 X における有界線形作用素 T に対して，λ を T の1つの固有値，$\mathrm{P}(\lambda)$ を対応する固有空間とするとき，$\mathrm{P}(\lambda)$ は X の閉部分空間であることを示せ．
[練 3-A.1]

問 2. X はノルム空間とし，T は X の有界線形作用素とする．もし，スカラー λ に対して，$x_1, x_2, \cdots\in$X，$\|x_n\|=1$ を，$\lim_{n\to\infty}\|Tx_n-\lambda x_n\|=0$ であるようにとることができるならば，$\lambda\in\sigma(T)$．
[練 3-A.2]

注. このような λ の集合は**近似点スペクトル**と呼ばれる．点スペクトル，連続スペクトルはいずれも近似点スペクトルに含まれるが，剰余スペクトルは，含まれるものもあり，含まれないものもある．

問 3. ヒルベルト空間 H の有界線形作用素 T に対して，

(i) $\lambda\in$(T の点スペクトル) $\Rightarrow$ $\bar{\lambda}\in$(T^* の点スペクトル)$\smile$(剰余スペクトル).

(ii) $\lambda\in$(T の連続スペクトル) $\Rightarrow$ $\bar{\lambda}\in$(T^* の連続スペクトル).

(iii) $\lambda\in$(T の剰余スペクトル) $\Rightarrow$ $\bar{\lambda}\in$(T^* の点スペクトル). [練 3-A.3]

問 4. ヒルベルト空間 H の有界線形作用素 T に対して，もしも，$\|x\|=1$，$|(Tx, x)|=\|T\|$ なる $x\in$H が存在すれば，x はある固有値 $\lambda : |\lambda|=\|T\|$ に属する固有ベクトルである．
[練 3-A.4]

問 5. 例 13.1 における作用素 A のスペクトルを決定せよ．また，(l^2) の移動作用

素 U のスペクトルを決定せよ. [練 3-A. 34, 35]

〔ヒント〕 U のスペクトルをきめるには, 問 13.3 によって, U のスペクトルと U^* のスペクトルの関係を利用するのが便利である.

問 6. $\lambda_1, \lambda_2, \cdots$ は有界複素数列とする. いま (l^2) の作用素 T を,

$$T(\xi_1, \xi_2, \cdots, \xi_n, \cdots) = (\lambda_1\xi_1, \lambda_2\xi_2, \cdots, \lambda_n\xi_n, \cdots)$$

によって定義するとき, T は有界線形作用素で,

(i) $\lambda_1, \lambda_2, \cdots$ は T の点スペクトルである.

(ii) $\sigma(T) = \overline{\{\lambda_1, \lambda_2, \cdots\}}$ (右辺は $\mathbf{C}$ における閉包). そして, $\lambda_1, \lambda_2, \cdots$ 以外の $\sigma(T)$ の数は, すべて連続スペクトルに属する. [練 3-A. 36]

§ 14. 正のエルミット作用素

定義 14.1. A をヒルベルト空間 H におけるエルミット作用素とするとき,

(14.1) $$(Ax, x) \geqq 0 \quad (\text{すべての } x \in \mathrm{H} \text{ について})$$

が成立っているならば, A を**正のエルミット作用素**という.

定義 14.2. A, B をエルミット作用素とする. もしも, $A-B$ が正のエルミット作用素であるならば,

(14.2) $$A \geqq B$$

と書くこととする. このことはまた,

(14.3) $$(Ax, x) \geqq (Bx, x) \quad (\text{すべての } x \in \mathrm{H} \text{ について})$$

が成立することと同じである.

また, A が正のエルミット作用素であることを,

(14.4) $$A \geqq O$$

と書くことが出来る.

A, B が射影作用素のときは, ここで定義した順序と, 定理 10.3 で定義した順序とは同じことになる.

系 14.1. T を任意の有界線形作用素とするとき, T^*T, TT^* は正のエルミット作用素である: $T^*T \geqq O$, $TT^* \geqq O$.

証明. $(T^*Tx, x) = (Tx, Tx) \geqq 0$ 等. (証明終)

定理 14.1. A が正のエルミット作用素ならば,

(14.5) $$|(Ax, y)|^2 \leqq (Ax, x)(Ay, y).$$

(一般化されたコーシー・シュワルツの不等式)

証明． (2.5) の証明と殆んど同じである．すべての α について，

$$(A(\alpha x+y),\ \alpha x+y)=|\alpha|^2(Ax,x)+2\Re\alpha(Ax,y)+(y,y)\geqq 0$$

から，$(Ax,y)\neq 0$ として，$\alpha=t\overline{(Ax,y)}$（$t$ は実数）とおくと，

$$t^2|(Ax,y)|^2(Ax,x)+2t|(Ax,y)|^2+(Ay,y)\geqq 0.$$

故に，

$$|(Ax,y)|^4\leqq|(Ax,y)|^2(Ax,x)(Ay,y).$$

これより (14.5) が得られる．$(Ax,y)=0$ のときは，(14.5) は明らか．

(証明終)

系 14.2. A が正のエルミット作用素のとき，$(Ax,x)=0$ ならば，$Ax=0$.

証明． 任意の $y\in \mathrm{H}$ に対して，(14.5) より，

$$|(Ax,y)|\leqq(Ax,x)^{1/2}(Ay,y)^{1/2}=0$$

となる．したがって，$Ax=0$. (証明終)

定理 14.2. (13.2)，(13.3) で定義された m_A, M_A に関し，

$$m_AI\leqq A\leqq M_AI. \tag{14.6}$$

$$\|A\|=\max\{|m_A|,|M_A|\}=\sup\{|(Ax,x)|\,;\,\|x\|\leqq 1\}. \tag{14.7}$$

証明． 任意の $x\in\mathrm{H}$, $x\neq 0$ に対して，$(Ax,x)=\left(A\left(\frac{1}{\|x\|}x\right),\ \frac{1}{\|x\|}x\right)\|x\|^2$ $\leqq M_A\|x\|^2=(M_AIx,x)$．故に，$A\leqq M_AI$. $m_AI\leqq A$ も同様．

次に，$M=\max\{|m_A|,|M_A|\}$ とすれば，(14.6) から，$-M\|x\|^2\leqq m_A\|x\|^2$ $\leqq(Ax,x)\leqq M_A\|x\|^2\leqq M\|x\|^2$．これより，任意の $x,y\in\mathrm{H}$，および任意の複素数 α に対して，

$$M\|\alpha x+y\|^2\geqq(A(\alpha x+y),\alpha x+y)=|\alpha|^2(Ax,x)+2\Re\alpha(Ax,y)+(Ay,y),$$

$$-M\|\alpha x-y\|^2\leqq(A(\alpha x-y),\alpha x-y)=|\alpha|^2(Ax,x)-2\Re\alpha(Ax,y)+(Ay,y).$$

辺々引き算をして，中線定理((2.13))を用いれば，

$$4\Re\alpha(Ax,y)\leqq M(\|\alpha x+y\|^2+\|\alpha x-y\|^2)=2M(|\alpha|^2\|x\|^2+\|y\|^2).$$

ここで，$(Ax,y)\neq 0$ のときは，$\alpha=t\overline{(Ax,y)}$（$t$ は実数）とおくと，

$$M|(Ax,y)|^2\|x\|^2t^2-2|(Ax,y)|^2t+M\|y\|^2\geqq 0$$

がすべての実数 t に対して成立することとなるから，

$$|(Ax,y)|^4\leqq M^2|(Ax,y)|^2\|x\|^2\|y\|^2.$$

したがって，任意の $x,y\in\mathrm{H}$ に対して（$(Ax,y)=0$ の場合でも），

$$|(Ax, y)| \leqq M\|x\|\|y\|$$

が成立する．故に，(6.9) から，$\|A\| \leqq M$.

次に，$\|x\| \leqq 1$ のとき，$(Ax, x) \leqq \|Ax\|\|x\| \leqq \|A\|$ であるから，$M_A \leqq \|A\|$. 同様に $(Ax, x) \geqq -|(Ax, x)| \geqq -\|A\|$ から，$m_A \geqq -\|A\|$. 故に，$-\|A\| \leqq m_A \leqq M_A \leqq \|A\|$ となり，$|m_A|, |M_A| \leqq \|A\|$. 故に，$M \leqq \|A\|$. 故に，$\|A\| = M = \max\{|m_A|, |M_A|\}$. （証明終）

系 14.3. エルミット作用素 A に関し，すべての $x \in \mathrm{H}$ について $|(Ax, x)| \leqq M\|x\|^2$ ならば，$\|A\| \leqq M$.

定義 14.2 によって与えられたエルミット作用素の間の順序に関し，順序の基本関係：

(14.8) $A \geqq A$.

(14.9) $A \geqq B,\ B \geqq A$ ならば，$A = B$ （反対称律）.

(14.10) $A \geqq B,\ B \geqq C$ ならば，$A \geqq C$ （推移律）.

が成立つ．しかし勿論，この順序は線形順序（任意の A, B に対し，$A \geqq B$ または $A \leqq B$ が成立つこと）ではない（問 14.4）.

(14.11) $A \geqq B$ ならば，$A + C \geqq B + C$ （C はエルミット作用素）.

(14.12) $A \geqq B,\ \alpha \geqq 0$ ならば $\alpha A \geqq \alpha B$.

なることも直ちに知られる．特に，

(14.11′) $A \geqq 0,\ B \geqq 0$ ならば $A + B \geqq 0$.

(14.12′) $A \geqq 0,\ \alpha \geqq 0$ ならば $\alpha A \geqq 0$.

であるが，積については，

(14.13) $A \geqq O,\ B \geqq O,\ AB = BA$ ならば $AB \geqq O$.

となる．$AB = BA$ は，AB がまたエルミット作用素となるための条件であるが（系 9.2），このとき (14.13) が成立することは後に証明する（系 14.4）.

定理 14.3. エルミット作用素の列 $A_1, A_2, \cdots$ が，単調増加で，かつ上に有界：

$$A_1 \leqq A_2 \leqq \cdots, \quad A_n \leqq A \qquad (n = 1, 2, \cdots)$$

ならば，$A_1, A_2, \cdots$ はあるエルミット作用素に強収束する．

単調減少，下に有界なときも同様である．

証明. $-\|A_1\|I \leqq A_n \leqq \|A\|I$ であるから，$(\|A_1\|+\|A\|)^{-1}(A_n+\|A_1\|I)$ を考えることにより $O \leqq A_1 \leqq A_2 \leqq \cdots \leqq I$ と仮定しておいてよい．このとき，任意の $x \in \mathrm{H}$ に対して，

$$0 \leqq (A_1x, x) \leqq (A_2x, x) \leqq \cdots \leqq \|x\|^2$$

であるから，$\lim_{n\to\infty}(A_nx, x)$ が存在する．いま，$m<n$ に対して，

$$A_{mn}=A_n-A_m$$

とおけば，A_{mn} はエルミット作用素．$0 \leqq A_{mn} \leqq I$.（したがって，$\|A_{mn}\| \leqq 1$.）かつ，$\lim_{m,n\to\infty}(A_{mn}x, x)=0$. そこで，(14.5) において $A=A_{mn}$，$y=A_{mn}x$ とすれば，

$$\|A_{mn}x\|^4=(A_{mn}x, A_{mn}x)^2=(A_{mn}x, y)^2 \leqq (A_{mn}x, x)(A_{mn}y, y).$$

ここで，$(A_{mn}y, y) \leqq \|A_{mn}\|\|y\|^2=\|A_{mn}\|\|A_{mn}x\|^2 \leqq \|A_{mn}\|^3\|x\|^2 \leqq \|x\|^2$. したがって，$\|A_{mn}x\|^4 \leqq \|x\|^2(A_{mn}x, x)$ であり，$\lim_{m,n\to\infty}(A_{mn}x, x)=0$ であるから，$\lim_{m,n\to\infty}\|A_{mn}x\|=\lim_{m,n\to\infty}\|A_nx-A_mx\|=0$. これより，$\lim_{n\to\infty}A_nx$ が存在することが知られる．$A_0x=\lim_{n\to\infty}A_nx$ として，A_0 はエルミット作用素．かつ，$\text{s-}\lim_{n\to\infty}A_n=A_0$（系 12.3）.

（証明終）

定理 14.4. A が正のエルミット作用素ならば，

$$A=A_1{}^2 \tag{14.14}$$

となるような正のエルミット作用素 A_1 がただ1つ存在する．A_1 は A と可換なすべての有界線形作用素と可換である．

定義 14.3. $A \geqq O$ に対して，定理 14.4 によって定まる A_1：$A_1 \geqq O$，$A_1{}^2=A$ を $A^{1/2}$ で示す．

定理 14.4 の証明. いま，変数 t の多項式の列 $p_0(t), p_1(t), \cdots$ を，次のようにして定義する：

$$p_0(t)=0, \quad p_{n+1}(t)=\frac{1}{2}(t+(p_n(t))^2) \qquad (n=0, 1, 2, \cdots). \tag{14.15}$$

そうすれば，$p_n(t)$ はすべて，正数を係数とする多項式であることは，容易にたしかめられる．ここで，$p_{n+1}(t)-p_n(t)$ が，やはり正数を係数とする多項式となっていることを示そう．$n=0$ のとき，$p_1(t)-p_0(t)=\frac{1}{2}t$ から，これは正しい．$n=k-1$ のときまで正しいとすれば，$n=k$ のとき，$p_{k+1}(t)-p_k(t)$

$=\frac{1}{2}(t+(p_k(t))^2)-\frac{1}{2}(t+(p_{k-1}(t))^2)=\frac{1}{2}((p_k(t))^2-(p_{k-1}(t))^2)=\frac{1}{2}(p_k(t)+p_{k-1}(t))(p_k(t)-p_{k-1}(t))$ は，正数を係数とする2つの多項式の積となるから，やはりこのことは正しい．故に，数学的帰納法によって，一般に成立つ．

さて，定理の証明には，$\frac{1}{\|A\|}A$ を考えることにより，$O\leqq A\leqq I$ であるとしておいてよい．このとき $B=I-A$ も，$O\leqq B\leqq I$ を満足する．したがって，B の任意の累乗 B^k について，$B^k\geqq O$ である．(実際，任意の $x\in\mathrm{H}$ について，$(B^{2m}x, x)=(B^m x, B^m x)\geqq 0$, $(B^{2m+1}x, x)=(BB^m x, B^m x)\geqq 0$.) そこで，$p_n(t)$ の次数を $k(n)$ として，$p_n(t)=\alpha_{n0}t^{k(n)}+\alpha_{n1}t^{k(n)-1}+\cdots+\alpha_{nk(n)}$ とすれば，$\alpha_{nk}\geqq 0$ $(k=0,1,\cdots,k(n))$ であるから，$B_n=p_n(B)=\alpha_{n0}B^{k(n)}+\alpha_{n1}B^{k(n)-1}+\cdots+\alpha_{nk(n)}I$ と定義すると，B_n は正のエルミット作用素 $B^{k(n)}, B^{k(n)-1}, \cdots, I$ の正数係数の一次結合．故に，$B_n\geqq O$ $(n=1,2,\cdots)$．また，(14.15) によって，

$$B_{n+1}=\frac{1}{2}(B+B_n{}^2) \qquad (n=0,1,2,\cdots). \tag{14.16}$$

次に，同じように，$p_{n+1}(t)-p_n(t)$ が正数係数の多項式であることから，$B_{n+1}-B_n\geqq O$ が知られる．また，$B_0=O$, $B_1=\frac{1}{2}B\leqq I$ から，一般に $B_n\leqq I$ が結論される．(実際，$B_k\leqq I$ とすれば，定理 14.2 により，$\|B_k\|\leqq 1$. したがって，$(B_k{}^2x, x)=\|B_kx\|^2\leqq\|x\|^2$. 故に，$(B_{k+1}x, x)=\frac{1}{2}((Bx, x)+(B_k{}^2x, x))\leqq\|x\|^2$.) 以上によって，$O=B_0\leqq B_1\leqq\cdots$, $B_n\leqq I$ $(n=1,2,\cdots)$ であることが知られたから，$B_0, B_1, B_2, \cdots$ はあるエルミット作用素 B_∞ に強収束する：$B_\infty=\operatorname{s-lim}_{n\to\infty}B_n$. $O\leqq B_\infty\leqq I$ は明らか．故に，$A_1=I-B_\infty$ について，$O\leqq A_1\leqq I$. そして，(14.16) で，$\operatorname{s-lim}_{n\to\infty}$ をとれば，定理 12.2 により，$B_\infty=\frac{1}{2}(B+B_\infty{}^2)$ が知られる．故に，$A_1{}^2=(I-B_\infty)^2=I-2B_\infty+B_\infty{}^2=I-B=A$.

次に，T が A と可換ならば，T は B とも可換．したがって，B の多項式と可換．すなわち，$TB_n=B_nT$. 故に $n\to\infty$ として，$TB_\infty=B_\infty T$. したがって，T は A_1 と可換．すなわち，A_1 は，A と可換なすべての有界線形作用素と可換である．

次に，一意性を示す．そのために，A_2 も，$O\leqq A_2\leqq I$, $A_2{}^2=A$ を満たしているとする．このとき A_1 と A_2 は可換である．実際，$A_2A=A_2A_2A_2=AA_2$ であるから，A_2 は A と可換．故に，上に述べた A_1 の性質から，A_1 と A_2

は可換となる．このことから，$(A_1+A_2)(A_1-A_2)=A_1{}^2-A_1A_2+A_2A_1-A_2{}^2=A_1{}^2-A_2{}^2=A-A=O$ となる．さて，$A_1\geqq O$，$A_2\geqq O$ であるから，$A_1=C_1{}^2$，$A_2=C_2{}^2$ となる正のエルミット作用素 C_1，C_2 が存在することは，すでに証明されている．そこで，任意の $x\in\mathrm{H}$ に対して，$y=(A_1-A_2)x$ とおくと，

$$\|C_1y\|^2+\|C_2y\|^2=(C_1{}^2y,y)+(C_2{}^2y,y)=(A_1y,y)+(A_2y,y)$$
$$=((A_1+A_2)y,y)=((A_1+A_2)(A_1-A_2)x,y)=0.$$

故に，$C_1y=C_2y=0$．故に，$A_1y=C_1{}^2y=0$，$A_2y=0$．故に，

$$\|A_1x-A_2x\|^2=\|(A_1-A_2)x\|^2=((A_1-A_2)(A_1-A_2)x,x)$$
$$=((A_1-A_2)y,x)=0.$$

すなわち，$A_1x=A_2x$．これがすべての $x\in\mathrm{H}$ について成立つから，$A_1=A_2$.

（証明終）

系 14.4. $A\geqq O$，$B\geqq O$，$AB=BA$ ならば，$AB\geqq O$.

また，$A\geqq B$，$C\geqq O$ で，C が，A,B のいずれとも可換ならば，$AC\geqq BC$.

証明. 前半．A,B は可換であるから，$A^{1/2}$ と B は可換．したがって，また $A^{1/2}$ と $B^{1/2}$ が可換となる．そして，$AB=A^{1/2}A^{1/2}B^{1/2}B^{1/2}=B^{1/2}A^{1/2}A^{1/2}B^{1/2}=(A^{1/2}B^{1/2})^*(A^{1/2}B^{1/2})\geqq O$（系 14.1）.

後半．$A-B\geqq O$，$C\geqq O$，$A-B$ と C が可換であることから，$(A-B)C\geqq O$．故に，$AC-BC\geqq O$．AC,BC はともにエルミット作用素（系 9.2）であるから，$AC\geqq BC$.

（証明終）

定義 14.4. エルミット作用素 A に対して，

$$|A|=(A^2)^{1/2}.$$

$$A^+=\frac{1}{2}(|A|+A),\qquad A^-=\frac{1}{2}(|A|-A).$$

と定義する．

系 14.5. $|A|,A^+,A^-\geqq O$．また，

$$A=A^+-A^-,\qquad |A|=A^++A^-.$$
$$A^-=(-A)^+,\qquad A^+=(-A)^-.$$

A^+,A^- は，

$$A=B-C,\qquad B,C\geqq O,\qquad BC=O. \tag{14.17}$$

を満たすエルミット作用素 ($B=A^+, C=A^-$) として特徴づけられる.

そして, $|A|$, A^+, A^- は, A と可換なすべての有界線形作用素と可換である.

証明. A と T が可換ならば, T は A^2 と可換. 定理 14.4 によって, T は $|A|=(A^2)^{1/2}$ と可換. したがって, A^+, A^- とも可換である.

特に, $T=A$ としてみれば, $|A|$ は A と可換. したがって, $A^+A^-=A^-A^+=\frac{1}{4}(|A|^2-A^2)=O$.

逆に, (14.17) が成立っているとき, $A_1=B+C$ とおくと, $A_1\geqq O$. また, $BC=O$ から, $CB=O$(系 9.2). 故に, $A_1{}^2=B^2+C^2=A^2$. 故に, $|A|=(A^2)^{1/2}=A_1$ (定理 14.4). 故に, $B=\frac{1}{2}(A_1+A)=\frac{1}{2}(|A|+A)=A^+$, $C=B-A=A^-$.

(証明終)

系 14.6. $\mathrm{proj}(\mathfrak{N}(A^-))=P$ とすれば, P は A と可換な任意の有界線形作用素(特に A)と可換である. そして, $AP=A^+$.

証明. $AT=TA$ とする. このとき, また, $AT^*=(TA)^*=(AT)^*=T^*A$. 系 14.5 から, A^- は T, T^* と可換である. さて, 任意の $x\in \mathrm{H}$ に対し, $Px\in\mathfrak{N}(A^-)$ であるから, $A^-TPx=TA^-Px=0$. 故に, $TPx\in\mathfrak{N}(A^-)$ となり, $PTPx=TPx$. 故に, $PTP=TP$. T のかわりに T^* をとっても, 同じ関係が成立する. 故に, $PT=(T^*P)^*=(PT^*P)^*=PTP=TP$.

次に, $x\in \mathrm{H}$ に対し, $Px\in\mathfrak{N}(A^-)$. 故に, $A^-Px=0$. 故に, $A^-P=O$. また, $A^-A^+=O$ から, $x\in \mathrm{H}$ に対し, $A^+x\in\mathfrak{N}(A^-)$. 故に, $PA^+x=A^+x$. 故に, $PA^+=A^+$. 故に, $A^+P=(PA^+)^*=(A^+)^*=A^+$. したがって, $AP=A^+P-A^-P=A^+$.

(証明終)

系 14.7. A, B が可換で, $A\geqq B$ ならば, $A^+\geqq B^+$.

証明. $P=\mathrm{proj}(\mathfrak{N}(B^-))$ とするとき, 系 14.6 より, P は, A, B と可換. 故に, 系 14.4 から, $AP\geqq BP=B^+$. また, $A^+\geqq A$ から, $A^+P\geqq AP$. $I\geqq P$ から, $A^+\geqq A^+P$. 故に, $A^+\geqq B^+$ となる.

(証明終)

問 1. 射影作用素は, 正のエルミット作用素である. また射影作用素の間に定義された順序(定理 10.3)は, 定義 14.2 における順序と同じことであることを示せ. [練 3-A. 5]

問 2. 系 14.3 を証明せよ. [練 3-A. 6]

問 3. (14.9) を証明せよ. [練 3-A.7]

問 4. エルミット作用素 A, B で, $A \geqq B$ でも $A \leqq B$ でもないようなものの例をあげよ. [練 3-A.8]

問 5. $A \geqq O$ ならば, $A^n \geqq O$ $(n=1, 2, \cdots)$.
また, エルミット作用素 A に対して, $A^{2n} \geqq O$ $(n=1, 2, \cdots)$. [練 3-A.9]

問 6. $A \geqq O$ ならば, $\mathcal{N}(A)=\mathcal{N}(A^{1/2})$, $\overline{\mathcal{R}(A)}=\overline{\mathcal{R}(A^{1/2})}$. [練 3-A.11]

問 7. エルミット作用素 $A=A^+-A^-$ に対して,

(14.18) $$A \geqq O \rightleftarrows A^-=O.$$

(14.19) $$\mathcal{R}(A^+) \perp \mathcal{R}(A^-).$$ [練 3-A.11]

§ 15. スペクトル族

ヒルベルト空間 H において, 各実数 λ に対して定義された射影作用素 $E(\lambda)$ が,

(15.1) $$\lambda < \lambda' \quad \text{ならば,} \quad E(\lambda) \leqq E(\lambda')$$

を満たしているとする. このとき, 任意の λ $(-\infty \leqq \lambda < \infty)$ に対して, $\mu_1, \mu_2, \cdots$ を, $\mu_1 > \mu_2 > \cdots$, $\lim_{n\to\infty} \mu_n = \lambda$ なる列とするとき, $\text{s-}\lim_{n\to\infty} E(\mu_n)$ が存在する(定理 12.5)が, この極限の射影作用素は, λ のみによって定まり, 列 $\mu_1, \mu_2, \cdots$ のとり方には関係しない.

実際, $P=\text{s-}\lim_{n\to\infty} E(\mu_n)$; また $\mu_1' > \mu_2' > \cdots$, $\lim_{n\to\infty} \mu_n' = \lambda$ に対して, $P' = \text{s-}\lim_{n\to\infty} E(\mu_n')$ とすれば, 任意の n に対して, $\mu_n' > \mu_m$ となるような番号 m が存在するから, $E(\mu_n') \geqq E(\mu_m) \geqq P$. $n\to\infty$ として, $P' \geqq P$. 同様に $P \geqq P'$ が得られて, $P=P'$.

この極限作用素を, 次のように示す:

(15.2) $$E(\lambda+0) = \text{s-}\lim_{\mu\to\lambda+0} E(\mu) \qquad (-\infty < \lambda < \infty),$$

(15.3) $$E(-\infty) = \text{s-}\lim_{\mu\to-\infty} E(\mu).$$

同様に,

(15.4) $$E(\lambda-0) = \text{s-}\lim_{\mu\to\lambda-0} E(\mu) \qquad (-\infty < \lambda < \infty),$$

(15.5) $$E(\infty) = \text{s-}\lim_{\mu\to\infty} E(\mu).$$

が定義される.

定義 15.1. 射影作用素の族 $\{E(\lambda) ; -\infty < \lambda < \infty\}$ が,

(15.1) $$\lambda < \lambda' \quad \text{ならば,} \quad E(\lambda) \leqq E(\lambda').$$

(15.6) $$E(-\infty)=O, \qquad E(\infty)=I.$$

(15.7) $$E(\lambda+0)=E(\lambda) \qquad (-\infty<\lambda<\infty).$$

を満足するとき，**スペクトル族**，または**Iの分解**という．

(15.7) のかわりに，

(15.7′) $$E(\lambda-0)=E(\lambda) \qquad (-\infty<\lambda<\infty).$$

を要求することもある．このときは，左連続なスペクトル族が問題となるわけである．一般に (15.1), (15.6) を満足している射影作用素の族 $\{E(\lambda)\,;\,-\infty<\lambda<\infty\}$ から，$\{E(\lambda+0)\,;\,-\infty<\lambda<\infty\}$ を考えれば，定義 15.1 の意味のスペクトル族が得られる．以下述べるスペクトル分解の議論は，左連続なスペクトル族を用いても同じようにできる．

さて，次に，$\phi(\lambda)$ を，$[\alpha,\beta]$ で定義された連続函数として，$x\in\mathrm{H}$ に対し，積分

(15.8) $$\int_\alpha^\beta \phi(\lambda)\,dE(\lambda)x$$

を定義しよう．ここに $E(\lambda)$ は，$\lambda\in[\alpha,\beta]$ に対して定義された射影作用素で，単調増加性 (15.1) をもっているものとする．

通常の積分のときと同様に，区間 $[\alpha,\beta]$ を任意に細分し，分点を $\lambda_0,\lambda_1,\cdots,\lambda_n$ とする：

$$\alpha=\lambda_0<\lambda_1<\cdots<\lambda_n=\beta.$$

この分割を $\varDelta$ で示すとき，各小区間の幅のうちの最大値を $|\varDelta|$ で表わす：

$$|\varDelta|=\max\{\lambda_k-\lambda_{k-1}\,;\,k=1,2,\cdots,n\}.$$

いま，細分された各小区間内に，1点 ξ_k をとる：

$$\lambda_{k-1}\leqq\xi_k\leqq\lambda_k \qquad (k=1,\cdots,n).$$

そして，要素 $x(\varDelta)\in\mathrm{H}$ をつくる：

$$x(\varDelta)=\sum_{k=1}^n\phi(\xi_k)(E(\lambda_k)-E(\lambda_{k-1}))x.$$

このとき，分割を一様に細かくしていけば，分点のとり方，および，各小区間内にとられた点 $\xi_1,\cdots,\xi_n$ の選び方に無関係に，$x(\varDelta)$ は，ある $x_0\in\mathrm{H}$ に強収束する．すなわち，任意の $\varepsilon>0$ に対して，適当な $\delta_0>0$ をとれば，

(15.9)　　　　　$|\varDelta|<\delta_0$　ならば，　$\|x(\varDelta)-x_0\|<\varepsilon.$

この極限要素 x_0 を，積分 (15.8) によって示す．

（証明）　いま，$\delta>0$ に対して，

$$\omega(\delta)=\sup\{|\phi(\lambda)-\phi(\lambda')|\,;\,\alpha\leqq\lambda,\lambda'\leqq\beta,|\lambda-\lambda'|\leqq\delta\}$$

とする．$\phi(\lambda)$ の一様連続性から，

(15.10)　　　$\lim\limits_{\delta\to+0}\omega(\delta)=0.$

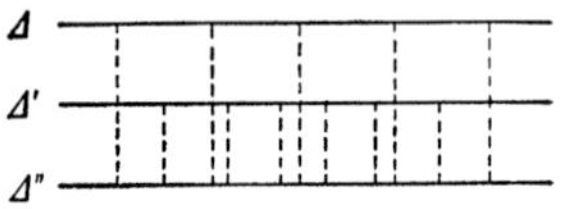
図　4

そこで，2つの分割：

$\varDelta:\alpha=\lambda_0<\lambda_1<\cdots<\lambda_n=\beta$　　　$(|\varDelta|<\delta)$,

$\varDelta':\alpha=\lambda_0'<\lambda_1'<\cdots<\lambda_m'=\beta$　$(|\varDelta'|<\delta')$

を考え，これに関して作った近似和　$x(\varDelta)=\sum\limits_{k=1}^{n}\phi(\xi_k)(E(\lambda_k)-E(\lambda_{k-1}))x$, $x(\varDelta')=\sum\limits_{j=1}^{m}\phi(\xi_j')(E(\lambda_j')-E(\lambda_{j-1}'))x$ に対して，$\|x(\varDelta)-x(\varDelta')\|$ を評価する．そのために，$\varDelta$ と $\varDelta'$ の分点を一緒にして作った分割 $\varDelta''$ を考え：

$$\varDelta'':\alpha=\lambda_0''<\lambda_1''<\cdots<\lambda_l''=\beta,$$

近似和 $x(\varDelta'')=\sum\limits_{h=1}^{l}\phi(\xi_h'')(E(\lambda_h'')-E(\lambda_{h-1}''))x$ を作る．このとき，$\varDelta$ の1つの小区間 $[\lambda_{k-1},\lambda_k]$ は，$\varDelta''$ では，更に，分点 $\lambda_{h(k-1)}'',\lambda_{h(k-1)+1}'',\cdots,\lambda_{h(k)}''$ によって分割されている：

$$\lambda_{k-1}=\lambda_{h(k-1)}''<\lambda_{h(k-1)+1}''<\cdots<\lambda_{h(k)}''=\lambda_k.$$

したがって，

$$\begin{aligned}&x(\varDelta)-x(\varDelta'')\\&=\sum_{k=1}^{n}\phi(\xi_k)\sum_{h=h(k-1)+1}^{h(k)}(E(\lambda_h'')-E(\lambda_{h-1}''))x-\sum_{k=1}^{n}\sum_{h=h(k-1)+1}^{h(k)}\phi(\xi_h'')(E(\lambda_h'')-E(\lambda_{h-1}''))x\\&=\sum_{k=1}^{n}\sum_{h=h(k-1)+1}^{h(k)}(\phi(\xi_k)-\phi(\xi_h''))(E(\lambda_h'')-E(\lambda_{h-1}''))x.\end{aligned}$$

そして，$(E(\lambda_h'')-E(\lambda_{h-1}''))x$ は，2つずつ互いに直交するから，系 4.1 によって，

$$\|x(\varDelta)-x(\varDelta'')\|^2=\sum_{k=1}^{n}\sum_{h(k-1)+1}^{h(k)}|\phi(\xi_k)-\phi(\xi_h'')|^2\|(E(\lambda_h'')-E(\lambda_{h-1}''))x\|^2$$

$$\leqq \max\{|\phi(\xi_k)-\phi(\xi_h'')|^2\}\sum_{k=1}^{n}\sum_{h(k-1)+1}^{h(k)}\|(E(\lambda_h'')-E(\lambda_{h-1}''))x\|^2$$

$$=(\max\{|\phi(\xi_k)-\phi(\xi_h'')|\})^2\left\|\sum_{k=1}^{n}\sum_{h(k-1)+1}^{h(k)}(E(\lambda_h'')-E(\lambda_{h-1}''))x\right\|^2$$

$$\leqq(\omega(\delta))^2\|(E(\beta)-E(\alpha))x\|^2\leqq(\omega(\delta)\|x\|)^2.$$

故に，$\|x(\Delta)-x(\Delta'')\|\leqq\omega(\delta)\|x\|$. 同様に，$\|x(\Delta')-x(\Delta'')\|\leqq\omega(\delta')\|x\|$ となるから，結局，

(15.11) $\quad|\Delta|<\delta,\ |\Delta'|<\delta'$ ならば，$\|x(\Delta)-x(\Delta')\|\leqq(\omega(\delta)+\omega(\delta'))\|x\|$.

が得られた．

いま，特に，$[\alpha,\beta]$ を n 等分してつくった分割を Δ_n，そして，ξ_k を各小区間の右端にとって $\left(\xi_k=\alpha+\dfrac{k}{n}(\beta-\alpha)\right)$ つくった $x(\Delta_n)$ を x_n と書くと，(15.11) によって，

(15.12) $$n\leqq m\ \text{のとき},\ \|x_n-x_m\|\leqq\left(\omega\left(\frac{\beta-\alpha}{n}\right)+\omega\left(\frac{\beta-\alpha}{m}\right)\right)\|x\|$$

となり，$\lim\limits_{n\to\infty}\omega\left(\dfrac{\beta-\alpha}{n}\right)=0$ ((15.10)) であるから，$\lim\limits_{n,m\to\infty}\|x_n-x_m\|=0$. したがって，$x_1, x_2, \cdots$ は強収束する．$\text{s-}\lim\limits_{n\to\infty}x_n=x_0$ とすれば，(15.12) で $m\to\infty$ として，$\|x_n-x_0\|\leqq\omega\left(\dfrac{\beta-\alpha}{n}\right)\|x\|$ が得られる．故に，これと，(15.11) を用いて，

$$\|x(\Delta)-x_0\|=\|(x(\Delta)-x_n)+(x_n-x_0)\|\leqq\|x(\Delta)-x_n\|+\|x_n-x_0\|$$
$$\leqq\left(\omega(\delta)+2\omega\left(\frac{\beta-\alpha}{n}\right)\right)\|x\|.$$

左辺は n に無関係であるから，ここで $n\to\infty$ として，

(15.13) $$\|x(\Delta)-x_0\|\leqq\omega(\delta)\|x\|.$$

故に，与えられた $\varepsilon>0$ に対し，$\omega(\delta_0)\|x\|<\varepsilon$ であるように $\delta_0>0$ を選べば，この δ_0 に対して，(15.9) が成立することになる． （証明終）

定義 15.2. 各 $x\in\mathrm{H}$ に，$\displaystyle\int_\alpha^\beta\phi(\lambda)dE(\lambda)x$ を対応させる作用素を，

$$\int_\alpha^\beta\phi(\lambda)dE(\lambda)$$

で示す．

いま，$T=\displaystyle\int_\alpha^\beta\phi(\lambda)dE(\lambda)$ とし，また，分割 Δ に対して，

$$T(\varDelta)=\sum_{k=1}^{n}\phi(\xi_k)(E(\lambda_k)-E(\lambda_{k-1}))$$

とすれば，$x_0=Tx$，$x(\varDelta)=T(\varDelta)x$ であるから，(15.13) は，$\|T(\varDelta)x-Tx\|\leqq\omega(\delta)\|x\|$. すなわち，

$$\|T(\varDelta)-T\|\leqq\omega(\delta)\qquad(|\varDelta|<\delta).$$

を示している．$T(\varDelta)$ は有界線形作用素であるから，この式によって，T は有界線形作用素であり，かつ，$T(\varDelta)$ が T に一様収束していることとなる．すなわち，‘任意の $\varepsilon>0$ に対して，適当な $\delta>0$ をとれば，$|\varDelta|<\delta$ のとき，$\|T(\varDelta)-T\|<\varepsilon$.’ ($\omega(\delta)<\varepsilon$ なる如くとればよい.)

定義 15.2 によって定義された作用素の積分に関して，次の関係 (15.14—28) が成立する．

(15.14) $$\left\|\int_\alpha^\beta\phi(\lambda)dE(\lambda)\right\|\leqq\max\{|\phi(\lambda)|\,;\,\alpha\leqq\lambda\leqq\beta\}.$$

(15.15) $$\left\|\int_\alpha^\beta\phi(\lambda)dE(\lambda)x\right\|^2=\int_\alpha^\beta|\phi(\lambda)|^2d\|E(\lambda)x\|^2.$$

(15.16) $$\left(\int_\alpha^\beta\phi(\lambda)dE(\lambda)x,\,y\right)=\int_\alpha^\beta\phi(\lambda)d(E(\lambda)x,\,y).$$

$\lambda<\lambda'$ のとき，$E(\lambda)\leqq E(\lambda')$ ((15.1)) から，$\|E(\lambda)x\|^2\leqq\|E(\lambda')x\|^2$ ((10.7))．すなわち，$\|E(\lambda)x\|^2$ は λ の単調増加函数であり，(15.15) の右辺は，それに関するリーマン・スティルチェス積分を意味する．それは，分割 $\varDelta$ に関する近似和 $S(\varDelta)=\sum_{k=1}^{n}|\phi(\xi_k)|^2\cdot(\|E(\lambda_k)x\|^2-\|E(\lambda_{k-1})x\|^2)$ の，$|\varDelta|\to0$ としたときの極限として定義されているが，一方，(10.8) により $S(\varDelta)$ を変形すれば，$S(\varDelta)=\sum_{k=1}^{n}|\phi(\xi_k)|^2\|(E(\lambda_k)-E(\lambda_{k-1}))x\|^2=\left\|\sum_{k=1}^{n}\phi(\xi_k)(E(\lambda_k)-E(\lambda_{k-1}))x\right\|^2$ (系 4.1) $=\|x(\varDelta)\|^2$ で，$x(\varDelta)$ は $\int_\alpha^\beta\phi(\lambda)dE(\lambda)x$ に強収束するから，(15.15) が成立する．

(15.15) から，

$$\begin{aligned}\left\|\left(\int_\alpha^\beta\phi(\lambda)dE(\lambda)\right)x\right\|^2&\leqq\max\{|\phi(\lambda)|^2\,;\,\alpha\leqq\lambda\leqq\beta\}\int_\alpha^\beta d\|E(\lambda)x\|^2\\&=(\max\{|\phi(\lambda)|\,;\,\alpha\leqq\lambda\leqq\beta\})^2(\|E(\beta)x\|^2-\|E(\alpha)x\|^2)\\&\leqq(\max\{|\phi(\lambda)|\,;\,\alpha\leqq\lambda\leqq\beta\})^2\|x\|^2\end{aligned}$$

となり，(15.14) が得られる．

次に，$(E(\lambda)x,y)=\frac{1}{4}\{(E(\lambda)(x+y),\,x+y)-(E(\lambda)(x-y),\,x-y)+i((E(\lambda)(x+iy),\,x+iy)-(E(\lambda)(x-iy),\,x-iy))\}$ で，右辺の各項は，上で見たように λ の単調増加函数

であるから，$(E(\lambda)x, y)$ は λ の有界変動函数であり，(15.16) の右辺は，それに関するリーマン・スティルチェス積分を意味する．(15.15) と同様，それは，$S(\Delta)=\sum_{k=1}^{n}\phi(\xi_k)\cdot((E(\lambda_k)x, y)-(E(\lambda_{k-1})x, y))$ の極限値であり，一方において，$S(\Delta)=\sum_{k=1}^{n}\phi(\xi_k)((E(\lambda_k)-E(\lambda_{k-1}))x, y)=\left(\sum_{k=1}^{n}\phi(\xi_k)(E(\lambda_k)-E(\lambda_{k-1}))x, y\right)=(x(\Delta), y)$ は，$|\Delta|\to 0$ のとき (15.16)の左辺に収束する．

$$(15.17)\qquad \int_\alpha^\beta(\phi_1(\lambda)+\phi_2(\lambda))dE(\lambda)=\int_\alpha^\beta\phi_1(\lambda)dE(\lambda)+\int_\alpha^\beta\phi_2(\lambda)dE(\lambda).$$

$$(15.18)\qquad \int_\alpha^\beta\xi\phi(\lambda)dE(\lambda)=\xi\int_\alpha^\beta\phi(\lambda)dE(\lambda)\qquad(\xi\ \text{は任意の複素数}).$$

$$(15.19)\qquad \int_\alpha^\beta\phi_1(\lambda)\phi_2(\lambda)dE(\lambda)=\left(\int_\alpha^\beta\phi_1(\lambda)dE(\lambda)\right)\left(\int_\alpha^\beta\phi_2(\lambda)dE(\lambda)\right).$$

$$(15.20)\qquad \int_\alpha^\beta\overline{\phi(\lambda)}dE(\lambda)=\left(\int_\alpha^\beta\phi(\lambda)dE(\lambda)\right)^*.$$

(15.19)については，$x_0=\int_\alpha^\beta\phi_1(\lambda)\phi_2(\lambda)dE(\lambda)x$, $x_2=\int_\alpha^\beta\phi_2(\lambda)dE(\lambda)x$, $x_{12}=\int_\alpha^\beta\phi_1(\lambda)\cdot dE(\lambda)x_2$ とすれば，$x_0=x_{12}$ を示すことになる．分割 Δ に関し，$T(\Delta)=\sum_{k=1}^{n}\phi_1(\xi_k)\phi_2(\xi_k)\cdot(E(\lambda_k)-E(\lambda_{k-1}))$, $T_1(\Delta)=\sum_{k=1}^{n}\phi_1(\xi_k)(E(\lambda_k)-E(\lambda_{k-1}))$, $T_2(\Delta)=\sum_{k=1}^{n}\phi_2(\xi_k)(E(\lambda_k)-E(\lambda_{k-1}))$ とすれば，$T(\Delta)=T_1(\Delta)T_2(\Delta)$ $((E(\lambda_j)-E(\lambda_{j-1}))(E(\lambda_k)-E(\lambda_{k-1}))=O$ $(j\neq k)$, $=E(\lambda_k)-E(\lambda_{k-1})$ $(j=k)$ であるから)，および，(15.14) により，$\|T_1(\Delta)\|\leqq\max\{|\phi_1(\lambda)|;\alpha\leqq\lambda\leqq\beta\}$ $(=\gamma$ とおく．$\gamma>0$ としておいてよい) であるが，$\varepsilon>0$ を与えて，$|\Delta|$ を十分小さくとれば，$\|T(\Delta)x-x_0\|<\varepsilon/3$, $\|T_2(\Delta)x-x_2\|<\varepsilon/3\gamma$, $\|T_1(\Delta)x_2-x_{12}\|<\varepsilon/3$ とできる． 故に， $\|x_0-x_{12}\|=\|-(T(\Delta)x-x_0)+T_1(\Delta)(T_2(\Delta)x-x_2)+(T_1(\Delta)x_2-x_{12})\|<\varepsilon$. ε は任意に与えてよいから，$x_0=x_{12}$ でなければならない．(15.17, 18)も同様に示される．

(15.20) は $\left(\int_\alpha^\beta\phi(\lambda)dE(\lambda)x, y\right)=\int_\alpha^\beta\phi(\lambda)d(E(\lambda)x, y)$ ((15.16)) $=\int_\alpha^\beta\phi(\lambda)d(x, E(\lambda)y)=\int_\alpha^\beta\phi(\lambda)d\overline{(E(\lambda)y, x)}=\overline{\int_\alpha^\beta\overline{\phi(\lambda)}d(E(\lambda)y, x)}=\overline{\left(\int_\alpha^\beta\overline{\phi(\lambda)}dE(\lambda)y, x\right)}$ ((15.16)) $=\left(x, \int_\alpha^\beta\overline{\phi(\lambda)}dE(\lambda)y\right)$ より得られる．

(15.21) $\alpha\leqq\gamma\leqq\beta$ のとき，

$$\left(\int_\alpha^\beta\phi(\lambda)dE(\lambda)\right)E(\gamma)=E(\gamma)\int_\alpha^\beta\phi(\lambda)dE(\lambda)=\int_\alpha^\gamma\phi(\lambda)dE(\lambda),$$

$$\left(\int_\alpha^\beta \phi(\lambda)dE(\lambda)\right)(I-E(\gamma))=\int_\gamma^\beta \phi(\lambda)dE(\lambda).$$

(15.22)　$\alpha\leqq\gamma\leqq\beta$ のとき,

$$\int_\alpha^\beta \phi(\lambda)dE(\lambda)=\int_\alpha^\gamma \phi(\lambda)dE(\lambda)+\int_\gamma^\beta \phi(\lambda)dE(\lambda).$$

分割 $\varDelta$ をつくるとき, γ をその分点のうちに加えておいてもよい. $\gamma=\lambda_m$ とすれば, $T(\varDelta)=\sum_{k=1}^{m}\phi(\xi_k)(E(\lambda_k)-E(\lambda_{k-1}))+\sum_{k=m+1}^{n}\phi(\xi_k)(E(\lambda_k)-E(\lambda_{k-1}))$. $k\leqq m$ ならば, $E(\lambda_k)-E(\lambda_{k-1})\leqq E(\gamma)$, $k>m$ ならば, $E(\gamma)(E(\lambda_k)-E(\lambda_{k-1}))=(E(\lambda_k)-E(\lambda_{k-1}))\cdot E(\gamma)=O$ であるから, $E(\gamma)T(\varDelta)=T(\varDelta)E(\gamma)=\sum_{k=1}^{m}\phi(\xi_k)(E(\lambda_k)-E(\lambda_{k-1}))$. $|\varDelta|\to 0$ とするとき, 左辺は $E(\gamma)T=TE(\gamma)$ $\left(T=\int_\alpha^\beta \phi(\lambda)dE(\lambda)\right)$ に強収束する(定理12.2). 右辺は $\int_\alpha^\gamma \phi(\lambda)dE(\lambda)$ に強収束するから, (15.21) の前半が得られる. 後半も, $(I-E(\gamma))(E(\lambda_k)-E(\lambda_{k-1}))=O$ $(k\leqq m)$, $=E(\lambda_k)-E(\lambda_{k-1})$ $(k>m)$ に注意して, 同様に示される.

(15.22) は, $\int_\alpha^\beta \phi(\lambda)dE(\lambda)=E(\gamma)\int_\alpha^\beta \phi(\lambda)dE(\lambda)+(I-E(\gamma))\int_\alpha^\beta \phi(\lambda)dE(\lambda)$ $=\int_\alpha^\gamma \phi(\lambda)dE(\lambda)+\int_\gamma^\beta \phi(\lambda)dE(\lambda)$ ((15.21)).

(15.23)　$E(\lambda)$ が一定. すなわち, $E(\lambda)=E$ $(\alpha\leqq\lambda\leqq\beta)$ とすれば,

$$\int_\alpha^\beta \phi(\lambda)dE(\lambda)=O.$$

実際, (15.21) によって, $\int_\alpha^\beta \phi(\lambda)dE(\lambda)=\left(\int_\alpha^\beta \phi(\lambda)dE(\lambda)\right)E(\beta)(I-E(\alpha))=O.$

(15.24)　E が射影作用素で, $EE(\beta)=O$ ならば,

$$\int_\alpha^\beta \phi(\lambda)dE(\lambda)=\int_\alpha^\beta \phi(\lambda)d(E+E(\lambda)).$$

(15.25)　E が射影作用素で, $E(\lambda)$ $(\alpha\leqq\lambda\leqq\beta)$ のすべてと可換ならば,

$$\left(\int_\alpha^\beta \phi(\lambda)dE(\lambda)\right)E=E\left(\int_\alpha^\beta \phi(\lambda)dE(\lambda)\right)=\int_\alpha^\beta \phi(\lambda)d(EE(\lambda)).$$

(15.26)　$$\int_\alpha^\beta \phi(\lambda)dE(\lambda)=\int_\alpha^\beta \phi(\alpha+\beta-\lambda)d(I-E(\alpha+\beta-\lambda)).$$

分割 $\varDelta$ に関して, $\sum_{k=1}^{n}\phi(\xi_k)(E(\lambda_k)-E(\lambda_{k-1}))=\sum_{k=1}^{n}\phi(\xi_k)((E+E(\lambda_k))-(E+E(\lambda_{k-1})))$ であるから, $|\varDelta|\to 0$ として, 強極限をとって, (15.24) が得られる.

同様に，$\left(\sum_{k=1}^{n}\phi(\xi_k)(E(\lambda_k)-E(\lambda_{k-1}))\right)E=E\left(\sum_{k=1}^{n}\phi(\xi_k)(E(\lambda_k)-E(\lambda_{k-1}))\right)=\sum_{k=1}^{n}\phi(\xi_k)$ $\cdot(EE(\lambda_k)-EE(\lambda_{k-1}))$ から，強極限をとれば，定理 12.2 によって，(15.25) を得る．

また，$\lambda_k'=\alpha+\beta-\lambda_{n-k}$ $(k=0,1,\cdots,n)$，$\xi_k'=\alpha+\beta-\xi_{n-k+1}$ $(k=1,\cdots,n)$ とすれば，分割 $\varDelta'$: $\alpha=\lambda_0'<\lambda_1'<\cdots<\lambda_n'=\beta$ は，$|\varDelta'|=|\varDelta|$ で，かつ $\lambda_{k-1}'\leqq\xi_k'\leqq\lambda_k'$ $(k=1,\cdots,n)$．そして，$\sum_{k=1}^{n}\phi(\xi_k)(E(\lambda_k)-E(\lambda_{k-1}))=\sum_{k=1}^{n}\phi(\alpha+\beta-\xi_{n-k+1}')((I-E(\alpha+\beta-\lambda_{n-k+1}'))-(I-E(\alpha+\beta-\lambda_{n-k}')))=\sum_{k=1}^{n}\phi(\alpha+\beta-\xi_k')((I-E(\alpha+\beta-\lambda_k'))-(I-E(\alpha+\beta-\lambda_{k-1}')))$．
右辺は，$\int_a^b\phi(\alpha+\beta-\lambda)d(I-E(\alpha+\beta-\lambda))$ の近似和となるから，$|\varDelta|=|\varDelta'|\to 0$ とした強極限として，(15.26) が得られる．

(15.27) $\phi(\lambda)$ が実数値函数ならば，$\int_\alpha^\beta\phi(\lambda)dE(\lambda)$ はエルミット作用素．

(15.27′) $\phi(\lambda)\geqq 0$ ならば，$\int_\alpha^\beta\phi(\lambda)dE(\lambda)$ は正のエルミット作用素．

(15.28) $|\phi(\lambda)|=1$, $E(\alpha)=O$, $E(\beta)=I$ ならば，$\int_\alpha^\beta\phi(\lambda)dE(\lambda)$ はユニタリ作用素．

$\phi(\lambda)$ が実数値函数なら，(15.16) より，$\left(\int_\alpha^\beta\phi(\lambda)dE(\lambda)x,x\right)=\int_\alpha^\beta\phi(\lambda)d\|E(\lambda)x\|^2$ は実数．したがって，$\int_\alpha^\beta\phi(\lambda)dE(\lambda)$ はエルミット作用素である(定理 9.2)．また，$\phi(\lambda)$ $\geqq 0$ のときは，この積分値は $\geqq 0$ となり，$\int_\alpha^\beta\phi(\lambda)dE(\lambda)\geqq O$ が知られる．

$|\phi(\lambda)|=1$ のときは，(15.19,20) により，$\left(\int_\alpha^\beta\phi(\lambda)dE(\lambda)\right)^*\left(\int_\alpha^\beta\phi(\lambda)dE(\lambda)\right)$ $=\left(\int_\alpha^\beta\overline{\phi(\lambda)}dE(\lambda)\right)\left(\int_\alpha^\beta\phi(\lambda)dE(\lambda)\right)=\int_\alpha^\beta|\phi(\lambda)|^2dE(\lambda)=\int_\alpha^\beta dE(\lambda)=E(\beta)-E(\alpha)$．故に，$E(\alpha)=O$, $E(\beta)=I$ ならば，この右辺 $=I$．同様に，$\left(\int_\alpha^\beta\phi(\lambda)dE(\lambda)\right)\left(\int_\alpha^\beta\phi(\lambda)dE(\lambda)\right)^*$ $=I$ となって，$\int_\alpha^\beta\phi(\lambda)dE(\lambda)$ がユニタリ作用素であることが知られる．

射影作用素の族 $\{E(\lambda)\}$ は，$\lambda\in[\alpha',\beta']$ $(\alpha'<\alpha<\beta<\beta')$ で定義されているとして，次のように書く．(各式で，第1の等号は定義，第2の等号は，実際に強極限が存在して，それが＝右辺となることを示す.)

$$\left\{\begin{aligned}\int_{\alpha-0}^{\beta}\phi(\lambda)dE(\lambda)&=\operatorname*{s-lim}_{\gamma\to\alpha-0}\int_{\gamma}^{\beta}\phi(\lambda)dE(\lambda)\\&=\int_\alpha^\beta\phi(\lambda)dE(\lambda)+\phi(\alpha)(E(\alpha)-E(\alpha-0)).\end{aligned}\right.$$

$$
(15.29)\quad
\begin{cases}
\displaystyle\int_{\alpha+0}^{\beta}\phi(\lambda)\,dE(\lambda)=\operatorname*{s-lim}_{\gamma\to\alpha+0}\int_{\gamma}^{\beta}\phi(\lambda)\,dE(\lambda) \\
\displaystyle\qquad=\int_{\alpha}^{\beta}\phi(\lambda)\,dE(\lambda)-\phi(\alpha)(E(\alpha+0)-E(\alpha)). \\
\displaystyle\int_{\alpha}^{\beta-0}\phi(\lambda)\,dE(\lambda)=\operatorname*{s-lim}_{\gamma\to\beta-0}\int_{\alpha}^{\gamma}\phi(\lambda)\,dE(\lambda) \\
\displaystyle\qquad=\int_{\alpha}^{\beta}\phi(\lambda)\,dE(\lambda)-\phi(\beta)(E(\beta)-E(\beta-0)). \\
\displaystyle\int_{\alpha}^{\beta+0}\phi(\lambda)\,dE(\lambda)=\operatorname*{s-lim}_{\gamma\to\beta+0}\int_{\alpha}^{\gamma}\phi(\lambda)\,dE(\lambda) \\
\displaystyle\qquad=\int_{\alpha}^{\beta}\phi(\lambda)\,dE(\lambda)+\phi(\beta)(E(\beta+0)-E(\beta)).
\end{cases}
$$

実際，$\gamma<\alpha<\beta$ のとき，$\int_{\gamma}^{\beta}=\int_{\gamma}^{\alpha}+\int_{\alpha}^{\beta}$ であるから，

$$
\begin{aligned}
&\left\|\int_{\gamma}^{\beta}\phi(\lambda)dE(\lambda)x-\left(\int_{\alpha}^{\beta}\phi(\lambda)dE(\lambda)x+\phi(\alpha)(E(\alpha)-E(\alpha-0))x\right)\right\| \\
&=\left\|\int_{\gamma}^{\alpha}\phi(\lambda)dE(\lambda)x-\phi(\alpha)(E(\alpha)-E(\alpha-0))x\right\| \\
&=\left\|\int_{\gamma}^{\alpha}\phi(\lambda)dE(\lambda)x-\phi(\alpha)\int_{\gamma}^{\alpha}dE(\lambda)x+\phi(\alpha)(E(\alpha-0)-E(\gamma))x\right\| \\
&\leqq\left\|\int_{\gamma}^{\alpha}(\phi(\lambda)-\phi(\alpha))dE(\lambda)x\right\|+|\phi(\alpha)|\|(E(\alpha-0)-E(\gamma))x\| \\
&\leqq\max\{|\phi(\lambda)-\phi(\alpha)|\,;\,\gamma\leqq\lambda\leqq\alpha\}\|x\|+|\phi(\alpha)|\|(E(\alpha-0)-E(\gamma))x\| \\
&\to 0\qquad(\gamma\to\alpha-0)
\end{aligned}
$$

となる．他の式も同様．

$$
(15.30)\quad
\begin{cases}
\displaystyle\int_{\alpha-0}^{\beta-0}\phi(\lambda)\,dE(\lambda)=\int_{\alpha}^{\beta}\phi(\lambda)\,dE(\lambda-0). \\
\displaystyle\int_{\alpha+0}^{\beta+0}\phi(\lambda)\,dE(\lambda)=\int_{\alpha}^{\beta}\phi(\lambda)\,dE(\lambda+0).
\end{cases}
$$

いま $\omega'(\delta)=\sup\{|\phi(\lambda)-\phi(\lambda')|\,;\,\alpha'\leqq\lambda,\lambda'\leqq\beta',|\lambda-\lambda'|\leqq\delta\}$ と書くことにすれば，$[\alpha',\beta']$ の部分区間における分割に対して，(15.13) と同様の式で，$\omega'(\delta)$ を用いることができることを注意しておく．さて，任意の $\varepsilon>0$ に対して，(15.29) の定義によって，適当に $\rho_1>0$ をとれば，$0<\rho<\rho_1$ のとき，

$$
(15.31)\quad \left\|\int_{\alpha-0}^{\beta-0}\phi(\lambda)dE(\lambda)x-\int_{\alpha-\rho}^{\beta-\rho}\phi(\lambda)dE(\lambda)x\right\|<\frac{\varepsilon}{4}
$$

となる．いま $[\alpha,\beta]$ の分割 $\Delta:\alpha=\lambda_0<\lambda_1<\cdots<\lambda_n=\beta$ ($|\Delta|<\delta$) を考えれば，(15.13) によって，

(15.32) $$\left\|\int_{\alpha}^{\beta}\phi(\lambda)dE(\lambda-0)x-\sum_{k=1}^{n}\phi(\xi_k)(E(\lambda_k-0)-E(\lambda_{k-1}-0))x\right\| \leqq \omega'(\delta)\|x\|.$$

(15.4) から，適当に $\rho_2>0$ をとれば，$0<\rho<\rho_2$ のとき，

(15.33) $$\left\|\sum_{k=1}^{n}\phi(\xi_k)(E(\lambda_k-0)-E(\lambda_{k-1}-0))x -\sum_{k=1}^{n}\phi(\xi_k)(E(\lambda_k-\rho)-E(\lambda_{k-1}-\rho))x\right\|<\frac{\varepsilon}{4}.$$

そして，$\alpha-\rho=\lambda_0-\rho<\lambda_1-\rho<\cdots<\lambda_n-\rho=\beta-\rho$ は，$[\alpha-\rho,\ \beta-\rho]$ の分割 Δ' をつくり，$|\Delta'|=|\Delta|<\delta$ であるから，

(15.34) $$\left\|\int_{\alpha-\rho}^{\beta-\rho}\phi(\lambda)dE(\lambda)x-\sum_{k=1}^{n}\phi(\xi_k)(E(\lambda_k-\rho)-E(\lambda_{k-1}-\rho))x\right\| <\omega'(\delta)\|x\|.$$

(各 ξ_k は，$\lambda_{k-1}\leqq\xi_k<\lambda_k$ $(k=1, \cdots, n)$ であるようにとっておけば，ρ が十分小さければ，$\lambda_{k-1}-\rho<\xi_k<\lambda_k-\rho$ $(k=1,\cdots,n)$ が成立つものとしておくことができる.)

さて，δ は，$\omega'(\delta)\|x\|<\varepsilon/2$ であるようにとっておく．これを用いて分割 Δ をつくり，これに対し，(15.33) の成立つような ρ_2 をとって，$0<\rho<\min\{\rho_1,\rho_2\}$ であるように ρ をとれば，(15.31–34) がすべて成立つ．これから，

$$\left\|\int_{\alpha-0}^{\beta-0}\phi(\lambda)dE(\lambda)x-\int_{\alpha}^{\beta}\phi(\lambda)dE(\lambda-0)x\right\|<\varepsilon$$

が知られる．ε は任意であるから，これは (15.30) の第1式の成立つことを示している．(15.30) の第2式も同様に示される．

問 1. $\{F(\lambda)\ ;\ -\infty<\lambda<\infty\}$ は射影作用素の族で，(15.1)，(15.6) を満足しているものとする．そのとき，$E(\lambda)=F(\lambda+0)$ とすれば，$\{E(\lambda)\ ;\ -\infty<\lambda<\infty\}$ はスペクトル族をなすことを示せ． [練 3-A. 14]

問 2. $\{E(\lambda)\ ;\ -\infty<\lambda<\infty\}$ がスペクトル族であるとき，$-\infty<\lambda<\infty$ について，$F(\lambda)=E(\lambda-0)$ とすれば，$E(\lambda)=F(\lambda+0)$． [練 3-A. 15]

問 3. スペクトル族 $\{E(\lambda)\ ;\ -\infty<\lambda<\infty\}$ に対して，

(i) $\{I-E(-\lambda-0)\ ;\ -\infty<\lambda<\infty\}$ はまたスペクトル族をなす．

(ii) $-\infty<\alpha<\beta<\infty$ とし，また，F, G は射影作用素で，$F\leqq G$，かつ $E(\lambda)$ のすべてと可換であるとすれば，

$$\begin{aligned} E'(\lambda)&=O && (\lambda<\alpha)\\ &=F(I-E(\lambda))+GE(\lambda) && (\alpha\leqq\lambda<\beta)\\ &=I && (\lambda\geqq\beta)\end{aligned}$$

とするとき，$\{E'(\lambda)\ ;\ -\infty<\lambda<\infty\}$ はスペクトル族をなす．

(iii) $\phi(\lambda)$ を，$(-\infty,\infty)$ で定義された単調増加，右連続な函数とし，$\alpha=\phi(-\infty)$，$\beta=\phi(\infty)$ $(\alpha=-\infty, \beta=\infty$ であってもよい) とすれば，

$$E'(\lambda)=(I-E(\alpha))E(\phi(\lambda)) \qquad (\lambda<0)$$

$$=I-(I-E(\alpha))(E(\beta)-E(\phi(\lambda)) \qquad (\lambda\geqq 0)$$

とするとき，$\{E'(\lambda)\,;\,-\infty<\lambda<\infty\}$ はスペクトル族をなす． [練 3-A.16]

問 4. スペクトル族 $\{E(\lambda)\,;\,-\infty<\lambda<\infty\}$ について，$\alpha\leqq\beta$，$\gamma\leqq\delta$ に対して，

$$\left(\int_\alpha^\beta\phi(\lambda)dE(\lambda)\right)(E(\delta)-E(\gamma))=(E(\delta)-E(\gamma))\int_\alpha^\beta\phi(\lambda)dE(\lambda)$$

$$=\begin{cases} O & ((\alpha,\beta)\frown(\gamma,\delta)=\phi \text{ のとき}),\\ \displaystyle\int_{\max\{\alpha,\gamma\}}^{\min\{\beta,\delta\}}\phi(\lambda)dE(\lambda) & ((\alpha,\beta)\frown(\gamma,\delta)\neq\phi \text{ のとき}).\end{cases}$$

[練 3-A.17]

問 5. $x\in\mathfrak{R}(E(\alpha))$，または $\in\mathfrak{R}(I-E(\beta))$ ならば，$\left(\int_\alpha^\beta\phi(\lambda)dE(\lambda)\right)x=0$.

[練 3-A.18]

§ 16. エルミット作用素のスペクトル分解

定理 16.1. ヒルベルト空間 H におけるエルミット作用素 A に対して，スペクトル族 $\{E(\lambda)\,;\,-\infty<\lambda<\infty\}$ が存在して，A は

(16.1) $\quad A=\int_{m-0}^{M}\lambda dE(\lambda),\quad E(m-0)=O,\ E(M)=I\ \ (m=m_A, M=M_A)$

と表示される．しかも，このようなスペクトル族 $\{E(\lambda)\}$ は一意的に定まる．そして，各 $E(\lambda)$ は，A と可換な任意の有界線形作用素と可換である．

定義 16.1. (16.1) を，A の**スペクトル分解**という．

定理 16.1 の証明. いま，実数 λ に対して，

(16.2) $\quad E(\lambda)=\mathrm{proj}(\mathfrak{N}((A-\lambda I)^+))=\mathrm{proj}(\mathfrak{N}((\lambda I-A)^-))$

とおくと，これが求めるスペクトル族になっていることを示そう．$E(\lambda)$ が A と可換な任意の有界線形作用素と可換なことは，系 14.6 より知られる．

1°. $\lambda<\lambda'$ とする．$A-\lambda I$，$A-\lambda' I$ は，勿論可換で，かつ，$A-\lambda I\geqq A-\lambda' I$ であるから，系 14.7 により，$(A-\lambda I)^+\geqq(A-\lambda' I)^+\geqq O$．したがって，$(A-\lambda I)^+x=0 \Rightarrow 0=((A-\lambda I)^+x,x)\geqq((A-\lambda' I)^+x,x)\geqq 0\Rightarrow(A-\lambda' I)^+x=0$ (系 14.2)．すなわち，$\mathfrak{N}((A-\lambda I)^+)\subset\mathfrak{N}((A-\lambda' I)^+)$．故に，$E(\lambda)\leqq E(\lambda')$．

2°. $x\in\mathfrak{R}(E(\lambda))=\mathfrak{N}((A-\lambda I)^+)$ とする．$x\in\mathfrak{N}((A-\lambda I)^+)\Rightarrow(A-\lambda I)^+x=0\Rightarrow(A-\lambda I)x=-(A-\lambda I)^-x\Rightarrow((A-\lambda I)x,x)=-((A-\lambda I)^-x,x)\leqq 0\Rightarrow(Ax,x)\leqq\lambda\|x\|^2$.

3°. $x\in\mathcal{R}(I-E(\lambda))=(\mathcal{N}((A-\lambda I)^+))^\perp$ とすれば，$x\perp\mathcal{N}((A-\lambda I)^+)$ である．$(A-\lambda I)^+(A-\lambda I)^-=O$ から，$(A-\lambda I)^-x\in\mathcal{N}((A-\lambda I)^+)$．故に，$((A-\lambda I)^-x, x)=0$．故に，$((A-\lambda I)x, x)=((A-\lambda I)^+x, x)\geqq 0$．故に，$(Ax, x)\geqq\lambda\|x\|^2$．ここで，もし等号が成立っているとすれば，$((A-\lambda I)^+x, x)=0$ であるわけであるから，系 14.2 により，$(A-\lambda I)^+x=0$．したがって $x\in\mathcal{N}((A-\lambda I)^+)$ となり，最初の仮定と合せて，$x=0$ となる．故に，$x\in\mathcal{R}(I-E(\lambda))$，$x\neq 0$ ならば，$(Ax, x)>\lambda\|x\|^2$．

4°. $\lambda<m_A$ ならば，$x\in\mathcal{R}(E(\lambda))$ とするとき，2° と m_A の定義から，$m_A\cdot\|x\|^2\leqq(Ax, x)\leqq\lambda\|x\|^2$ となり，$x=0$．故に，$E(\lambda)=O$．故に，$E(m_A-0)=O$．

5°. $\lambda\geqq M_A$ ならば，$x\in\mathcal{R}(I-E(\lambda))$ とするとき，3° と M_A の定義から，$\lambda\|x\|^2\leqq(Ax, x)\leqq M_A\|x\|^2$ となり，$x=0$．故に，$I-E(\lambda)=O$．故に，$E(\lambda)=I$．特に，$E(M_A)=I$．

6°. $\lambda<m_A$，または $\lambda\geqq M_A$ のとき，$E(\lambda)=E(\lambda+0)$ は，4°, 5° より明らか．$m_A\leqq\lambda<M_A$ とし，$P=E(\lambda+0)-E(\lambda)$ とする．任意の λ' : $\lambda<\lambda'<M_A$ に対して，$\mathcal{R}(P)\subset\mathcal{R}(E(\lambda')-E(\lambda))=\mathcal{R}(E(\lambda'))\frown\mathcal{R}(I-E(\lambda))$ (定理 10.3)．したがって，$x\in\mathcal{R}(P)$，$x\neq 0$ ならば，2°, 3° により，$\lambda\|x\|^2<(Ax, x)\leqq\lambda'\|x\|^2$．$\lambda'$ は任意であるから，$\lambda'\to\lambda+0$ とすれば，$\lambda\|x\|^2<\lambda\|x\|^2$ なる矛盾を得る．故に，$\mathcal{R}(P)=\{0\}$．すなわち，$P=E(\lambda+0)-E(\lambda)=O$.

7°. 6° と同様に，$\lambda<\lambda'$ とするとき，任意の $x\in\mathrm{H}$ に対して，$(E(\lambda')-E(\lambda))x\in\mathcal{R}(E(\lambda'))\frown\mathcal{R}(I-E(\lambda))$ であるから，

$$\lambda\|(E(\lambda')-E(\lambda))x\|^2\leqq(A(E(\lambda')-E(\lambda))x, (E(\lambda')-E(\lambda))x)$$
$$\leqq\lambda'\|(E(\lambda')-E(\lambda))x\|^2.$$

故に，$\lambda\leqq\xi\leqq\lambda'$ ならば，

$$(\lambda-\xi)\|(E(\lambda')-E(\lambda))x\|^2\leqq((A-\xi I)(E(\lambda')-E(\lambda))x, (E(\lambda')-E(\lambda))x)$$
$$\leqq(\lambda'-\xi)\|(E(\lambda')-E(\lambda))x\|^2.$$

これから，A と $E(\lambda), E(\lambda')$ が可換なことに注意して，

$$|((A-\xi I)(E(\lambda')-E(\lambda))x, x)|\leqq\max\{|\lambda-\xi|, |\lambda'-\xi|\}\|(E(\lambda')-E(\lambda))x\|^2$$
$$\leqq(\lambda'-\lambda)\|x\|^2$$

が得られる．これより，定理 14.2 によって，

(16.3)
$$\|(A-\xi I)(E(\lambda')-E(\lambda))\| \leqq \lambda'-\lambda.$$

そこで，$\alpha<m_A \leqq M_A=\beta$ として，$x_0=\int_\alpha^\beta \lambda dE(\lambda)x$ を考えると，(15.9) により，任意の $\varepsilon>0$ に対して，適当な $\delta>0$ をとれば，$[\alpha,\beta]$ の細分

$$\varDelta: \alpha=\lambda_0<\lambda_1<\cdots<\lambda_n=\beta, \quad \xi_k\in[\lambda_{k-1},\lambda_k] \quad (k=1,\cdots,n)$$

で，$|\varDelta|=\max\{\lambda_k-\lambda_{k-1}\ ;\ k=1,\cdots,n\}<\delta$ なるものに対し，$x(\varDelta)=\sum_{k=1}^n \xi_k \cdot(E(\lambda_k)x-E(\lambda_{k-1})x)$ は，$\|x(\varDelta)-x_0\|<\varepsilon$ を満足する．$E(\alpha)=O, E(\beta)=I$ であるから，このとき，$A=\sum_{k=1}^n A(E(\lambda_k)-E(\lambda_{k-1}))=\sum_{k=1}^n (E(\lambda_k)-E(\lambda_{k-1}))A.$ そして，$(E(\lambda_k)-E(\lambda_{k-1}))$ のついた項は2つずつ互いに直交するから，系4.1と (16.3) を用いて，

$$\begin{aligned}\|Ax-x(\varDelta)\|^2 &= \left\|\sum_{k=1}^n (E(\lambda_k)-E(\lambda_{k-1}))(A-\xi_k I)x\right\|^2 \\ &= \sum_{k=1}^n \|(E(\lambda_k)-E(\lambda_{k-1}))(A-\xi_k I)x\|^2 \\ &= \sum_{k=1}^n \|(A-\xi_k I)(E(\lambda_k)-E(\lambda_{k-1}))(E(\lambda_k)-E(\lambda_{k-1}))x\|^2 \\ &\leqq \sum_{k=1}^n (\lambda_k-\lambda_{k-1})^2\|(E(\lambda_k)-E(\lambda_{k-1}))x\|^2 \\ &\leqq \max\{(\lambda_k-\lambda_{k-1})^2\ ;\ k=1,\cdots,n\}\sum_{k=1}^n \|(E(\lambda_k)-E(\lambda_{k-1}))x\|^2 \\ &= |\varDelta|^2\|x\|^2.\end{aligned}$$

が得られる．δ を十分小さくとって，$\delta\|x\|<\varepsilon$ なる如くしておけば，$|\varDelta|<\delta$ ならば，

$$\|Ax-x_0\| \leqq \|Ax-x(\varDelta)\|+\|x(\varDelta)-x_0\|<|\varDelta|\|x\|+\varepsilon<2\varepsilon.$$

$\varepsilon>0$ は任意であったから，$Ax=x_0=\int_\alpha^\beta \lambda dE(\lambda)x$ であることとなる．$\alpha<m$，$\beta=M$ で，α は任意であるから，$\alpha\to m-0$ として，$Ax=\int_{m-0}^M \lambda dE(\lambda)x$．故に，(16.1) が示された．

8°．積分表示は一意的である．すなわち，$\{F(\lambda)\ ;\ -\infty<\lambda<\infty\}$ がまたスペクトル族で，

(16.4)
$$A=\int_{m-0}^M \lambda dF(\lambda), \qquad F(m-0)=0, \quad F(M)=I$$

であるならば，$F(\lambda)=E(\lambda)$ $(-\infty<\lambda<\infty)$ である．

まず，A は $F(\lambda)$ と可換であることを注意しておく ((15.21))．$m\leqq\mu<M$ に対して，(15.21) を用いて，

$$B_\mu=(A-\mu I)(I-F(\mu))=(I-F(\mu))(A-\mu I)=\int_\mu^M(\lambda-\mu)dF(\lambda),$$

$$C_\mu=-(A-\mu I)F(\mu)=-F(\mu)(A-\mu I)=\int_{m-0}^\mu(\mu-\lambda)dF(\lambda)$$

とすれば，(15.27′) を用いて，

$$A-\mu I=B_\mu-C_\mu, \qquad B_\mu, C_\mu\geqq O, \qquad B_\mu C_\mu=O.$$

故に，系 14.5 によって，

$$(A-\mu I)^+=B_\mu, \qquad (A-\mu I)^-=C_\mu.$$

そして，$(A-\mu I)^+F(\mu)=B_\mu F(\mu)=O$ であるから，$\mathfrak{R}(F(\mu))\subset\mathfrak{N}((A-\mu I)^+)=\mathfrak{R}(E(\mu))$．故に，$F(\mu)\leqq E(\mu)$ である．

次に，$\mu<\mu'<M$ なる任意の μ' に対して，$F(\mu)\leqq F(\mu')$ によって，

$$(A-\mu I)^+(I-F(\mu'))=(A-\mu I)(I-F(\mu))(I-F(\mu'))$$
$$=(A-\mu I)(I-F(\mu'))=\int_{\mu'}^M(\lambda-\mu)dF(\lambda)$$

であるから，いま，

$$\phi(\lambda)=\frac{1}{\lambda-\mu} \qquad (\mu'\leqq\lambda\leqq M)$$

なる $\phi(\lambda)$ を考えれば，$\phi(\lambda)$ は $[\mu', M]$ で連続で，

$$T=\int_{\mu'}^M\phi(\lambda)dF(\lambda)$$

とするとき，(15.19) から，

$$T(A-\mu I)^+(I-F(\mu'))=\int_{\mu'}^M dF(\lambda)=F(M)-F(\mu')=I-F(\mu')$$

となる．そこで，$x\in\mathfrak{R}(E(\mu))=\mathfrak{N}((A-\mu I)^+)$ とすれば，この式より，$(I-F(\mu'))x=0$，すなわち，$x=F(\mu')x\in\mathfrak{R}(F(\mu'))$ を得る．故に，$\mathfrak{R}(E(\mu))\subset\mathfrak{R}(F(\mu'))$．故に，$E(\mu)\leqq F(\mu')$．$\mu'$ は任意であったから，$\mu'\to\mu+0$ として，$E(\mu)\leqq F(\mu+0)=F(\mu)$．

故に，$E(\mu)=F(\mu)$． (証明終)

系 16.1. A が (16.1) のように表わされているとき,

$$\|Ax\|^2=\int_{m-0}^{M}|\lambda|^2 d\|E(\lambda)x\|^2 \qquad (x\in \mathrm{H}),$$

$$(Ax, y)=\int_{m-0}^{M}\lambda d(E(\lambda)x, y) \qquad (x, y\in \mathrm{H}).$$

この右辺は, 単調増加函数 $\|E(\lambda)x\|^2$, 有界変動函数 $(E(\lambda)x, y)$ に関するリーマン・スティルチェス積分である.

定義 16.2. エルミット作用素 A が (16.1) のように表わされているとき, $[m, M]$ 上で定義された連続函数 $\phi(\lambda)$ に対して,

$$\phi(A)=\int_{m-0}^{M}\phi(\lambda)dE(\lambda) \tag{16.5}$$

と定義する.

(15.19) によって, $A^2=\int_{m-0}^{M}\lambda^2 dE(\lambda), \cdots, A^n=\int_{m-0}^{M}\lambda^n dE(\lambda), \cdots$ となるから, $\phi(\lambda)$ が λ の多項式 $\phi(\lambda)=\alpha_0\lambda^n+\alpha_1\lambda^{n-1}+\cdots+\alpha_n$ ($\alpha_0, \alpha_1, \cdots, \alpha_n$ は複素数)であるとき,

$$\alpha_0 A^n+\alpha_1 A^{n-1}+\cdots+\alpha_n I=\int_{m-0}^{M}(\alpha_0\lambda^n+\alpha_1\lambda^{n-1}+\cdots+\alpha_n)dE(\lambda)$$

$$=\int_{m-0}^{M}\phi(\lambda)dE(\lambda)=\phi(A).$$

そして, 一般の連続函数 $\phi(\lambda)$ に対しては, ワイヤストラスの多項式近似定理 (p. 13) によって, $[m, M]$ 上 $\phi(\lambda)$ に一様収束する λ の多項式の列 $\phi_1(\lambda)$, $\phi_2(\lambda), \cdots$ が得られるが, このとき,

$$\|\phi_n(A)-\phi(A)\|=\left\|\int_{m-0}^{M}(\phi_n(\lambda)-\phi(\lambda))dE(\lambda)\right\|$$

$$\leqq \max\{|\phi_n(\lambda)-\phi(\lambda)|\,;\, m\leqq\lambda\leqq M\}$$

から, $\text{u-}\lim_{n\to\infty}\phi_n(A)=\phi(A)$. したがって, (16.5) の定義は一見不自然なようであるが, 多項式に代入することの自然な拡張である.

問 1. (16.1) において, $E(m-0)=O$, $E(M)=I$ が満たされることを要求しないときは, $E(\lambda)$ が一意的に定まるとは限らないことを示せ. [練 3-A.19]

問 2. 任意の μ および $\varepsilon>0$ に対して,

$$x\in\mathcal{R}(E(\mu+\varepsilon)-E(\mu-\varepsilon-0)) \rightleftarrows \|(A-\mu I)^n x\|\leqq\varepsilon^n\|x\| \ (n=1, 2, \cdots).$$ [練 3-A.22]

問 3. 例 13.1 におけるエルミット作用素 A のスペクトル分解を定めよ. また問 13.6

において，$\lambda_1, \lambda_2, \cdots$ をすべて実数とすれば，T はエルミット作用素となるが，この作用素のスペクトル分解を定めよ．　[練 3-A. 34, 36]

§ 17. ユニタリ作用素のスペクトル分解

U を，ヒルベルト空間 H におけるユニタリ作用素とするとき，適当なスペクトル族 $\{E(\lambda)\,;\,-\infty<\lambda<\infty\}$ をとって，

$$U=\int_0^{2\pi} e^{i\lambda}dE(\lambda) \tag{17.1}$$

と表わすことができることを示す．

そのために，まず，

$$A=\frac{1}{2}(U+U^*), \qquad B=\frac{1}{2i}(U-U^*)$$

とする．A, B は可換なエルミット作用素で，

$$U=A+iB, \qquad A^2+B^2=I$$

をみたしている．

$$\|A\|\leqq\frac{1}{2}(\|U\|+\|U^*\|)=1$$

であるから，A は，

$$A=\int_{-1-0}^{1}\mu dF(\mu), \qquad F(-1-0)=O,\ F(1)=I \tag{17.2}$$

という形のスペクトル分解をもつ．

そこで，

$$E=\mathrm{proj}(\mathcal{N}(B^-)) \tag{17.3}$$

として，

$$E(\lambda)=\begin{cases} O & (\lambda<0) \\ E(F(1-0)-F(\cos\lambda-0)) & (0\leqq\lambda<\pi) \\ EF(1-0)+(I-E)F(\cos\lambda) & (\pi\leqq\lambda<2\pi) \\ I & (2\pi\leqq\lambda) \end{cases} \tag{17.4}$$

と定義する．このとき，$E(\lambda)$ はスペクトル族となり，かつ (17.1) が成立することを以下に証明する．

1)　$\{E(\lambda)\}$ はスペクトル族をなす.

まず, A, B が可換なことから, 系 14.6 によって, E は A と可換. したがって, 定理 16.1 によって, E は $F(\lambda)$ のすべてと可換となるから, 定理 10.3 (iv) によって, $E(\lambda)$ はすべて射影作用素であることが知られる.

$\lambda<\lambda'$ のとき, $E(\lambda)\leqq E(\lambda')$ であること, および, $E(\lambda)$ が右連続であることは, $[0,\pi)$ 以外では, $F(\mu)$ の性質からただちに知られる. 特に,

$$
(17.5)\qquad \begin{cases} E(0)=O,\ \ E(\pi-0)=E(F(1-0)-F(-1)), \\ E(\pi)=EF(1-0)+(I-E)F(-1),\ \ E(2\pi-0)=F(1-0) \end{cases}
$$

を注意しておく.

さて, $[0,\pi)$ において, $\cos\lambda$ は λ の減少函数であるから, $\lambda<\lambda'$ ならば, $\cos\lambda>\cos\lambda'$. 故に, $F(\cos\lambda-0)\geqq F(\cos\lambda'-0)$. これから, $E(\lambda)\leqq E(\lambda')$. また, $\lambda'\to\lambda+0$ のとき, $\cos\lambda'\to\cos\lambda-0$ となるから, $F(\cos\lambda'-0)\to F(\cos\lambda-0)$ (強). これから, $\operatorname*{s-lim}_{\lambda'\to\lambda+0} E(\lambda')=E(\lambda)$ となる.

2)　$A=\int_0^{2\pi}\cos\lambda\, dE(\lambda)$.

$\int_0^{2\pi}=\int_0^{\pi}+\int_{\pi}^{2\pi}$ であるが, まず $\int_{\pi}^{2\pi}$ の方が簡単に変形される. すなわち, $[\pi,2\pi]$ では, $\cos\lambda$ は増加函数であるから, $\mu=\cos\lambda$ とすれば, μ は -1 から 1 まで変化し,

$$
\begin{aligned}
&\int_{\pi}^{2\pi}\cos\lambda\, dE(\lambda)\\
&=\int_{\pi}^{2\pi-0}\cos\lambda\, dE(\lambda)+\cos 2\pi(E(2\pi)-E(2\pi-0)) && ((15.29))\\
&=\int_{-1}^{1-0}\mu\, d(EF(1-0)+(I-E)F(\mu))+(I-F(1-0)) && ((17.5))\\
&=(I-E)\int_{-1}^{1-0}\mu\, dF(\mu)+(I-F(1-0)) && ((15.24, 25))\\
&=(I-E)\Big(\int_{-1-0}^{1}\mu\, dF(\mu)-(F(1)-F(1-0))-(-1)(F(-1)-F(-1-0))\Big)\\
&\qquad\qquad +(I-F(1-0)) && ((15.29))\\
&=(I-E)A+(I-E)F(-1)+E(I-F(1-0)).
\end{aligned}
$$

次に，$[0,\pi]$ では，$\cos\lambda$ は減少函数であることに注意して，$-\mu=\cos\lambda$ とすれば，μ はやはり -1 から 1 まで変化し，$F'(\mu)=E(F(1-0)-F(-\mu-0))$ と書くと，

$$\int_0^{\pi}\cos\lambda\, dE(\lambda)$$

$$=\int_0^{\pi-0}\cos\lambda\, dE(\lambda)+\cos\pi(E(\pi)-E(\pi-0)) \qquad ((15.29))$$

$$=\int_{-1}^{1-0}(-\mu)dF'(\mu)+(-1)F(-1) \qquad ((17.5))$$

$$=E\int_{-1+0}^{1}\mu\, dF(\mu-0)-F(-1) \qquad ((15.24, 25, 26))$$

$$=E\int_{-1}^{1}\mu\, dF(\mu-0)-(-1)E(F(-1)-F(-1-0))-F(-1) \qquad ((15.29))$$

$$=E\int_{-1-0}^{1-0}\mu\, dF(\mu)-(I-E)F(-1) \qquad ((15.30))$$

$$=E\left(\int_{-1-0}^{1}\mu\, dF(\mu)-(F(1)-F(1-0))\right)-(I-E)F(-1) \qquad ((15.29))$$

$$=EA-E(I-F(1-0))-(I-E)F(-1).$$

したがって，所題の式が証明されたことになる．

3)　$B=\displaystyle\int_0^{2\pi}\sin\lambda\, dE(\lambda).$

いま右辺を B' とする：$B'=\displaystyle\int_0^{2\pi}\sin\lambda\, dE(\lambda)$．(15.17, 19) により，

$$A^2+B'^2=\int_0^{2\pi}\cos^2\lambda\, dE(\lambda)+\int_0^{2\pi}\sin^2\lambda\, dE(\lambda)=\int_0^{2\pi}dE(\lambda)=I.$$

これと，$A^2+B^2=I$ によって，$B^2=B'^2$ である．

次に，

$$EE(\lambda)=E(\lambda)\ (\lambda<\pi),\quad =EF(1-0)\ (\pi\leqq\lambda<2\pi),\quad =E\ (\lambda\geqq 2\pi);$$

$$(I-E)E(\lambda)=O\ (\lambda<\pi),\quad =(I-E)F(-1)\ (\lambda=\pi)$$

であるから，(15.25)，(15.22)，(15.29)，(15.23)，(15.27′) を用いて，順次変形すれば，

$$EB' = \int_0^{2\pi} \sin\lambda\, d(EE(\lambda)) = \int_0^{\pi} \sin\lambda\, d(EE(\lambda)) + \int_{\pi}^{2\pi} \sin\lambda\, d(EE(\lambda))$$
$$= \int_0^{\pi} \sin\lambda\, d(EE(\lambda)) + \int_{\pi}^{2\pi-0} \sin\lambda\, d(EE(\lambda)) + \sin 2\pi\, E(E(2\pi) - E(2\pi - 0))$$
$$= \int_0^{\pi} \sin\lambda\, d(EE(\lambda)) \geqq O.$$

また，同じく変形して，

$$-(I-E)B'$$
$$= -\int_0^{2\pi} \sin\lambda\, d((I-E)E(\lambda))$$
$$= -\int_0^{\pi} \sin\lambda\, d((I-E)E(\lambda)) - \int_{\pi}^{2\pi} \quad 〃$$
$$= -\int_0^{\pi-0} \sin\lambda\, d((I-E)E(\lambda)) - \sin\pi\,(I-E)(E(\pi) - E(\pi-0)) - \int_{\pi}^{2\pi} \quad 〃$$
$$= \int_{\pi}^{2\pi} (-\sin\lambda) d((I-E)E(\lambda)) \geqq O.$$

さて，$BE = B^+$ (系 14.6) であるから，

$$B^{+2} = (BE)^2 = B^2E = B'^2E = (B'E)^2 = (EB')^2.$$

したがって(定理 14.4)，

$$B^+ = EB'$$

が得られる．同様に，$B^- = B^+ - B = BE - B = -B(I-E)$ から，

$$(B^-)^2 = (B(I-E))^2 = B^2(I-E) = B'^2(I-E) = (-(I-E)B')^2$$

を得て，$B^- = -(I-E)B'$．したがって，

$$B = B^+ - B^- = EB' - (-(I-E)B') = B'$$

となる．

4) $e^{i\lambda} = \cos\lambda + i\sin\lambda$ から，(17.1) の成立が知られたわけであるが，ここに得られたスペクトル族 $\{E(\lambda)\}$ について，各 $E(\lambda)$ は，U と可換なすべての有界線形作用素と可換になる．

実際，$UT = TU$ とすれば，左右から U^* を乗ずることにより，$TU^* = U^*UTU^* = U^*TUU^* = U^*T$ が得られて，T は U^* とも可換になる．故に，T は $A = \frac{1}{2}(U+U^*)$，$B = \frac{1}{2i}(U-U^*)$ と可換．したがって，$F(\mu)$ および E

と可換(定理 16.1, および, 系 14.6 による). したがって, $E(\lambda)$ の定義によって, T は各 $E(\lambda)$ と可換である.

5) ユニタリ作用素 U の積分表示は一意的である. すなわち, $\{E_1(\lambda)\,;\,-\infty<\lambda<\infty\}$ がまたスペクトル族で,

$$U=\int_0^{2\pi} e^{i\lambda}dE_1(\lambda)$$

であるならば, $E_1(\lambda)=E(\lambda)$ $(-\infty<\lambda<\infty)$ である.

まず, 各 $E_1(\lambda)$ は U と可換である((15.21))から, 4) によって, 各 $E(\lambda')$ と可換であり, $E_1(\lambda)E(\lambda')$ は射影作用素である(定理 10.3 (iv)).

$U=UE_1(2\pi)$ ((15.21)) であるから, $I=U^*U=U^*UE_1(2\pi)=E_1(2\pi)$. したがって, $\lambda\geqq 2\pi$ ならば, $E_1(\lambda)=I=E(\lambda)$.

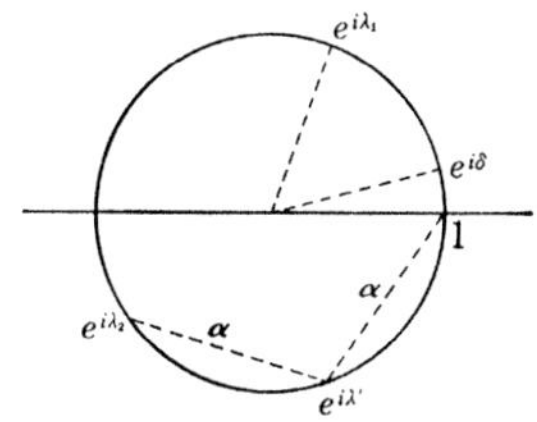

図 5

同様に, $U=U(I-E_1(0))$ ((15.21)) から, $I-E_1(0)=I$ となり, $\lambda\leqq 0$ のとき, $E_1(\lambda)=O=E(\lambda)$.

いま, $0<\lambda_1<\lambda_2<2\pi$ に対して, $E(\lambda_1)\leqq E_1(\lambda_2)$ を示す. そのために, 任意に, $0<\delta<\lambda_1$ なる δ をとり, また, $\rho=\frac{1}{2}(2\pi-\lambda_2)$, $\lambda'=\lambda_2+\rho$, $\alpha=|1-e^{i\lambda'}|$ とする. もしも, $P=(E(\lambda_1)-E(\delta))(I-E_1(\lambda_2))\neq O$ ならば, $x\in\mathfrak{R}(P)$, $\|x\|=1$ をとって, $\|Ux-e^{i\lambda'}x\|^2$ を二様に計算する.

$$\begin{aligned}\|Ux-e^{i\lambda'}x\|^2&=\|U(E(\lambda_1)-E(\delta))x-e^{i\lambda'}(E(\lambda_1)-E(\delta))x\|^2\\&=\left\|\int_\delta^{\lambda_1} e^{i\lambda}dE(\lambda)x-e^{i\lambda'}\int_\delta^{\lambda_1}dE(\lambda)x\right\|^2=\left\|\int_\delta^{\lambda_1}(e^{i\lambda}-e^{i\lambda'})dE(\lambda)x\right\|^2\\&=\int_\delta^{\lambda_1}|e^{i\lambda}-e^{i\lambda'}|^2d\|E(\lambda)x\|^2\\&\geqq\min\{|e^{i\lambda_1}-e^{i\lambda'}|^2,\,|e^{i\delta}-e^{i\lambda'}|^2\}\|x\|^2>\alpha^2.\end{aligned}$$

$$\begin{aligned}\|Ux-e^{i\lambda'}x\|^2&=\|U(I-E_1(\lambda_2))x-e^{i\lambda'}(I-E_1(\lambda_2))x\|^2\\&=\left\|\int_{\lambda_2}^{2\pi} e^{i\lambda}dE_1(\lambda)x-e^{i\lambda'}\int_{\lambda_2}^{2\pi}dE_1(\lambda)x\right\|^2\\&=\left\|\int_{\lambda_2}^{2\pi}(e^{i\lambda}-e^{i\lambda'})dE_1(\lambda)x\right\|^2\\&=\int_{\lambda_2}^{2\pi}|e^{i\lambda}-e^{i\lambda'}|^2d\|E_1(\lambda)x\|^2\leqq\alpha^2.\end{aligned}$$

この両者は矛盾であるから，$(E(\lambda_1)-E(\delta))(I-E_1(\lambda_2))=O$ でなければならない．すなわち，$E(\lambda_1)-E(\delta)\leqq E_1(\lambda_2)$．$\delta\to+0$ として，スペクトル族の右連続性から，$E(\lambda_1)\leqq E_1(\lambda_2)$ が得られる．同様にして $E_1(\lambda_1)\leqq E(\lambda_2)$ も得られる．

故に，$E(\lambda)\leqq E_1(\lambda+0)=E_1(\lambda)$，$E_1(\lambda)\leqq E(\lambda+0)=E(\lambda)$．すなわち $E_1(\lambda)=E(\lambda)$ が，$0<\lambda<2\pi$ についても結論される．

以上を総合して，次の定理を得る．

定理 17.1. ヒルベルト空間 H におけるユニタリ作用素 U に対して，スペクトル族 $\{E(\lambda)\,;\,-\infty<\lambda<\infty\}$ が存在して，U は

$$U=\int_0^{2\pi} e^{i\lambda}dE(\lambda)$$

と表示される．しかもこのようなスペクトル族は，ただ1つに定まる．そして，各 $E(\lambda)$ は，U と可換なすべての有界線形作用素と可換である．

注． $A=\int_0^{2\pi}\lambda dE(\lambda)$ とすれば，A は正のエルミット作用素で，$U=\exp(iA)$ と表わされることになる．

§ 18. 有界線形作用素の極形式分解，正規作用素

T を ヒルベルト空間 H から，ヒルベルト空間 H_1 への有界線形作用素（定義 6.2）とする．このとき，任意の $y\in\mathrm{H}_1$ に対して，対応

$$x\to(Tx,y)\in\mathbf{C}\qquad(\text{内積は } \mathrm{H}_1 \text{ においてとる})$$

は，H 上の有界線形汎函数となり，したがって，リースの定理（定理 8.2）により，

$$(18.1)\qquad (Tx,y)=(x,y^*)\qquad(\text{すべての } x\in\mathrm{H} \text{ に対して})$$

（左辺は H_1，右辺は H における内積である）を満足する $y^*\in\mathrm{H}$ がただ1つ定まる．

各 $y\in\mathrm{H}_1$ に対して，(18.1) を満足する $y^*\in\mathrm{H}$ を対応させる対応を，§9 におけると同じく T^* で表わして，T の**共役作用素**と呼ぶことにする．したがって，T^* は，

$$(18.2)\qquad (Tx,y)=(x,T^*y)\qquad(x\in\mathrm{H},\ y\in\mathrm{H}_1).$$

を満足する作用素として，一意的に定められる．

定理 9.1 と同様に，以下の性質は容易に験証される．

(18.3) T^* は有界線形作用素で，$\|T^*\|=\|T\|$.

(18.4) $(T+S)^*=T^*+S^*$.　(T, S は，$H\to H_1$ なる有界線形作用素).

(18.5) $(\alpha T)^*=\bar{\alpha}T^*$.

(18.6) $(ST)=T^*S^*$　(T は $H\to H_1$，S は $H_1\to H_2$ なる有界線形作用素)

(18.7) $(T^*)^*=T$.

さて，H から H_1 への有界線形作用素 T に対して，$A_1=T^*T$ とおけば，A_1 は H の有界線形作用素で，

(18.8) $$(A_1x, x)=(T^*Tx, x)=(Tx, Tx)\geqq 0$$

であるから，$A_1\geqq O$. 故に，$(A_1)^{1/2}$ を考えることができる．$A=(A_1)^{1/2}$ とすれば，(18.8) により，

(18.9) $$\|Ax\|^2=(Ax, Ax)=(A^2x, x)=(A_1x, x)=\|Tx\|^2.$$

$Ax\in H$，$Tx\in H_1$ であるが，いま，Ax に Tx を対応させる写像を考えてみる．もし，$Ax=Ax'$ ならば，$A(x-x')=0$. したがって，(18.9) から $T(x-x')=0$ となり，$Tx=Tx'$ であるから，たしかに $y\in\mathcal{R}(A)$ に対して，$y=Ax$ のとき，$V_1y=Tx$ として，$\mathcal{R}(A)$ 上で定義された作用素 V_1 が定まる．

この V_1 は線形作用素で，$\|V_1y\|=\|y\|$ $(y\in\mathcal{R}(A))$ を満たす．実際，y_1, $y_2\in\mathcal{R}(A)$ とし，$y=Ax_1$，$y_2=Ax_2$ とすれば，$V_1(\alpha y_1+\beta y_2)=V_1(\alpha Ax_1+\beta Ax_2)=V_1(A(\alpha x_1+\beta x_2))=T(\alpha x_1+\beta x_2)=\alpha Tx_1+\beta Tx_2=\alpha V_1y_1+\beta V_1y_2$ となるからである．$\|V_1y\|=\|y\|$ は (18.9) である．

いま，$y\in\overline{\mathcal{R}(A)}$ に対して，$y_1, y_2, \cdots\in\mathcal{R}(A)$，$\lim_{n\to\infty}y_n=y$ とすれば，$\|V_1y_n-V_1y_m\|=\|V_1(y_n-y_m)\|=\|y_n-y_m\|$ から，$V_1y_1, V_1y_2, \cdots$ は基本列をなし，強収束する．別に，$y_1', y_2', \cdots\in\mathcal{R}(A)$，$\lim_{n\to\infty}y_n'=y$ とすれば，$\lim_{n\to\infty}(y_n-y_n')=0$ であるから，$\lim_{n\to\infty}V_1y_n=\lim_{n\to\infty}V_1y_n'$. すなわち，この強極限は y のみによって定まることがわかる．y にこの極限要素を対応させて Vy とする．このようにして，$\overline{\mathcal{R}(A)}$ 上まで拡大された作用素 V は線形作用素で，$\|Vy\|=\|y\|$ $(y\in\overline{\mathcal{R}(A)})$. かつ $y\in\mathcal{R}(A)$ のとき，$Vy=V_1y$.

実際，$y, y' \in \overline{\mathcal{R}(A)}$，$\lim_{n\to\infty} y_n = y$，$\lim_{n\to\infty} y_n' = y'$ とすれば，$V(\alpha y + \beta y') = V(\lim_{n\to\infty}(\alpha y_n + \beta y_n')) = \lim_{n\to\infty} V_1(\alpha y_n + \beta y_n') = \lim_{n\to\infty}(\alpha V_1 y_n + \beta V_1 y_n') = \alpha \lim_{n\to\infty} V_1 y_n + \beta \lim_{n\to\infty} V_1 y_n' = \alpha V y + \beta V y'$．また，$\|Vy\| = \|\lim_{n\to\infty} V_1 y_n\| = \lim_{n\to\infty}\|V_1 y_n\| = \lim_{n\to\infty}\|y_n\| = \|y\|$．$y \in \mathcal{R}(A)$ のときは，$y_1 = y$，$y_2 = y, \cdots$ ととれば，$Vy = \lim_{n\to\infty} V_1 y_n = V_1 y$．

定義 18.1. ヒルベルト空間 H の閉部分空間 K を定義域とするヒルベルト空間 H_1 への線形作用素 V が，

$$\|Vx\| = \|x\| \qquad (x \in \mathrm{K}) \tag{18.10}$$

を満足するとき，K から H_1 への**等距離作用素**という．

この § のはじめから述べたことは，次の定理にまとめられる．

定理 18.1. ヒルベルト空間 H から，ヒルベルト空間 H_1 への有界線形作用素 T に対して，H における正のエルミット作用素 A，および $\overline{\mathcal{R}(A)}$ から H_1 への等距離作用素 V が存在して，

$$T = VA \tag{18.11}$$

と表わすことができる．

定義 18.2. (18.11) を，T の**極形式**という．

これは，あたかも，複素数 α を，$\alpha = re^{i\theta}$ (r は α の絶対値，θ は α の偏角)と表示するようなものである．また，任意の有限次元の行列を，ユニタリ行列と，正値エルミット行列の積に分解することに相当する．

特に，$\mathrm{H}_1 = \mathrm{H}$ のとき，V は H の一部分で定義された作用素であるが，T の極形式分解として，

$$T = UA, \qquad U \text{ はユニタリ作用素} \tag{18.12}$$

というような形のものが得られないであろうか．

このことは，つねに可能であるとは限らない(有限次元の場合と異なる)が，1つの重要な場合として，次の定理がある．

定理 18.2. H の有界線形作用素 T が，$TT^* = T^*T$ を満足するとき，(18.12) の形の極形式分解ができる．また，このとき，U，A は可換である．

定義 18.3. $TT^* = T^*T$ を満足する有界線形作用素 T を，**正規作用素**という．

エルミット作用素，ユニタリ作用素は，いずれも正規作用素である．正規作

用素に関しても，スペクトル分解ができるのであるが，ここでは扱わない．

定理 18.2 の証明． 証明すべきことは，(18.11) の V に対して，$Vy=Uy$ $(y\in\overline{\mathcal{R}(A)})$ を満たすユニタリ作用素 U の存在である．

さて，$\|T^*x\|^2=(TT^*x, x)$ であるから，$TT^*x=0$ ならば，$T^*x=0$．すなわち，$\mathcal{N}(T^*)\supset\mathcal{N}(TT^*)$ である．$\mathcal{N}(T^*)\subset\mathcal{N}(TT^*)$ は明らかであるから，$\mathcal{N}(T^*)=\mathcal{N}(TT^*)$．$T=A$ として，$\mathcal{N}(A)=\mathcal{N}(A^2)$ も得られる．これと，系 9.1，および $TT^*=T^*T$ から，

$$(\mathcal{R}(T))^{\perp}=\mathcal{N}(T^*)=\mathcal{N}(TT^*)=\mathcal{N}(T^*T)=\mathcal{N}(A^2)=\mathcal{N}(A)=(\mathcal{R}(A))^{\perp}.$$

故に，また，$\overline{\mathcal{R}(A)}=(\mathcal{R}(A))^{\perp\perp}=(\mathcal{R}(T))^{\perp\perp}=\overline{\mathcal{R}(T)}$．そして，$y\in\overline{\mathcal{R}(A)}$ に対して，$Vy=\lim\limits_{n\to\infty}V_1y_n$ (p. 105. 下から 3 行目) $\in\overline{\mathcal{R}(T)}=\overline{\mathcal{R}(A)}$ である．いま $P=\mathrm{proj}(\overline{\mathcal{R}(A)})$ として，

$$U=VP+(I-P)$$

と定義すれば，U は線形作用素であるが，

$$\|Ux\|^2=\|VPx+(I-P)x\|^2=\|VPx\|^2+\|(I-P)x\|^2$$
$$=\|Px\|^2+\|(I-P)x\|^2=\|x\|^2.$$

(ここで，$VPx\in\overline{\mathcal{R}(A)}$．したがって，$VPx\perp(I-P)x$．および，系 4.1 を用いた.) したがって，$U$ は H の等距離作用素(定義 9.3)となり，$\mathcal{R}(U)$ は H の閉部分空間である．$\mathcal{R}(U)\supset\mathcal{R}(V)\supset\mathcal{R}(T)$ より，$\mathcal{R}(U)\supset\overline{\mathcal{R}(T)}=\overline{\mathcal{R}(A)}$．また $\mathcal{R}(U)\supset(\mathcal{R}(A))^{\perp}$ であるから，$\mathcal{R}(U)=\overline{\mathcal{R}(A)}+(\mathcal{R}(A))^{\perp}=\mathrm{H}$．定理 9.4 によって，$U$ はユニタリ作用素である．そして，$y\in\overline{\mathcal{R}(A)}$ ならば，$y=Py$．故に，$Uy=VPy+(1-P)y=Vy$．故に，$T=VA=UA$．

次に，$T=UA$ から，$T^*=AU^*$．故に，$UA^2U^*=TT^*=T^*T=A^2$．故に，$UA^2=UA^2U^*U=A^2U$．すなわち，A^2 と U は可換．したがって，U は $(A^2)^{1/2}=A$ と可換である(定理 14.4)． (証明終)

問 1. T をヒルベルト空間 H の有界線形作用素，$T=VA$ をその極形式分解とすれば，V は，

(i) $(\mathcal{N}(T))^{\perp}$ から $\overline{\mathcal{R}(T)}$ への等距離作用素である．

(ii) $(\mathcal{N}(T))^{\perp}$ から $(\mathcal{N}(T^*))^{\perp}$ への等距離作用素である．

(iii) $\overline{\mathcal{R}(T^*)}$ から $\overline{\mathcal{R}(T)}$ への等距離作用素である． [練 3-A. 23]

問 2. T はヒルベルト空間 H の有界線形作用素で，$\mathcal{N}(T)=\{0\}$，$\overline{\mathcal{R}(T)}=\mathrm{H}$ とすれ

ば，T の極形式分解 $T=VA$ において，V はユニタリ作用素である．　[練 3-A. 25]

問 3. T はヒルベルト空間 H の有界な正規作用素であるとする．

(i) $T=A+iB$，A, B はエルミット作用素　と表わしたとき(問題 2.17)，A, B は可換である．(このことは，$A+iB$ が正規作用素であるための十分条件でもある．)

(ii) 任意の多項式 $p(\lambda)=\sum_{k=0}^{n}\alpha_k\lambda^{n-k}$ について，$p(T)=\sum_{k=0}^{n}\alpha_k T^{n-k}$ ($T^0=I$ とする) はまた正規作用素である．

(iii) $\|T^n\|=\|T\|^n$ $(n=1, 2, \cdots)$．

(iv) $\sigma(T)$ には，剰余スペクトルの部分は存在しない．　[練 3-A. 26]

§ 19. コンパクト・エルミット作用素

定義 19.1. ノルム空間 V の集合 A は，A の中から任意にとった要素列 $x_1, x_2, \cdots$ に対して，その部分列 $x_{n(1)}, x_{n(2)}, \cdots$ を適当に選んで，V のある要素に強収束するようにできるとき，**強相対コンパクト**という．

もしもこのとき，更に A が強閉集合ならば，A は**強コンパクト**であるという．

系 19.1. 強相対コンパクト集合は有界である．

証明. A を強相対コンパクトとする．もし A が有界でなければ，$x_1, x_2, \cdots \in$ A，$\lim_{n\to\infty}\|x_n\|=\infty$ であるような要素列が存在する．このとき，$x_1, x_2, \cdots$ のどんな部分列 $x_{n(1)}, x_{n(2)}, \cdots$ をとっても，強収束しない．(強収束するとすれば，有界である筈である(定義 2.4).) これは仮定に反する．　(証明終)

系 19.2. $x_1, x_2, \cdots$ が強収束する要素列ならば，集合 $\{x_1, x_2, \cdots\}$ は強相対コンパクトである．

証明. $\lim_{n\to\infty} x_n=x_0$ とすれば，その任意の部分列 $x_{n(1)}, x_{n(2)}, \cdots$ に対して，この部分列それ自身 x_0 に強収束するから，強相対コンパクトである．(証明終)

注. 系 19.2 で，$\{x_0, x_1, x_2, \cdots\}$ は強コンパクトである．

系 19.3. 強相対コンパクト集合 A に対して，任意に $\varepsilon>0$ を与えるとき，A の適当な有限部分集合 B をとって，任意の $x\in$ A に対して，$x'\in$ B，かつ，$\|x-x'\|<\varepsilon$ であるような x' が存在するようにできる．

注. この系に述べられた性質は，**全有界**または**前コンパクト**といわれているものである．この系は定理 34.4 まで用いられないし，また，一般の距離空間の性質でもある(「トポロジー」定理 13.5)ので，その証明は読者の演習とする(問題 1.8)．また，V がバナッハ空間であるときは，この逆も成立つ．

定義 19.2. ノルム空間 V から，ノルム空間 V_1 への線形作用素 T が

$$\mathscr{D}(T)=V,$$

A が V の有界集合ならば，TA は強相対コンパクト．

という仮定を満たすとき，T は**コンパクト作用素**，または**完全連続作用素**であるという．

強相対コンパクト集合は有界であるから，コンパクト作用素 T は有界線形作用素である．強相対コンパクト集合の定義から，コンパクト作用素は，また次のように定義される(問 19.1)．

定義 19.2′. T がコンパクト作用素であるとは，$\mathscr{D}(T)=V$ で，かつ，次の条件が満たされることである：

V の任意の有界要素列 $x_1, x_2, \cdots$ に対して，その適当な部分列 $x_{n(1)}, x_{n(2)}, \cdots$ をとって，$Tx_{n(1)}, Tx_{n(2)}, \cdots$ が V_1 のある要素に強収束するようにできる．

定理 19.1. V, V_1, V_2 をノルム空間とする．

(i) T, S が $V \to V_1$ なるコンパクト作用素ならば，任意のスカラー α, β に対して，$\alpha T+\beta S$ は，またコンパクト作用素である．

(ii) $T: V \to V_1$, $S: V_1 \to V_2$ なる 2 つの有界線形作用素 T, S のうちのいずれか一方がコンパクト作用素ならば，ST もコンパクト作用素である．

証明. (i) V の任意の有界な要素列 $x_1, x_2, \cdots$ に対して，$Tx_{n(1,1)}, Tx_{n(1,2)}, \cdots$ が強収束であるように，部分列 $x_{n(1,1)}, x_{n(1,2)}, \cdots$ がとれる．さらに，この部分列 $x_{n(2,1)}, x_{n(2,2)}, x_{n(2,3)}, \cdots$ をとって，$Sx_{n(2,1)}, Sx_{n(2,2)}, \cdots$ が強収束であるようにできる．このとき，$(\alpha T+\beta S)x_{n(2,k)}$ $(k=1, 2, \cdots)$ は強収束となる．故に，$\alpha T+\beta S$ はコンパクト作用素である．

(ii) T がコンパクト作用素であるとき，有界な要素列 $x_1, x_2, \cdots$ に対して，$Tx_{n(1)}, Tx_{n(2)}, \cdots$ が強収束となるように，部分列 $x_{n(1)}, x_{n(2)}, \cdots$ がとり出せる．このとき，S が有界線形作用素であるから，$STx_{n(1)}, STx_{n(2)}, \cdots$ は強収束する．故に，ST はコンパクト作用素である．

S がコンパクト作用素のときは，有界な要素列 $x_1, x_2, \cdots$ に対して，Tx_1, $Tx_2, \cdots$ は，また，有界な要素列となるから，適当な部分列をとって，$STx_{n(1)}$,

$STx_{n(2)},\cdots$ が強収束であるようにできる．故に，やはり ST はコンパクト作用素である．　　(証明終)

定理 19.2. H, H_1 をヒルベルト空間とする．H から H_1 への有界線形作用素 T がコンパクト作用素であるための必要十分条件は，要素列 $x_1, x_2, \cdots$ がある要素 x_0 に弱収束しているとき，つねに $\lim_{n\to\infty} Tx_n = Tx_0$ となることである．

証明. [⇒] $x_1, x_2, \cdots$ が弱収束ならば，定理 11.1 によって有界．したがって，$\{Tx_1, Tx_2, \cdots\}$ は強相対コンパクトである．故に，$Tx_1, Tx_2, \cdots$ の任意の部分列 $Tx_{n(1)}, Tx_{n(2)}, \cdots$ から，強収束する部分列 $Tx_{n(k(1))}, Tx_{n(k(2))}, \cdots$ をとり出すことができる．任意の $y\in\mathrm{H}_1$ に対して，(18.2) から，

$$(\lim_{j\to\infty} Tx_{n(k(j))}, y) = \lim_{j\to\infty} (Tx_{n(k(j))}, y) = \lim_{j\to\infty} (x_{n(k(j))}, T^*y)$$

$$= (\text{w-}\lim_{n\to\infty} x_n, T^*y) = (x_0, T^*y) = (Tx_0, y)$$

となるから，$\lim_{j\to\infty} Tx_{n(k(j))} = Tx_0$．この右辺は，部分列のとり方によらない H_1 の一定の要素であるから，$Tx_1, Tx_2, \cdots$ がこの要素に強収束することになる(補題 2.1)．

[⇐] H から，有界な要素列 $x_1, x_2, \cdots$ を任意にとるとき，定理 11.4 によって，これから，ある $x_0\in\mathrm{H}$ に弱収束する部分列 $x_{n(1)}, x_{n(2)}, \cdots$ をとり出すことができる．そうすれば，仮定によって $Tx_{n(1)}, Tx_{n(2)}, \cdots$ は Tx_0 に強収束する．故に T はコンパクト作用素である．　　(証明終)

定理 19.3. H, H_1 をヒルベルト空間とする．$T_1, T_2, \cdots$ がすべてコンパクト作用素であり，かつ，ある有界線形作用素 T があって，$\lim_{n\to\infty} \|T_n - T\| = 0$ となっているならば，T はコンパクト作用素である．

証明. H の任意の有界な要素列 $x_1, x_2, \cdots$ に対して，T_1 はコンパクト作用素であるから，適当な部分列 $x_{11}, x_{12}, \cdots$ をとり出して，$T_1x_{11}, T_1x_{12}, \cdots$ が強収束であるようにできる．次に T_2 がコンパクト作用素であることから，$x_{11}, x_{12}, \cdots$ の部分列 $x_{21}, x_{22}, \cdots$ を，$T_2x_{21}, T_2x_{22}, \cdots$ が強収束であるようにとることができる．これを続けて，各 $n=1, 2, \cdots$ に対し，$x_{n1}, x_{n2}, \cdots$ は，$x_{n-1,1}, x_{n-1,2}, \cdots$ の部分列で，かつ，$T_nx_{n1}, T_nx_{n2}, \cdots$ が強収束であるようにとることができる．そこで要素列 $x_{11}, x_{22}, \cdots$ を考えれば，任意の n に対して T_nx_{11},

$T_nx_{22},\cdots$ は強収束である(対角線論法). このとき $Tx_{11}, Tx_{22},\cdots$ が強収束であることを示そう. 任意に $\varepsilon>0$ を与える. $x_1, x_2,\cdots$ は有界な要素列であるから, $\gamma=\sup\{\|x_n\|\,;\,n=1,2,\cdots\}<\infty$. そして $\lim_{n\to\infty}\|T_n-T\|=0$ であるから, 適当に n をとれば, $\|T_n-T\|<\varepsilon/3\gamma$ となる. $T_nx_{11}, T_nx_{22},\cdots$ は強収束であるから, 基本列をなす. したがって, 適当な番号 k をとれば, $m, l\geqq k$ のとき, $\|T_nx_{mm}-T_nx_{ll}\|<\varepsilon/3$. 故に, $m, l\geqq k$ ならば,

$$\begin{aligned}\|Tx_{mm}-Tx_{ll}\|&\leqq\|-(T_n-T)x_{mm}+(T_n-T)x_{ll}+T_nx_{mm}-T_nx_{ll}\|\\&\leqq\|T_n-T\|\|x_{mm}\|+\|T_n-T\|\|x_{ll}\|+\|T_nx_{mm}-T_nx_{ll}\|\\&\leqq(\varepsilon/3\gamma)\gamma+(\varepsilon/3\gamma)\gamma+\varepsilon/3=\varepsilon.\end{aligned}$$

これは $Tx_{11}, Tx_{22},\cdots$ が基本列をなすことを示している. H_1 はヒルベルト空間であるから, この要素列は強収束. 故に, T について定義 19.2′ の条件が満たされることが知られた.　(証明終)

定義 19.3. ノルム空間 V から, ノルム空間 V_1 への有界線形作用素 T は, TV が V_1 の有限次元の部分空間であるとき, **有限階の作用素**であるという.

有限階の作用素は, 勿論コンパクト作用素である(問 19.2).

定理 19.4. H, H_1 をヒルベルト空間とする. H から H_1 への有界線形作用素 T がコンパクト作用素であるための必要十分条件は, T が有限階の作用素で一様に近似されることである. すなわち, 有限階の作用素 $T_1, T_2,\cdots$ が存在して, $\lim_{n\to\infty}\|T_n-T\|=0$.

証明. [⇒] この部分の証明は直接にもできるのであるが(問題 3.22), 後に別の見方で証明を与えることにする(系 19.4).

[⇐]　$T_1, T_2,\cdots$ が有限階の作用素ならば, これらはコンパクト作用素であるから, $\lim_{n\to\infty}\|T_n-T\|=0$ ならば, 定理 19.3 によって, T はコンパクト作用素であることになる.　(証明終)

定理 19.5. H, H_1 をヒルベルト空間とする. H から H_1 への有界線形作用素 T がコンパクト作用素であるための必要十分条件は, T^* が H_1 から H へのコンパクト作用素であることである.

証明. $(T^*)^*=T$ ((18.7)) であるから, T がコンパクトならば, T^* もコンパクトであることを示せばよい. そのために定理 19.2 を用いて議論する.

いま，$y_1, y_2, \cdots$ を H_1 の弱収束する列とする．ここで，$\text{w-}\lim_{n\to\infty} y_n=0$ としておいてよい．(もしそうでなかったら，$y_0=\text{w-}\lim_{n\to\infty} y_n$ として，y_n-y_0 をとって議論すればよいからである．) このとき，$T^*y_1, T^*y_2, \cdots$ が 0 に強収束することをいいたいのであるが，いま仮に，そうでなかったとすれば，適当な部分列でおきかえることによって，$\inf\{\|T^*y_n\|\,;\,n=1,2,\cdots\}=\delta>0$ であると仮定しておいてもよい．そこで，$x_n\in H$ を，$\|x_n\|=1$，$(x_n, T^*y_n)=\|T^*y_n\|$ であるようにとれば，$x_1, x_2, \cdots$ は有界な要素列であるから，T がコンパクト作用素であるという仮定によって，$Tx_1, Tx_2, \cdots$ から強収束する部分列 $Tx_{n(1)}$, $Tx_{n(2)}, \cdots$ がとり出せる．$\lim_{k\to\infty} Tx_{n(k)}=z$ とおく．そうすれば，

$$\varlimsup_{k\to\infty}\|T^*y_{n(k)}\|=\varlimsup_{k\to\infty}(x_{n(k)}, T^*y_{n(k)})=\lim_{k\to\infty}(Tx_{n(k)}, y_{n(k)})=0 \quad (\text{系 } 11.6).$$

ところで，仮定により，左辺は $\geqq\delta$ であるから矛盾である．故に，$\lim_{n\to\infty} T^*y_n=0$ となり，T^* がコンパクト作用素であることが示された．　(証明終)

定理 19.6. H, H_1 はヒルベルト空間とする．H から H_1 への有界線形作用素 T に対して，その極形式分解を，$T=VA$ とすれば，

$$T \text{ がコンパクト作用素} \rightleftarrows A \text{ がコンパクト作用素}.$$

証明. V は $\overline{\mathcal{R}(A)}$ から H_1 への等距離作用素であったが，いま，$P=\text{proj}(\overline{\mathcal{R}(A)})$, $U=VP$ とすれば，U は H から H_1 への有界線形作用素で，$T=UA$ となる．また，$U^*U=P$ である．(実際，$x, x'\in\mathcal{R}(P)$ とするとき，$(U^*Ux, x')=(Ux, Ux')=(Vx, Vx')=(x, x')$ となるからである．) したがって，$A=PA=U^*UA=U^*T$．したがって，定理 19.1 (ii) によって定理が得られる．　(証明終)

さて，コンパクト作用素のスペクトルは，0 以外には，点スペクトルのみであることが示されるのであるが([演 §19. 例題])，ここでは，一般的な定理としては，次の 2 つの定理をのべておくに止める．

定理 19.7. H をヒルベルト空間とし，T を H のコンパクト作用素とする．λ を T の1つの点スペクトル(固有値)で $\lambda\neq 0$ とすれば，対応する固有空間は有限次元である．さらに

$$N=\{x;\ \text{ある自然数 } n \text{ が存在して，} (\lambda I-T)^n x=0\}$$

も，H の有限次元の部分空間である．

証明． $N_1=\mathfrak{N}(\lambda I-T)=\{x;(\lambda I-T)x=0\}$ とする．もしも，N_1 が有限次元でないならば，N_1 は正規直交系 $x_1, x_2, \cdots$ を含む(シュミットの直交化(定理4.2))．$x_1, x_2, \cdots$ は 0 に弱収束する(系 11.3)から，$Tx_1, Tx_2, \cdots$ は 0 に強収束する(定理 19.2)．しかるに，各 $x_n\in\mathfrak{N}(\lambda I-T)$，したがって $\lambda x_n=Tx_n$ であるから，$\lambda\neq 0$ より，$x_1, x_2, \cdots$ が 0 に強収束することとなるが，$\|x_1\|=\|x_2\|=\cdots=1$ であるから，これは矛盾である．故に，N は有限次元でなければならない．

次に，$N_n=\{x;(\lambda I-T)^n x=0\}\ (n=1,2,\cdots)$ とすれば，$\bigcup_{n=1}^{\infty}N_n=N$．もしも，或番号から先 $N_n=N_{n+1}=\cdots$ とならなければ，$N_1\subsetneqq N_2\subsetneqq\cdots$ である．したがって，$n=2,3,\cdots$ に対して，$x_n\in N_n$，$\|x_n\|=1$，$x_n\perp N_{n-1}$ であるような要素 x_n が存在する．いま $1\leqq m<n$ として，

$$z=x_m+(1/\lambda)(\lambda I-T)(x_n-x_m)$$

とおくと，

$$(\lambda I-T)^{n-1}z=(\lambda I-T)^{n-1}x_m+(1/\lambda)(\lambda I-T)^n x_n-(1/\lambda)(\lambda I-T)^n x_m=0,$$

$$Tx_n-Tx_m=\lambda(x_n-x_m)-\lambda(z-x_m)=\lambda(x_n-z)$$

となる．第1の関係から，$z\in N_{n-1}$．したがって，$x_n\perp z$．したがって，

$$\|Tx_n-Tx_m\|^2=|\lambda|^2\|x_n-z\|^2=|\lambda|^2(\|x_n\|^2+\|z\|^2)\geqq|\lambda|^2.$$

故に，$Tx_1, Tx_2, \cdots$ のいかなる部分列をとっても強収束させることはできない．これは矛盾であるから，適当な番号 n に対して，$N_n=N$ である．

さて，$N_n=\mathfrak{N}((\lambda I-T)^n)$ であるが，$(\lambda I-T)^n$ は，

$$(\lambda I-T)^n=\lambda^n I-n\lambda^{n-1}T+\cdots+(-1)^n T^n=\lambda^n I-TS$$

という形である．ここで，S はある有界線形作用素であるが，したがって TS はコンパクト作用素(定理 19.1 (ii))．故に，この証明の最初の部分で述べたように，$N_n=\mathfrak{N}(\lambda^n I-TS)$ は有限次元でなければならない． (証明終)

定理 19.8. H をヒルベルト空間とし，T を H のコンパクト作用素とすれば，T の点スペクトル $\sigma_P(T)$ は 0 以外に集積点をもたない．

証明． いま仮に $\sigma_P(T)$ は 0 でない集積点 λ_0 を有したとし，$\lambda_1, \lambda_2, \cdots\in\sigma_P(T)$，$\lim_{n\to\infty}\lambda_n=\lambda_0$，$\lambda_n\neq\lambda_m\ (n\neq m,\ n, m=0,1,2,\cdots)$ とする．各 λ_n に対

応する固有ベクトルの1つを x_n とすれば，$x_1, x_2, \cdots$ は一次独立である．（実際，$T^k x_n = \lambda_n{}^k x_n (k=1,2,\cdots)$ であるから，もしも，$\alpha_1 x_1 + \alpha_2 x_2 + \cdots + \alpha_m x_m = 0$ とすれば，これに，T^k をほどこすことにより，

$$(19.1)\qquad \alpha_1 \lambda_1{}^k x_1 + \alpha_2 \lambda_2{}^k x_2 + \cdots + \alpha_m \lambda_m{}^k x_m = 0 \qquad (k=0,1,2,\cdots,m-1)$$

となる．しかるに，ヴァンデルモンドの行列式

$$\varDelta = \begin{vmatrix} 1 & 1 & \cdots & 1 \\ \lambda_1 & \lambda_2 & \cdots & \lambda_m \\ \vdots & \vdots & \ddots & \\ \lambda_1{}^{m-1} & \lambda_2{}^{m-1} & \cdots & \lambda_m{}^{m-1} \end{vmatrix} = \prod_{i>j} (\lambda_i - \lambda_j) \neq 0$$

であるから，　この行列式の第1列に関する余因子　$\varDelta_{k1}$　$(k=1,2,\cdots,m)$　を (19.1) に乗じて加えれば，$\alpha_1 \varDelta x_1 = 0$ が得られ，$\alpha_1 = 0$．同様にして，$\alpha_1 = \alpha_2 = \cdots = \alpha_m = 0$ でなければならないこととなるからである．）この $x_1, x_2, \cdots$ から，シュミットの直交化(定理 4.3)によって得られる正規直交系を，$y_1, y_2, \cdots$ とする．

さて，$y_n = \alpha_{n1} x_1 + \cdots + \alpha_{nn} x_n$ とすれば，

$$T y_n = \alpha_{n1} \lambda_1 x_1 + \cdots + \alpha_{nn} \lambda_n x_n = \lambda_n y_n + z_n$$

で，

$$\begin{aligned} z_n &= \alpha_{n1}(\lambda_1 - \lambda_n) x_1 + \cdots + \alpha_{nn-1}(\lambda_{n-1} - \lambda_n) x_{n-1} \in \mathcal{V}\{x_1, \cdots, x_{n-1}\} \\ &= \mathcal{V}\{y_1, \cdots, y_{n-1}\} \end{aligned}$$

であるから，$y_n \perp z_n$．したがって（系 4.1），

$$\|T y_n\|^2 = |\lambda_n|^2 + \|z_n\|^2 \geqq |\lambda_n|^2 \qquad (n=1,2,\cdots)$$

である．故に，

$$(19.2)\qquad \varliminf_{n\to\infty} \|T y_n\|^2 \geqq \lim_{n\to\infty} |\lambda_n|^2 = |\lambda_0|^2.$$

ところが，$y_1, y_2, \cdots$ は正規直交系であるから，0 に弱収束する(系 11.3)．そして，T がコンパクト作用素であることから，$\lim_{n\to\infty} T y_n = 0$ でなければならない(定理 19.2)．$\lambda_0 \neq 0$ と仮定しているから，このことは (19.2) と矛盾する．故に，$\sigma_{\mathrm{P}}(T)$ は 0 以外の集積点をもつことはできない．　（証明終）

例 19.1. $\mathrm{V} = C(0,1)$ とする．V における強相対コンパクト集合 A は次の形で得られる．

'A は一様有界，かつ同程度連続な函数族である'（**アスコリ・アルツェラの定理**）

ここに，**一様有界**とは，適当な正数 γ が存在して，すべての $x\in \mathrm{A}$ に対して，$|x(t)|\leqq\gamma$ $(0\leqq t\leqq 1)$ であること．また，**同程度連続**とは，任意の $\varepsilon>0$ に対して，適当に $\delta>0$ を定めて，$t, t'\in[0,1]$，$|t-t'|<\delta$ ならば，どの $x\in \mathrm{A}$ をとっても $|x(t)-x(t')|<\varepsilon$ であるようにできることを意味する[1]．

そこで，いま，$K(t,s)$ $(0\leqq t,s\leqq 1)$ を，2変数 t, s の連続函数として，積分作用素

$$y=Kx, \qquad y(t)=\int_0^1 K(t,s)x(s)ds$$

を考えると，K は $C(0,1)$ のコンパクト作用素である．

実際，$K(t,s)$ は有界であるから，$|K(t,s)|\leqq\gamma$ $(0\leqq t,s\leqq 1)$ とする．また $K(t,s)$ は一様連続であるから，任意の $\varepsilon>0$ に対して，$\delta>0$ を，$|t-t'|<\delta$, $|s-s'|<\delta$ ならば，$|K(t,s)-K(t',s')|<\varepsilon$ であるようにとることができる．

いま，$\mathrm{A}=\mathrm{U}(0;1)$ を考えると，$x\in\mathrm{A}$ ならば $|x(t)|\leqq 1$ $(0\leqq t\leqq 1)$ であるから，

$$|Kx(t)|\leqq\int_0^1 |K(t,s)||x(s)|ds\leqq\gamma,$$

$$|t-t'|<\delta \text{ ならば，} |Kx(t)-Kx(t')|\leqq\int_0^1 |K(t,s)-K(t',s)||x(s)|ds<\varepsilon.$$

となり，$K\mathrm{A}$ は，上に述べたアスコリ・アルツェラの定理によって $C(0,1)$ の強相対コンパクト集合であることがわかる．故に，K はコンパクト作用素である．

例 19.2. 例19.1と同じ積分作用素を $L^2(0,1)$ の作用素として考えてみよう．

$$\|y\|^2=\int_0^1 |y(t)|^2dt=\int_0^1 dt\left|\int_0^1 K(t,s)x(s)ds\right|^2$$

$$\leqq\int_0^1 dt\left(\int_0^1 |K(t,s)|^2ds\right)\left(\int_0^1 |x(s)|^2ds\right)$$

（コーシー・シュワルツの不等式）

$$\leqq\gamma^2\|x\|^2$$

---

1)　証明は，たとえば「トポロジー」pp. 91—93.

であるから，K はやはり有界線形作用素である．そして，$\|K\| \leqq \gamma$.

この K が，$L^2(0,1)$ においてもコンパクト作用素であることを証明しよう．いま $x_1, x_2, \cdots$ を $L^2(0,1)$ の有界な要素列とする：　$\|x_n\| = \left(\int_0^1 |x_n(t)|^2 dt\right)^{1/2} \leqq \rho$　$(n=1,2,\cdots)$．　$K(t,s)$ が一様連続であることから，任意の $\varepsilon>0$ に対して，適当な $\delta>0$ をとれば，

$$|t-t'|<\delta \quad \text{ならば} \quad |K(t,s)-K(t',s)|<\varepsilon \qquad (0\leqq s\leqq 1)$$

ならしめ得る．このことと，コーシー・シュワルツの不等式によって，$Kx_1, Kx_2, \cdots$ は，一様有界かつ同程度連続であることがわかる：

$$|Kx_n(t)|^2 = \left|\int_0^1 K(t,s)x_n(s)\,ds\right|^2 \leqq \left(\int_0^1 |K(t,s)|^2 ds\right)\left(\int_0^1 |x_n(s)|^2 ds\right)$$
$$\leqq \gamma^2 \|x_n\|^2 \leqq \gamma^2 \rho^2,$$
$$|Kx_n(t)-Kx_n(t')|^2 = \left|\int_0^1 (K(t,s)-K(t',s))x_n(s)\,ds\right|^2$$
$$\leqq \left(\int_0^1 |K(t,s)-K(t',s)|^2 ds\right)\left(\int_0^1 |x_n(s)|^2 ds\right)$$
$$\leqq \varepsilon^2 \|x_n\|^2 \leqq \varepsilon^2 \rho^2.$$

したがって，アスコリ・アルツェラの定理によって，$Kx_1, Kx_2, \cdots$ の適当な部分列 $Kx_{n(1)}, Kx_{n(2)}, \cdots$ をとれば，$[0,1]$ 上，ある連続函数 $y_0(t)$ に一様収束するようにできる．このとき，

$$\|Kx_{n(k)}-y_0\|^2 = \int_0^1 |Kx_{n(k)}(t)-y_0(t)|^2 dt$$
$$\leqq (\max\{|Kx_{n(k)}(t)-y_0(t)|\,;\,0\leqq t\leqq 1\})^2 \to 0 \qquad (k\to\infty)$$

である．すなわち L^2 において，$\lim_{k\to\infty} Kx_{n(k)} = y_0$．故に，$K$ はコンパクト作用素である．

ここでは，$K(t,s)$ は，2変数 t,s について連続と仮定したが，上で示したことから知られるように，作用素 K のノルムは，$\|K\| \leqq \left(\int_0^1\int_0^1 |K(t,s)|^2 dtds\right)^{1/2}$ となるから，$K(t,s)$ が2変数 t,s の可測函数で，$\int_0^1\int_0^1 |K(t,s)|^2 dtds < \infty$ のときにも，$x(t) \to y(t) = \int_0^1 K(t,s)x(s)\,ds$ によって有界線形作用素 K が定義されて，これがやはりコンパクト作用素であることが証明できる．この作用素

を，**ヒルベルト・シュミット型の積分作用素**という．　(問題 3.28)

コンパクトなエルミット作用素のスペクトル理論　ヒルベルト空間 H における コンパクト・エルミット作用素については，有限次元の空間におけるエルミット行列と同様に，スペクトル理論が非常に簡単になる．

定理 19.9. A をコンパクト・エルミット作用素とすれば，M_A および m_A (定理 13.1)は，0 でなければ A の固有値である．

証明. いま，$M_A \neq 0$ として，$x_1, x_2, \cdots \in \mathrm{H}$, $\|x_n\|=1$ $(n=1,2,\cdots)$, $\lim_{n\to\infty}(Ax_n, x_n)=M_A$ とする．$x_1, x_2, \cdots$ は有界な要素列であるから，これから弱収束する部分列がとり出せる(定理 11.4)．はじめからこの部分列について議論することにすれば，$x_1, x_2, \cdots$ が，H のある要素 x_0 に弱収束しているものとしておいてよい．A はコンパクト作用素であるから，このとき $Ax_1, Ax_2, \cdots$ は Ax_0 に強収束する(定理 19.2)．故に，$(Ax_0, x_0)=\lim_{n\to\infty}(Ax_n, x_n)$ (系 11.6) $=M_A$. 一方，$x_0=\text{w-}\lim_{n\to\infty} x_n$ であるから，$\|x_0\| \leqq \underline{\lim}_{n\to\infty}\|x_n\|$ (定理 11.1) $=1$. 故に，まず $M_A \neq 0$ より $x_0 \neq 0$. そして，$M_A/\|x_0\|^2=(A(1/\|x_0\|)x_0, (1/\|x_0\|)x_0) \leqq M_A$ (M_A の定義から) より，$\|x_0\|^2 \geqq 1$. したがって，$\|x_0\|=1$ である．故に，$((M_A I-A)x_0, x_0)=M_A\|x_0\|^2-(Ax_0, x_0)=0$. $M_A I-A \geqq 0$ である(定理 14.2)から，$(M_A I-A)x_0=0$ でなければならない(系 14.2)．故に，$Ax_0=M_A x_0$. すなわち M_A は A の 1 つの固有値である．同様に m_A が A の固有値であることも示される．　(証明終)

A の固有値はすべて実数である (定理 13.1)．そして，固有値の全体(点スペクトル) $\sigma_{\mathrm{P}}(A)$ は，0 以外に集積点をもたない(定理 19.8) から，高々可算集合で，その 0 でない要素を絶対値の大きいものから順にならべて，

$$\lambda_1, \lambda_2, \cdots \qquad (|\lambda_1| \geqq |\lambda_2| \geqq \cdots)$$

とすれば(有限個しかないときもある)，

$$\lim_{n\to\infty} \lambda_n = 0.$$

さて，$n \neq m$ ならば，λ_n に対応する固有空間 $\mathrm{P}(\lambda_n)$ と λ_m に対応する固有空間 $\mathrm{P}(\lambda_m)$ は直交する(定理 13.1)．そして，各 $\mathrm{P}(\lambda_n)=\mathcal{N}(\lambda_n I-A)$ は有限次元部分空間である．いま，$P(\lambda_n)=\mathbf{proj}(\mathrm{P}(\lambda_n))$ とすれば，

(19.3) $$A=\sum_{n=1}^{\infty}\lambda_n P(\lambda_n) \qquad \text{(右辺は一様収束する)}$$

である．

それを示すために，まず，右辺の級数が一様収束することを示そう．$n\neq m$ ならば $\mathrm{P}(\lambda_n)\perp\mathrm{P}(\lambda_m)$．したがって $P(\lambda_n)P(\lambda_m)=O$ となり，$\sum_{n=l}^{m}P(\lambda_n)$ は射影作用素である(定理 10.3 (iii))．また，$n\neq m$ ならば，$P(\lambda_n)x\perp P(\lambda_m)x$ であるから，系 4.1 を用いて，

$$\left\|\sum_{n=l}^{m}\lambda_n P(\lambda_n)x\right\|^2=\sum_{n=l}^{m}|\lambda_n|^2\|P(\lambda_n)x\|^2\leqq|\lambda_l|^2\sum_{n=l}^{m}\|P(\lambda_n)x\|^2$$
$$=|\lambda_l|^2\left\|\sum_{n=l}^{m}P(\lambda_n)x\right\|^2\leqq|\lambda_l|^2\|x\|^2.$$

故に，$\left\|\sum_{n=l}^{m}\lambda_n P(\lambda_n)\right\|\leqq|\lambda_l|$．そして，$\lim_{n\to\infty}|\lambda_n|=0$ であるから，$\sum_{n=1}^{\infty}\lambda_n P(\lambda_n)$ が一様収束であることが知られた(系 12.3)．

いま，$A'=\sum_{n=1}^{\infty}\lambda_n P(\lambda_n)$ とする．$x\in\mathrm{P}(\lambda_k)$ ならば，$n\neq k$ のとき，$P(\lambda_n)x=0$ であるから，

$$A'x=\sum_{n=1}^{\infty}\lambda_n P(\lambda_n)x=\lambda_k P(\lambda_k)x=\lambda_k x=Ax.$$

故に，A, A' が共に有界線形作用素であることから，$x\in\mathrm{K}=\overline{\mathcal{C}\mathcal{V}}(\bigvee\{\mathrm{P}(\lambda_n);n=1,2,\cdots\})$ に対して，$Ax=A'x$ である．

次に，$x\in\mathrm{K}^{\perp}$ ならば，$P(\lambda_n)x=0$ $(n=1,2,\cdots)$ であるから $A'x=0$．しかるにこのとき，Ax も $=0$ でなければならない．実際，まず $A\mathrm{P}(\lambda_n)\subset\mathrm{P}(\lambda_n)\subset\mathrm{K}$ $(n=1,2,\cdots)$ であるから，$A\mathrm{K}\subset\mathrm{K}$．したがって，$P=\mathbf{proj}(\mathrm{K})$ とすれば，$AP=PAP$ である．故に，$PA=P^*A^*=(AP)^*=(PAP)^*=P^*A^*P^*=PAP=AP$．したがって，$Q=I-P=\mathbf{proj}(\mathrm{K}^{\perp})$ とすれば，$QA=AQ$．故に，AQ はエルミット作用素(系 9.2)．また AQ はコンパクト作用素である(定理 19.1)．もしも，$AQ\neq O$ ならば，$M_{AQ}\neq 0$ または，$m_{AQ}\neq 0$．仮に $M_{AQ}\neq 0$ ならば，$\lambda=M_{AQ}$ は AQ の固有値であるが，これはまた A の固有値でもある．(実際，$AQx=\lambda x$, $x\neq 0$ とすれば，まず $Qx\neq 0$．そして，$AQx=\lambda x$ の両辺に Q をほどこせば，$\lambda Qx=QAQx=AQQx=AQx$ であるから，Qx は A の固有値 λ に対応する固有ベクトルとなる.) しかるに，A の 0 でない固有値をすべて書き上げて

$\lambda_1, \lambda_2, \cdots$ としたのであったから，ある n に対して $\lambda=\lambda_n$ となっていなければならない．このとき，$Qx \in \mathrm{P}(\lambda_n)$．ところでそうすれば，$Qx=P(\lambda_n)Qx=0$．($Q=I-P$, $P(\lambda_n)\leqq P$ であるから.) これは上に述べた $Qx \neq 0$ と矛盾する．故に，$AQ=O$．すなわち，$x\in \mathrm{K}^{\perp}$ ならば，$Ax=AQx=0$．

このようにして，$\mathrm{K}^{\perp}$ においても $A=A'$ が示されたから，H 全体で $A=A'$ である．

以上の結果を次の定理にまとめておく．

定理 19.10. A をコンパクト・エルミット作用素とする．A の点スペクトルは，0 以外には，有限個であるか，もしくは，0 に収束する可算個の実数 $\lambda_1, \lambda_2, \cdots$ より成る．(0 は点スペクトルに属することもあり，そうでないこともある．点スペクトルに属さないときは連続スペクトルに属する.) 各 λ_n に対応する固有空間 $\mathrm{P}(\lambda_n)$ は有限次元であり，かつ 2 つずつ互いに直交する．$P(\lambda_n)=\mathbf{proj}(\mathrm{P}(\lambda_n))$ とすれば，$\sum_{n=1}^{\infty}\lambda_n P(\lambda_n)$ は一様収束する級数で，

$$A=\sum_{n=1}^{\infty}\lambda_n P(\lambda_n). \tag{19.3}$$

この定理によって，コンパクト・エルミット作用素では，複素ユークリッド空間の場合に (13.1) で示された形のスペクトル分解――行列の対角化――と同様の結果が成立つことになる．

系 19.4. H, H_1 をヒルベルト空間とする．H から H_1 へのコンパクト作用素 T は，有限階の作用素で一様に近似される(定理 19.4)．

証明. $T=VA$ を T の極形式分解とすれば，A はコンパクトな正のエルミット作用素である(定理 19.6)．T はそれ自身有限階でないものとすれば，A も有限階ではない．(A が有限階ならば，$A\mathrm{H}$ は有限次元．したがって，$T\mathrm{H}=VA\mathrm{H}$ も有限次元．すなわち，T 自身有限階であることとなる.) このとき，A の 0 でない固有値が有限個 $\lambda_1, \lambda_2, \cdots, \lambda_n$ しか存在しなかったとすれば，$A=\lambda_1 P(\lambda_1)+\cdots+\lambda_n P(\lambda_n)$ となって，各 $P(\lambda_k)$ の値域は有限次元であるから，A 自身の値域も有限次元となり，A は有限階ということになって仮定に反する．故に，A の 0 でない固有値は無限に存在する．それらを $\lambda_1, \lambda_2, \cdots$ ($\lambda_1>\lambda_2>\cdots$, $\lambda_n\to 0$) とすれば，$n=1, 2, \cdots$ について，

$$A_n=\lambda_1P(\lambda_1)+\cdots+\lambda_nP(\lambda_n)=A(P(\lambda_1)+\cdots+P(\lambda_n)),$$
$$T_n=VA_n$$

とするとき，$\|A-A_n\|\leqq\lambda_{n+1}$ ((19.3) の証明の中で示した)．そして，V は A の値域の上では等距離的であるから，

$$\lim_{n\to\infty}\|T-T_n\|=\lim_{n\to\infty}\|A-A_n\|=0.$$

上に述べたように，A_n，したがって T_n の値域はすべて有限次元であるから，T_n は有限階の作用素である．よって系は証明された． (証明終)

定義 19.4. H, H_1 をヒルベルト空間とする．H から H_1 へのコンパクト作用素 T に対して，$T=VA$ をその極形式分解とし，$\lambda_1, \lambda_2, \cdots$ を H のコンパクト・エルミット作用素 A の 0 でない固有値の全体とし，各 $\mathrm{P}(\lambda_n)$ の次元を μ_n とする．(μ_n を固有値 λ_n の**重複度**という．)

$\sum_{n=1}^{\infty}\mu_n\lambda_n<\infty$ ならば，T は**トレイス・クラスの作用素**，または**核型作用素**という．

$\sum_{n=1}^{\infty}\mu_n\lambda_n{}^2<\infty$ ならば，T は**ヒルベルト・シュミット型の作用素**という．

この定義は，ある見方では当然であるが，またたいへん人工的でもある．例 19.2 で述べたヒルベルト・シュミット型の積分作用素が，上の意味のヒルベルト・シュミット型の作用素であることがこの名のおこりである．(このことについては問題 3.28 参照．以下も同様)．また一般にヒルベルト空間 H の正のエルミット作用素 A に対して，H の任意の完全正規直交系[1] $\{\phi_1, \phi_2, \cdots\}$ に関して，$\sum_{n=1}^{\infty}(A\phi_n, \phi_n)$ がつねに収束するとき (このとき，この値は $\{\phi_1, \phi_2, \cdots\}$ のとり方によらない)，A はトレイスが有限であるというが，結局有限なトレイスが存在する作用素というような意味でトレイス・クラスの作用素というのである．

核型作用素は，**核型空間**と重要なつながりを持っているが，ここで説明は困難である．核型作用素は，一般にヒルベルト・シュミット型の作用素 2 つの積として表わされること．また，核型作用素 T は，H の正規直交系 $\phi_1, \phi_2, \cdots$

1) ここでは，H を可分として，話をすすめる．可分でないときにも，話の筋が本質的に変わるわけではない．

と，H_1 の正規直交系 $\psi_1, \psi_2, \cdots$ によって，

$$Tx=\sum_{n=1}^{\infty}\lambda_n(x, \phi_n)\psi_n \qquad (x\in \mathrm{H})$$

と表現できることを述べておく．

問 1. 定義 19.2 と定義 19.2′ は同値であることを示せ．　[練 3-A.27]

問 2. ヒルベルト空間 H からヒルベルト空間 H_1 への有限階の作用素はコンパクト作用素である．　[練 3-A.28]

問 3. ヒルベルト空間 H のコンパクト作用素の全体は多元環をなす．それは $\boldsymbol{B}(\mathrm{H})$ (p.43) のイデアルである．有限階の作用素の全体も，同じく $\boldsymbol{B}(\mathrm{H})$ のイデアルをなす．　[練 3-A.29]

問 4. H は無限次元のヒルベルト空間，A は H のコンパクト・エルミット作用素とする．そのとき，0 は必ず $\in\sigma(A)$．　[練 3-A.30]

問　題　3

以下特にことわらない限り，ヒルベルト空間 H において考察する．

1. 有界線形作用素 T に対して，

$$\lambda\in\sigma(T) \rightleftarrows \mathcal{N}(T-\lambda I)\neq\{0\} \quad \text{または} \quad \mathcal{R}(T-\lambda I)\neq \mathrm{H}. \qquad \text{[練 3-B.1]}$$

〔ヒント〕 問題2.7を用いる．

2. 有界線形作用素 T, S について，

$$\sigma(TS)-\{0\}=\sigma(ST)-\{0\}. \qquad \text{[練 3-B.3]}$$

注. $\sigma(TS)\ni 0$ であっても，$\sigma(ST)\not\ni 0$ ということはあり得る．

3. 有界線形作用素 T に対して，$\lambda\subset\rho(T)$ ならば，$(T-\lambda I)^{-1}$ は H 上の有界線形作用素である(問題3.1による)．次のことを証明せよ．

(i) $\rho(T)$ は開集合である．

(ii) $M(\lambda)=\|(T-\lambda I)^{-1}\|$ $(\lambda\in\rho(T))$ とすれば，$M(\lambda)$ は λ の連続函数である．　[練 3-B.2]

〔ヒント〕 $(T-\lambda' I)^{-1}=(T-\lambda I)^{-1}(I-(\lambda'-\lambda)(T-\lambda I)^{-1})^{-1}$ から，問 12.6 を利用する．なお $|\lambda-\lambda'|$ が十分小ならば，

$$\frac{M(\lambda)}{1+|\lambda-\lambda'|M(\lambda)}\leqq M(\lambda')\leqq\frac{M(\lambda)}{1-|\lambda-\lambda'|M(\lambda)}.$$

4. 2つのエルミット作用素 $A_1, A_2, \cdots$; $B_1, B_2, \cdots$ が，それぞれ A, B に(一様，強，弱)収束しているとき，もし，$A_n\geqq B_n$ $(n=1,2,\cdots)$ であれば，$A\geqq B$.　[練 3-A.10]

5. (i) 正のエルミット作用素の列 $A_1, A_2, \cdots$ が，O に強収束することと，O に弱収束することとは同値である．

(ii) 有界線形作用素の列 $T_1, T_2, \cdots$ が O に強収束することと，T_n の極形式分解を

$T_n = V_n A_n$ としたときに，$A_1, A_2, \cdots$ が O に強収束(または弱収束)することとは同値である．　[練 3-B. 4]

6. 正のエルミット作用素 A に対し，A^{-1} が，また H の有界線形作用素，したがってエルミット作用素であるための必要十分条件は，$m_A > 0$ なることである．[練 3-A. 13]

7. A は正のエルミット作用素，B はエルミット作用素で，$AB = -BA$（逆可換）であるとする．そうすれば，実は A, B は可換で，したがって $AB = O$．　[練 3-B. 5]

8. A はエルミット作用素とする．$P_1 = \mathrm{proj}(\overline{\mathcal{R}(A^+)})$，$P_2 = \mathrm{proj}(\mathcal{N}(A^-))$ とすれば，$AP_1 = AP_2 = A^+$．そして，P_1 は，$AP = A^+$ をみたす最小の射影作用素，P_2 は，最大の射影作用素である．すなわち，P が射影作用素で，$AP = A^+$ ならば，$P_1 \leqq P \leqq P_2$．

[練 3-B. 10]

9. A はエルミット作用素で，$O \leqq A \leqq I$ であるとき，$A_1 = A - A^2$，$A_2 = A_1 - A_1{}^2, \cdots$，$A_n = A_{n-1} - A_{n-1}^2, \cdots$ とすれば，$A = A_1{}^2 + A_2{}^2 + \cdots$（強）となることを示せ．

これを用いて，$A \geqq O$，$B \geqq O$，$AB = BA$ ならば $AB \geqq O$ であること（(14.13)，系 14.4)の証明をなせ．　[練 3-B. 6]

10. A はエルミット作用素とする．もし，λ の多項式 $p(\lambda)$ が，$[m_A, M_A]$ において，いつでも $\geqq 0$ ならば，$p(A) \geqq O$ であることを示せ．　[練 3-B. 11]

〔ヒント〕 スペクトル分解定理からは容易であるが，(14.13)（したがって系 14.4 または問題 3.9）を用いて直接に証明することができる．このような方法で進めば，エルミット作用素のスペクトル分解定理の別証明が得られる．　([演 §16. 例題])

11. A はエルミット作用素とする．任意の実数 λ，および $\varepsilon > 0$ に対して，

$$\|(A - \lambda I)^n x\| \leqq \varepsilon^n \|x\| \qquad (n = 1, 2, \cdots)$$

をみたす x の全体は，H の閉部分空間をなす．

このことは，スペクトル分解定理からは容易に証明される(問 16.2)が，また直接の証明を考えよ．　[練 3-B. 12]

〔ヒント〕 $\|(A - \lambda I)^n x\| \leqq \varepsilon^n \|x\|$ $(n = 1, 2, \cdots)$ と，$\overline{\lim_{n \to \infty}} (1/\varepsilon^n) \|(A - \lambda I)^n x\| < \infty$ が同値であることを示す．そのためには，$\|(A - \lambda I)^n x\| / \|(A - \lambda I)^{n-1} x\|$ が n と共に単調増加であることに注意する．

12. A はエルミット作用素とする．次のことを証明せよ．

(i) A のスペクトルは，近似点スペクトル(問 13.2)である．すなわち，

$\lambda \in \sigma(A)$ ならば，$\|x_n\| = 1$ $(n = 1, 2, \cdots)$，$\lim_{n \to \infty} \|Ax_n - \lambda x_n\| = 0$

であるような $x_1, x_2, \cdots \in$ H が存在する．

(ii) $m_A, M_A \in \sigma(A)$．

(iii) $\sigma(A)$ は閉集合である．　[練 3-B. 13]

13. A はエルミット作用素とする．A のスペクトル分解を，$A = \int_{m-0}^{M} \lambda dE(\lambda)$，$E(m - 0) = O$，$E(M) = I$ とするとき，

(i) $\lambda \in \sigma(A) \rightleftarrows \lambda$ は $E(\lambda)$ の増加点である．すなわち，任意の $\delta > 0$ に対して，

$$E(\lambda-\delta)\lneqq E(\lambda+\delta).$$

（ii）　$\lambda\in\sigma_{\mathrm{P}}(A)\rightleftarrows E(\lambda)-E(\lambda-0)\neq O$. そして，固有空間 $\mathrm{P}(\lambda)=\mathfrak{R}(E(\lambda)-E(\lambda-0))$.

[練 3-B. 14]

14. H は可分なヒルベルト空間，A はエルミット作用素とする．

（i）　A の相異なる固有値は高々可算個である．

（ii）　A の固有値を $\lambda_1,\lambda_2,\cdots$；対応する固有空間を $\mathrm{P}(\lambda_1),\mathrm{P}(\lambda_2),\cdots$；$\mathrm{P}(\lambda_n)$ 上への射影作用素を $P(\lambda_n)$ とすれば，$\sum_{n=1}^{\infty}\lambda_n P(\lambda_n)$ は強収束である．

（iii）　$B=\sum_{n=1}^{\infty}\lambda_n P(\lambda_n)$ はエルミット作用素で，$A-B$ の点スペクトルは 0 のみより成る．

[練 3-B. 15]

15. A,B はエルミット作用素で，可換，かつ，$A\geqq B$ であるとする．A，B のスペクトル分解を，

$$A=\int_\alpha^\beta \lambda dE(\lambda),\qquad B=\int_\alpha^\beta \lambda dF(\lambda)$$

（$\alpha<m_A, m_B$，$M_A, M_B\leqq\beta$ とし，$E(m_A-0)=F(m_B-0)=O$，$E(M_A)=E(M_B)=I$ とする.）とすれば，

$$E(\lambda)\leqq F(\lambda)\qquad(\alpha\leqq\lambda\leqq\beta).$$

この条件は，$A\geqq B$ であるための十分条件でもある．

[練 3-B. 9]

16. P,Q は射影作用素とするとき，$\text{s-}\lim_{n\to\infty}(PQ)^n$ が存在する．この極限作用素 R は，射影作用素であって，

$$\mathfrak{R}(R)=\mathfrak{R}(P)\frown\mathfrak{R}(Q)$$

[演 §14. 例題]

〔ヒント〕　$PQP=A$ とすれば，$\text{s-}\lim_{n\to\infty}(PQ)^n=(\text{s-}\lim_{n\to\infty}A^n)Q=P(\text{s-}\lim_{n\to\infty}A^n)$.

17. $\{E(\lambda)\,;\,-\infty<\lambda<\infty\}$ はスペクトル族とする．$E(\lambda)$ の増加点，すなわち，任意の $\delta>0$ に対して $E(\lambda_0-\delta)\lneqq E(\lambda_0+\delta)$ であるような λ_0 を，$\{E(\lambda)\}$ のスペクトルという．

（i）　λ_0 が $\{E(\lambda)\}$ のスペクトルに属するとき，適当に $x\in\mathrm{H}$ をとれば，すべての $\delta>0$ について，$\|E(\lambda_0+\delta)x-E(\lambda_0-\delta)x\|>0$ であるようにできる．

（ii）　$E(\lambda_0)\neq E(\lambda_0-0)$ であるような λ_0 を，$\{E(\lambda)\}$ の点スペクトルという．H が可分であれば，$\{E(\lambda)\}$ の点スペクトルは高々可算集合をなす．

[練 3-B. 16]

18. U をユニタリ作用素とするとき，$U_1{}^2=U$ であるようなユニタリ作用素 U_1 が存在する．

U が一般の等距離作用素（H 全体で定義された）であるとき，特に例えば (l^2) における移動作用素であるときはどうか．

[練 3-B. 17]

19. $T^2=I$ であるような有界線形作用素 T の形を定めよ．

[練 3-B. 18]

〔ヒント〕　例えば，$L^2(-1,1)$ で，$(Tx)(t)=e^{-t}x(-t)$ はこのような作用素になっている．一般に $T=UA$ を T の極形式分解とすれば，$A=\int_0^M \lambda dE(\lambda)$ として，$E(0)=O$,

U はユニタリ，$U=U^*$，$UE(\lambda)U=I-E(1/\lambda-0)$ $(0<\lambda<1)$ というような形になる．

20. A_1, A_2 は正規作用素で，B は有界線形作用素，かつ $A_1B=BA_2$ であるとするとき，$A_1{}^*B=BA_2{}^*$．　[演 § 18. 例題]

〔ヒント〕 $A_1=A_2$ のときは，　$=S_1+iS_2$ (S_1, S_2 はエルミット作用素) として，$A_1B=BA_1$ の左右から適当な射影作用素を乗ずることにより，S_1, S_2 が共に B と可換でないと矛盾が生ずる．一般の場合には，$\mathrm{H}\oplus\mathrm{H}$ において，$\hat{A}(x_1, x_2)=(A_1x_1, A_2x_2)$，$\hat{B}(x_1, x_2)=(0, Bx_1)$ なる作用素 $\hat{A}, \hat{B}$ を考えると，上の場合に帰着される．

21. A_1, A_2 は正規作用素で，かつ，T, T^{-1} が共に H の有界線形作用素であるような T によって，$A_1=TA_2T^{-1}$ であるとする．そのとき，適当なユニタリ作用素 U が存在して，$A_1=UA_2U^*$．　[演 § 18. 例題]

〔ヒント〕 T の極形式分解を，$T=US$ (U: ユニタリ，S: 正のエルミット) とするとき，$A_2S=SA_2$．

22. H から H_1 へのコンパクト作用素 T は有限階の作用素で一様に近似される．

[練 3-B. 19]

〔ヒント〕 定理 19.4 であるが，直接の証明を求める．$T\mathrm{U}_{\mathrm{H}}(0;1)$ が相対コンパクトであることから，任意の $\varepsilon>0$ に対して，系 19.3 のような有限集合 B がとれる．$P=\mathrm{proj}(\mathcal{CV}(\mathrm{B}))$ とすれば，PT は有限階で，$\|T-PT\|\leqq\varepsilon$．

23. T は H から H_1 へのコンパクト作用素とする．H_1 の閉部分空間 K_1 が，$\subset\mathcal{R}(T)$ であれば，K_1 は有限次元である．　[練 3-B. 20]

〔ヒント〕 $\mathrm{K}=T^{-1}(\mathrm{K}_1)\frown(\mathcal{N}(T))^\perp$ とすれば，K は H の閉部分空間で，T は K から K_1 の上へのコンパクト作用素，1 対 1．そうすれば，T は有界線形作用素を逆作用素として有する(問題 2.7)．

24. T は正規作用素で，そのある累乗 T^n がコンパクトであるとする．そのとき，T 自身コンパクトである．　[練 3-B. 21]

注． 正規作用素でないと，このことは一般には成立たない．

25. H は可分無限次元として，$\phi_1, \phi_2, \cdots$ を，その 1 つの CONS とする．H上の有界線形作用素 T は，$\sum_{n=1}^{\infty}\|T\phi_n\|^2<\infty$ を満たしているものとするとき，次のことを証明せよ．

(i) T はコンパクト作用素である．

(ii) H の別の CONS $\psi_1, \psi_2, \cdots$ をとったとき，

$$\sum_{n=1}^{\infty}\|T\phi_n\|^2=\sum_{n=1}^{\infty}\|T\psi_n\|^2.$$

(iii) T はヒルベルト・シュミット型の作用素である．

逆に，T がヒルベルト・シュミット型の作用素であるならば，T は H の任意の CONS $\phi_1, \phi_2, \cdots$ について，

$$\sum_{n=1}^{\infty}\|T\phi_n\|^2<\infty$$

を満たしている．　[練 3-B. 28]

26. H は可分無限次元として，$\phi_1, \phi_2, \cdots$ をその1つの CONS とする．H 上の正のエルミット作用素 A は，$\sum_{n=1}^{\infty}(A\phi_n, \phi_n)<\infty$ を満たしているものとするとき，次のことを証明せよ．

(i)　A はコンパクト作用素である．

(ii)　H の別の CONS $\psi_1, \psi_2, \cdots$ をとったとき，

$$\sum_{n=1}^{\infty}(A\phi_n, \phi_n)=\sum_{n=1}^{\infty}(A\psi_n, \psi_n).$$

(iii)　A は核型作用素である．

(iv)　A は，ヒルベルト・シュミット型の作用素の2個の積として表わすことができる．　[練 3-B. 29]

27. H は可分無限次元，T は H 上の有界線形作用素とする．$T=VA$ を T の極形式分解としておく．このとき，次のことが同値であることを証明せよ．

(i)　T は核型作用素である．

(ii)　A は核型作用素である．

(iii)　適当な H の CONS $\phi_1, \phi_2, \cdots$ をとれば，$\sum_{n=1}^{\infty}\|T\phi_n\|<\infty$.

(iv)　H の2つの ONS $\psi_1, \psi_2, \cdots$; $\omega_1, \omega_2, \cdots$ に対して，$\sum_{n=1}^{\infty}(T\psi_n, \omega_n)$ は絶対収束する．

(v)　Tは，ヒルベルト・シュミット型の作用素の2個の積として表わされる．

(vi)　H の2つの ONS $\phi_1, \phi_2, \cdots$; $\psi_1, \psi_2, \cdots$ および，$\lambda_1, \lambda_2, \cdots>0$ で，$\sum_{n=1}^{\infty}\lambda_n<\infty$ であるようなものが存在して，

$$Tx=\sum_{n=1}^{\infty}\lambda_n(x, \phi_n)\psi_n$$

と表わされる．　[練 3-B. 30]

28. $L^2(0,1)$ におけるヒルベルト・シュミット型の積分作用素 K は，ヒルベルト・シュミット型の作用素であることを示せ．

また，可分無限次元のヒルベルト空間 H において，任意に与えられたヒルベルト・シュミット型の作用素 T に対して，$L^2(0,1)$ 上のヒルベルト・シュミット型の積分作用素 K で，H と $L^2(0,1)$ との同型対応で互いに対応するようなものが存在することを示せ．すなわち，H, $L^2(0,1)$ は共に可分無限次元ヒルベルト空間であるから，定理 4.4 によって同型．その同型対応を U: H$\to L^2(0,1)$ で示すとき，$T=U^{-1}KU$.　[練 3-B. 31]

第4章　非有界線形作用素

§ 20. 共役作用素

§9 では，ヒルベルト空間 H の有界線形作用素について，その共役作用素を定義したが，一般の線形作用素 T に対しても，$y \in \mathrm{H}$ に対して，

(20.1)　　$(Tx, y) = (x, y^*)$　　（すべての $x \in \mathcal{D}(T)$ に対して）

を満足するような y^* が存在して，一意的に定まるならば，y に y^* を対応させて，1つの作用素が定まる．y^* が一意的に定まるためには，$\mathcal{D}(T)$ は H で稠密でなければならない．そこで，

定義 20.1. ヒルベルト空間 H において，稠密な定義域を有する線形作用素 T に対して，(20.1) を満足するような y, y^* があるとき，このような y の全体 D* を定義域として，y に y^* を対応させる作用素を T の**共役作用素**といい，T^* で示す．

共役作用素は，また線形作用素であるが，その性質を述べる前に，2つ言葉を導入しておく．

定義 20.2. 2つの線形作用素 S, T に対して，

(20.2)　　$\mathcal{D}(S) \subset \mathcal{D}(T)$,

(20.3)　　$x \in \mathcal{D}(S)$　ならば　$Sx = Tx$.

であるとき，T は S の**拡大**であるといって，$S \subset T$ と書く．

定義 20.3. 作用素 T が，線形作用素であって，かつ，

(20.4)　$\begin{cases} x_1, x_2, \cdots \in \mathcal{D}(T) \text{ で，} \lim_{n\to\infty} x_n = x,\ \lim_{n\to\infty} Tx_n = y \text{ がともに存在し} \\ \text{ているときは，必ずまた } x \in \mathcal{D}(T) \text{ で，かつ } Tx = y. \end{cases}$

という条件をみたしているとき，Tは**閉作用素**であるという．

例 20.1. $L^2(-\infty, \infty)$ で，$(Tx)(t) = tx(t)$ なる作用素を考えると，$\mathcal{D}(T) = \left\{x\ ;\ \int_{-\infty}^{\infty} |tx(t)|^2 dt < \infty\right\}$．故に，$\mathcal{D}(T) \neq L^2$．（例えば，$x(t) = 1$ $(|t| \leqq 1)$, $= 1/|t|$ $(|t| > 1)$ は $\notin \mathcal{D}(T)$．）しかし，$\mathcal{D}(T)$ は L^2 で稠密である．また，作用素 T は閉作用素．実際，$x_1, x_2, \cdots \to x$（強），$Tx_1, Tx_2, \cdots \to y$（強）とするとき，$x_1, x_2, \cdots$; $Tx_1, Tx_2, \cdots$ は基本列．よって，$\|x_n - x_m\| < 1/2^n + 1/2^m$, $\|Tx_n$

$-Tx_m\|<1/2^n+1/2^m$ と仮定しておいてよい．いま，$g(t)=|x_1(t)|+\sum_{n=1}^{\infty}|x_{n+1}(t)-x_n(t)|$ $(|t|\leqq 1)$，$=|tx_1(t)|+\sum_{n=1}^{\infty}|tx_{n+1}(t)-tx_n(t)|$ $(|t|>1)$ とすれば，リース・フィッシャーの定理（例 3.2）の証明における如く，$g\in L^2$ であることが知られる．そして，殆んどいたるところ，$\lim_{n\to\infty}x_n(t)$ が存在する．$=x(t)$ (a.e.) である．故に，$\|Tx_n-Tx_m\|^2=\int_{-\infty}^{\infty}|tx_n(t)-tx_m(t)|^2dt$ において，$|tx_n(t)-tx_m(t)|^2\leqq(g(t))^2$ より，$m\to\infty$ として極限をとれば（優収束定理による），$\int_{-\infty}^{\infty}|tx_n(t)-tx(t)|^2dt\leqq 1/2^n$．これから，$Tx\in L^2$．および，$\lim_{n\to\infty}Tx_n=Tx$ が知られる．故に，$x\in\mathcal{D}(T)$，$Tx=y$．すなわち，T は閉作用素である．

例 20.2. $L^2(0,1)$ で，$(Tx)(t)=(1/t)x(t)$ なる作用素を考えると，やはり，$L^2(0,1)$ において稠密な定義域を有する閉作用素が得られる．この例では，$\mathcal{D}(T)\neq$H，$\mathcal{R}(T)=$H である．T^{-1} が存在して，$L^2(0,1)$ の有界線形作用素となっている．

作用素のこれらの概念を分析するには，作用素のグラフを用いるのが便利である．

グラフ T をヒルベルト空間 H における作用素であるとする．そこで，H の 2 つの直和 $\mathbf{H}=$H$\oplus$H（定義 3.5）において，

$$\mathsf{G}(T)=\{(x,\ Tx)\ ;\ x\in\mathcal{D}(T)\}$$

なる集合を考え，これを T の**グラフ**という．

定理 20.1. S,T をヒルベルト空間 H における作用素であるとする．

(i) T が線形作用素である $\rightleftarrows$ $\mathsf{G}(T)$ は $\mathbf{H}$ の部分空間．

(ii) T が閉作用素である $\rightleftarrows$ $\mathsf{G}(T)$ は $\mathbf{H}$ の閉部分空間．

(iii) S,T は線形作用素であるとして，$S\subset T \rightleftarrows \mathsf{G}(S)\subset\mathsf{G}(T)$．

証明. (i) [$\Rightarrow$] $x,\ y\in\mathcal{D}(T)\ \Rightarrow\ z=\alpha x+\beta y\in\mathcal{D}(T)$，$Tz=\alpha Tx+\beta Ty$ $\Rightarrow\ \alpha(x,\ Tx)+\beta(y,\ Ty)=(\alpha x+\beta y,\alpha Tx+\beta Ty)=(z,\ Tz)\in\mathsf{G}(T)$．[$\Leftarrow$] $x,y\in\mathcal{D}(T)\ \Rightarrow\ (x,\ Tx),\ (y,\ Ty)\in\mathsf{G}(T)\ \Rightarrow\ (\alpha x+\beta y,\alpha Tx+\beta Ty)=\alpha(x,\ Tx)+\beta(y,\ Ty)\in\mathsf{G}(T)\ \Rightarrow\ \alpha x+\beta y\in\mathcal{D}(T)$，$T(\alpha x+\beta y)=\alpha Tx+\beta Ty$．

(ii) T が閉作用素であるための条件の 1 つは，T が線形作用素であることであるが，それは，$\mathsf{G}(T)$ が部分空間なことと同じことであることは (i) で

示された. 故に, 条件 (20.4) が $\mathsf{G}(T)$ が強閉であることと同等であることをいえばよい. さて, $(x_1, Tx_1), (x_2, Tx_2), \cdots \in \mathsf{G}(T)$, $x, y \in \mathrm{H}$ に対して, $\|(x_n, Tx_n)-(x,y)\|^2=\|x_n-x\|^2+\|Tx_n-y\|^2$ ((3.6)) であるから, $\lim_{n\to\infty}(x_n, Tx_n)=(x,y)$ と, $\lim_{n\to\infty}x_n=x$, $\lim_{n\to\infty}Tx_n=y$ とは同等である. 故に, このとき, $(x,y)\in\mathsf{G}(T) \rightleftarrows x\in\mathcal{D}(T), y=Tx$ であることから, $\mathsf{G}(T)$が強閉 $\rightleftarrows$ (20.4) が成立つ.

(iii)　$S\subset T \rightleftarrows$ (20.2), (20.3) $\rightleftarrows \mathsf{G}(S)\subset\mathsf{G}(T)$.　　(証明終)

定理 20.2. S, T はヒルベルト空間 H における, 稠密な定義域を有する線形作用素とする.

(i)　共役作用素 T^* は, 閉作用素であり, かつ,

(20.5)
$$\mathsf{G}(T^*)=\boldsymbol{J}(\mathsf{G}(T))^{\perp}.$$

ここに, $\boldsymbol{J}$ とは, $\mathbf{H}=\mathrm{H}\oplus\mathrm{H}$ において, $\boldsymbol{J}(x,y)=(y,-x)$ によって定義された作用素である. $\boldsymbol{J}$ はユニタリ作用素で, $\boldsymbol{J}^*=-\boldsymbol{J}$, $\boldsymbol{J}^2=-\boldsymbol{I}$. ($\boldsymbol{I}$ は $\mathbf{H}$ の恒等作用素)

(ii)　$S\subset T$ ならば, $T^*\subset S^*$.

(iii)　$(T+S)^*$ が定義される(すなわち, $\mathcal{D}(T+S)$ が稠密である)ときは,

$$T^*+S^*\subset(T+S)^*.$$

(iv)
$$(\alpha T)^*=\bar{\alpha}T^* \qquad (\forall\alpha\neq 0, \in \mathbf{C}).$$

(v)　$(TS)^*$ が定義されるときは,

$$S^*T^*\subset(TS)^*.$$

証明. (i)　$((x, Tx), (-y^*, y))=-(x,y^*)+(Tx,y)$ であるから, (20.1) は $(-y^*, y)\in(\mathsf{G}(T))^{\perp}$ と同等である. したがって, $(y, y^*)\in\boldsymbol{J}(\mathsf{G}(T))^{\perp}$ と同等である. すなわち, (20.5)が得られた. さて, $(\boldsymbol{J}(x,y), (x',y'))=((y, -x), (x',y'))=(y,x')-(x,y')=((x,y), (-y',x'))=((x,y), -\boldsymbol{J}(x',y'))$ であるから, $\boldsymbol{J}^*=-\boldsymbol{J}$. また $\boldsymbol{J}^2(x,y)=\boldsymbol{J}(\boldsymbol{J}(x,y))=\boldsymbol{J}(y,-x)=(-x,-y)=-(x,y)$. 故に, $\boldsymbol{J}^2=-\boldsymbol{I}$. したがって, $\boldsymbol{J}\boldsymbol{J}^*=\boldsymbol{J}^*\boldsymbol{J}=\boldsymbol{I}$. すなわち, $\boldsymbol{J}$ はユニタリ作用素である. そうすれば, $\mathsf{G}(T^*)=\boldsymbol{J}(\mathsf{G}(T))^{\perp}=(\boldsymbol{J}^*)^{-1}(\mathsf{G}(T))^{\perp}$ で, $(\mathsf{G}(T))^{\perp}$ は閉部分空間, $\boldsymbol{J}^*$は連続であるから, $\mathsf{G}(T^*)$ はまた閉部分空

間となり，T^* が閉作用素であることが得られた．

（ii） $y\in\mathcal{D}(T^*)\Rightarrow(Tx, y)=(x, T^*y)\ (\forall x\in\mathcal{D}(T))\Rightarrow(Sx, y)=(Tx, y)=(x, T^*y)\ (\forall x\in\mathcal{D}(S))\ \Rightarrow\ y\in\mathcal{D}(S^*),\ S^*y=T^*y.$

（iii） $y\in\mathcal{D}(T^*+S^*)=\mathcal{D}(T^*)\frown\mathcal{D}(S^*)\ \Rightarrow$ 任意の $x\in\mathcal{D}(T+S)=\mathcal{D}(T)\frown\mathcal{D}(S)$ に対して，$(Tx, y)=(x, T^*y), (Sx, y)=(x, S^*y)\ \Rightarrow\ ((T+S)x, y)=(Tx+Sx, y)=(Tx, y)+(Sx, y)=(x, T^*y)+(x, S^*y)=(x, T^*y+S^*y)\ (\forall x\in\mathcal{D}(T+S))\ \Rightarrow\ y\in\mathcal{D}((T+S)^*), (T+S)^*y=T^*y+S^*y.$

（iv） $y\in\mathcal{D}(T^*)\ \Rightarrow\ ((\alpha T)x, y)=(\alpha Tx, y)=\alpha(Tx, y)=\alpha(x, T^*y)=(x, \bar{\alpha}T^*y)\ (\forall x\in\mathcal{D}(\alpha T))\ \Rightarrow\ y\in\mathcal{D}((\alpha T)^*),\ (\alpha T)^*y=\bar{\alpha}T^*y.$ 故に，$\bar{\alpha}T^*\subset(\alpha T)^*.$ $\alpha\neq 0$ ならば，ここで α のかわりに $1/\alpha$ を用いてもよいから，$\dfrac{1}{\alpha}T^*\subset\left(\dfrac{1}{\alpha}T\right)^*.$ T のかわりに，αT を代入すれば，$\dfrac{1}{\bar{\alpha}}(\alpha T)^*\subset T^*.$ 故に，$(\alpha T)^*\subset\bar{\alpha}T^*.$ すなわち，$(\alpha T)^*=\bar{\alpha}T^*$ である．

（v） $y\in\mathcal{D}(S^*T^*)\ \Rightarrow\ ((TS)x, y)=(T(Sx), y)=(Sx, T^*y)=(x, S^*T^*y)\ (\forall x\in\mathcal{D}(TS))\ \Rightarrow\ y\in\mathcal{D}((TS)^*), (TS)^*y=S^*T^*y.$ （証明終）

系 20.1. T が有界ならば，

$$(T+S)^*=T^*+S^*, \qquad (TS)^*=S^*T^*.$$

証明. $-T+(T+S)=S$（T が有界であるから，左辺と右辺の作用素の定義域は一致する）であるから，定理 20.2 (iii) により，$-T^*+(T+S)^*=(-T)^*+(T+S)^*\subset(-T+(T+S))^*=S^*.$ 故に，$(T+S)^*=T^*+(-T^*+(T+S)^*)\subset T^*+S^*.$ よって，定理 20.2 (iii) の関係とあわせて，$(T+S)^*=T^*+S^*.$

次に，$\mathcal{D}(S)=\mathcal{D}(TS)$ であることに注意すれば，$y\in\mathcal{D}((TS)^*)\ \Rightarrow\ (x, (TS)^*y)=(TSx, y)=(Sx, T^*y)\ (\forall x\in\mathcal{D}(TS))\Rightarrow T^*y\in\mathcal{D}(S^*), S^*(T^*y)=(TS)^*y.$ すなわち，$(TS)^*\subset S^*T^*.$ 定理 20.2（v）の関係とあわせて，$(TS)^*=S^*T^*.$ （証明終）

定理 20.3. T は稠密な定義域を有する閉作用素とすれば，$\mathcal{D}(T^*)$ は H で稠密である．したがって $(T^*)^*$（$=T^{**}$ と書く）が存在するが，

(20.6) $$T=T^{**}.$$

証明. もし，$\mathcal{D}(T^*)$ が稠密でなかったとすれば，$z\neq 0$，かつ，$z\in(\mathcal{D}(T^*))^\perp$ であるようなものが存在する．このとき，$y\in\mathcal{D}(T^*)\ \Rightarrow\ ((0, z), J(y, T^*y))$

$=((0, z), (T^*y, -y)) = -(z, y) = 0$. 故に, $(0, z) \in (J\mathsf{G}(T^*))^\perp = (JJ(\mathsf{G}(T))^\perp)^\perp = (\mathsf{G}(T))^{\perp\perp}$ ($J^2 = -I$ より) $= \overline{\mathsf{G}(T)} = \mathsf{G}(T)$ (定理 20.1(ii)). したがって, $z = T0 = 0$ でなければならないこととなり, 矛盾を生ずる.

また $\mathsf{G}(T^{**}) = J(\mathsf{G}(T^*))^\perp = (J\mathsf{G}(T^*))^\perp$ (定理 9.4 注) $= \mathsf{G}(T)$ (上の計算より). グラフが一致するから, $T^{**} = T$. (証明終)

定理 20.4. 稠密な定義域を有する線形作用素 T に対して, 次の条件は同等である.

(i) $T \subset S$ なる閉作用素 S が存在する.

(ii) $\mathcal{D}(T^*)$ は稠密である.

このとき, T の閉作用素としての拡大のうちで最小のものが存在し, それは T^{**} である.

証明. (i)⇒(ii). $S^* \subset T^*$ で, また定理 20.3 によって, $\mathcal{D}(S^*)$ は稠密であるから, $\mathcal{D}(T^*)$ も稠密.

(ii)⇒(i). $\mathsf{G}(T^{**}) = J(\mathsf{G}(T^*))^\perp = J(J(\mathsf{G}(T))^\perp)^\perp = \overline{\mathsf{G}(T)} \supset \mathsf{G}(T)$ であるから, $T \subset T^{**}$. そして, T^{**} は閉作用素である.

S が閉作用素で, $T \subset S$ とすれば, $S^* \subset T^*$, $T^{**} \subset S^{**} = S$ (定理 20.3). これから, T^{**} が T の最小の閉拡大であることが知られる. (証明終)

定理 20.5. H 全体で定義された閉作用素は, 有界である. **(閉グラフ定理)**[1]

証明. まず T^* が連続であることを示す. そのためには, $y_1, y_2, \cdots \in \mathcal{D}(T^*)$, $\lim_{n\to\infty} y_n = 0$ のとき, $\lim_{n\to\infty} T^*y_n = 0$ を示せばよい(定理 6.1). $y_n' = \|y_n\|^{-1/2} y_n$ とおけば, $\|y_n'\| = \|y_n\|^{1/2}$ であるから, やはり $\lim_{n\to\infty} y_n' = 0$. そして, 任意の $x \in \mathrm{H}$ について, $(x, T^*y_n') = (Tx, y_n') \to 0$ であるから, T^*y_n' は 0 に弱収束し, したがって有界(定理 11.1). 故に, $T^*y_n = \|y_n\|^{1/2} T^*y_n' \to 0$ である.

そこで, $\|T^*x\| \leqq \gamma \|x\|$ $(x \in \mathcal{D}(T^*))$ とする. $\mathcal{D}(T^*)$ は H で稠密 (定理 20.3). そこで任意の $x \in \mathrm{H}$ をとれば, $x_1, x_2, \cdots \in \mathcal{D}(T^*)$, $\lim_{n\to\infty} x_n = x$ となる列がとれるが, このとき $\|T^*x_n - T^*x_m\| \leqq \gamma \|x_n - x_m\| \to 0$ $(n, m \to \infty)$ となるから, $\lim_{n\to\infty} T^*x_n$ が存在する. T^* は閉作用素である(定理 20.2 (i))から, $x \in \mathcal{D}(T^*)$. すなわち, T^* は, H 全体で定義された有界線形作用素である.

1) この定理は, 後に別の原理で証明する(定理 27.1).

したがって，T^{**} も有界線形作用素となる．定理 20.3 により $T=T^{**}$ であるから，T は有界線形作用素である．　（証明終）

例 20.3. $L^2(0,1)$ において考える．函数 $e(t)=1$ $(0\leqq t\leqq 1)$ は，$\in L^2(0,1)$ であるから，$x(t)\in L^2(0,1)$ のとき，$\int_0^1|x(t)|dt<\infty$．いま，$y(s)=\int_0^s x(t)dt$ $(0\leqq s\leqq 1)$ とすれば，$y(s)$ は s の連続函数(実は絶対連続と呼ばれているものになる)で，したがって，$y\in L^2$．このような y の全体を D とする．

x に y を対応させる作用素 T は積分作用素で，有界線形作用素 ($\|T\|\leqq 1/\sqrt{2}$)．そして T^{-1} を有する．

D は，$[0,1]$ 上の C^1 級の函数を全部含んでいるから，$L^2(0,1)$ で稠密である．そして，T^{-1} は，D を定義域とする線形作用素となる．T が有界線形作用素であるから，T^{-1} は閉作用素(問 20.6)．この作用素を d/dt で示すことができる：$T^{-1}y(t)=x(t)=\dfrac{d}{dt}y(t)$．

T^*x は，$y^*(s)=(T^*x)(s)=\int_0^1 x(t)dt-\int_0^s x(t)dt=\int_s^1 x(t)dt$ で与えられるから，$\mathrm{D}^*=\mathscr{R}(T^*)$ とするとき，$(T^{-1})^*=(T^*)^{-1}$ は，D^* 上で，$(T^{-1})^*y^*(t)=-x(t)=-\dfrac{d}{dt}y^*(t)$ と表わされる．しかし，d/dt を上に定義した作用素(すなわち T^{-1}) と考えるとき，$(d/dt)^*=-d/dt$ というわけにはいかない．$\mathscr{D}((d/dt)^*)=\mathrm{D}^*$，$\mathscr{D}(-d/dt)=\mathrm{D}$ で，定義域が異なるからである．(例えば，$x(t)=t$ $(0\leqq t\leqq 1)$ は，$\in\mathrm{D}$，$\notin\mathrm{D}^*$.)

問 1. H$\oplus$H の部分空間 **K** が，H のある線形作用素のグラフになっているための必要十分条件は，$(0,x)\in\mathbf{K}$ ならば，$x=0$ であることである．　[練 4-A.1]

問 2. 定理 20.2 (iii)，(v) において，等号の成立しないような例をつくれ．　[練 4-A.2]

問 3. 有界線形作用素は閉作用素である．　[練 4-A.3]

問 4. T が連続な閉作用素であれば，その定義域は H の閉部分空間である．　[練 4-A.5]

問 5. T は閉作用素，K は H の閉部分空間とする．T を，$\mathscr{D}(T)\frown\mathrm{K}$ 上に制限した作用素 T_1 は，また閉作用素である．　[練 4-A.7]

問 6. T が閉作用素で，T^{-1} が存在するならば，T^{-1} も閉作用素である．[練 4-A.8]

問 7. 定理 20.4. (ii)⇒(i) の証明を，グラフを用いずに直接せよ．　[練 4-A.11]

問 8. H 全体で定義された線形作用素 T に対して，T^* は，H のある閉部分空間上で定義された有界線形作用素である．　[練 4-A.12]

§ 21. 対称作用素，ケイリー変換

定義 21.1. ヒルベルト空間Hにおいて，稠密な定義域を有する線形作用素 A が，

(21.1)　　すべての $x, y \in \mathcal{D}(A)$ に対して，$(Ax, y) = (x, Ay)$.

をみたしているとき，A を**対称作用素**であるという.

(21.1) はまた，

(21.2)
$$A \subset A^*$$

と書くこともできる.

系 21.1. (i) 稠密な定義域を有する線形作用素 A が，対称作用素であるための必要十分条件は，任意の $x \in \mathcal{D}(A)$ に対して，(Ax, x) が実数であることである.

(ii) 対称作用素は閉対称作用素に拡大できる.

(iii) H 全体で定義された対称作用素は，有界線形作用素で，したがって，エルミット作用素である.

証明. (i) [⇒] (21.1) で，$y = x$ とすれば，$(Ax, x) = (x, Ax) = \overline{(Ax, x)}$. 故に，$(Ax, x)$ は実数である. [⇐] $4(Ax, y) = (A(x+y), x+y) - (A(x-y), x-y) + i((A(x+iy), x+iy) - (A(x-iy), x-iy)) = (x+y, A(x+y)) - (x-y, A(x-y)) + i((x+iy, A(x+iy)) - (x-iy, A(x-iy))) = 4(x, Ay)$.

(ii) (21.2) により，A^* は閉作用素である（定理 20.2 (i)）から，$A \subset A^{**} \subset A^*$（定理 20.4）. $A^{**} \subset A^*$ からは，定理 20.2 (ii) によって，$A^{**} = (A^*)^* \subset (A^{**})^*$ を[illegible]るから，A^{**} について (21.2) の条件が満たされる. 故に，A^{**} は対称作用素で，かつ閉作用素である（定理 20.4）.

(iii) A はこれ以上拡大できない（定義域をこれ以上大きくすることはできない）から，(ii) によって，それ自身，閉作用素である. そうすれば，閉グラフ定理（定理 20.5）によって，有界でなければならない.　　　（証明終）

定義 21.2. ヒルベルト空間 H において，稠密な定義域を有する線形作用素 A が，

(21.3)
$$A = A^*$$

をみたすとき，A を**自己共役作用素**という．

したがって，自己共役作用素は閉対称作用素である．しかしながら，閉対称作用素がすべて自己共役であるわけではない．対称作用素 A が自己共役であるためには，

すべての $x\in\mathcal{D}(A)$ に対して，$(Ax, y)=(x, y^*)$ となっていれば，必ず $y\in\mathcal{D}(A)$ で，かつ，$y^*=Ay$.

が成立していなければならないが，これは一般の対称作用素では必ずしも満足されないからである．それでは対称作用素はいつでも自己共役なものに拡大できるであろうか．この § ではこの問題の解決に，ケイリー変換を導入し，かねて次の §（スペクトル分解）への準備とする．

定理 21.1. A が閉対称作用素ならば，

$$\mathrm{V}_1=\mathcal{R}(A+iI),\qquad \mathrm{V}_2=\mathcal{R}(A-iI) \tag{21.4}$$

は，ともに H の閉部分空間である．そして対応

$$U:\ (A+iI)x\to(A-iI)x\qquad (x\in\mathcal{D}(A)) \tag{21.5}$$

は，V_1 から V_2 への等距離作用素となる．

ただし，ここで，U が V_1 から V_2 への**等距離作用素**であるというのは，U が，$\mathcal{D}(U)=\mathrm{V}_1$，$\mathcal{R}(U)=\mathrm{V}_2$ なる線形作用素で，かつ，すべての $x\in\mathrm{V}_1$ に対して $\|Ux\|=\|x\|$ を満足することを意味する．

定義 21.3. 定理 21.1 で示された V_1 から V_2 への等距離作用素 U を，A の**ケイリー変換**という．通常，

$$U=(A-iI)(A+iI)^{-1}=\frac{A-iI}{A+iI} \tag{21.6}$$

と表わされる．

定理 21.1 の証明. $x\in\mathcal{D}(A)$ とすれば，

$$\|(A+iI)x\|^2=\|Ax\|^2+\|x\|^2+2\mathfrak{J}(Ax, x).$$

系 21.1（i）によって，(Ax, x) は実数であるから，$\mathfrak{J}(Ax, x)=0$．したがって，

$$\|(A+iI)x\|^2=\|Ax\|^2+\|x\|^2.$$

同様に，

$$\|(A-iI)x\|^2=\|Ax\|^2+\|x\|^2.$$

これから，(21.5) が等距離作用素になることは容易に知られる．(線形性をたしかめよ.)

V_1 が閉部分空間であることを示す．いま $y_1, y_2, \cdots \in V_1$, $\lim_{n\to\infty} y_n = y$ とする．$y_n = (A+iI)x_n$ $(n=1, 2, \cdots)$ とすれば，

$$\|y_n - y_m\|^2 = \|(A+iI)(x_n - x_m)\|^2 = \|Ax_n - Ax_m\|^2 + \|x_n - x_m\|^2.$$

$n, m \to \infty$ とするとき，左辺→0 であるから，右辺の各項→0．したがって，$x_1, x_2, \cdots$; $Ax_1, Ax_2, \cdots$ はともに基本列となり，H のある要素 x, x^* にそれぞれ強収束する．A は閉作用素であるから，このとき，$x \in \mathcal{D}(A)$, $x^* = Ax$. 故に，

$$\|y_n - (A+iI)x\|^2 = \|(A+iI)x_n - (A+iI)x\|^2$$
$$= \|Ax_n - Ax\|^2 + \|x_n - x\|^2 \to 0.$$

したがって，$y = \lim_{n\to\infty} y_n = (A+iI)x \in V_1$. 故に，$V_1$ は閉部分空間である．V_2 についても同様．　　　　　　　　　　　　　　　　　　　　(証明終)

定理 21.2. 稠密な定義域を有する閉対称作用素 A が自己共役作用素であるための，必要十分条件は，そのケイリー変換 U がユニタリ作用素となることである．すなわち，$V_1 = V_2 = H$ となることである．

証明. [⇒] 仮に $V_1 \neq H$ とすれば，$V_1^{\perp} \neq \{0\}$. したがって，$y \neq 0$, $y \in V_1^{\perp}$ となる y がある．この y については，すべての $x \in \mathcal{D}(A)$ について，$((A+iI)x, y) = 0$. すなわち，$(Ax, y) = (x, iy)$ となり，共役作用素の定義から，$y \in \mathcal{D}(A^*)$, かつ，$A^*y = iy$ である．ところで $A = A^*$ ならば，

$$(Ay, y) = (A^*y, y) = i\|y\|^2$$

となり，(Ay, y) は純虚数．しかるに (Ay, y) は実数のはずである(系 21.1 (i))から矛盾である．故に，$V_1 = H$. $V_2 = H$ も同様に示される．

[⇐] すべての $x \in \mathcal{D}(A)$ に対して，$(Ax, y) = (x, y^*)$ が成立っていたとしよう．このとき，$y \in \mathcal{D}(A)$ かつ $y^* = Ay$ を示すのが問題である．いま $y^* + iy$ なる要素を考える．任意の $x \in \mathcal{D}(A)$ に対して，$(Ax, y) = (x, y^*)$ であるから，

$$(U(y^*+iy), Ax - ix) = (U(y^*+iy), U(Ax+ix))$$
$$= (y^*+iy, Ax+ix)$$
$$= (y^*, Ax) + i(y, Ax) - i(y^*, x) + (y, x)$$
$$= (y^*, Ax) + (y, x)$$

$$= (y^*, Ax) - i(y, Ax) + i(y^*, x) + (y, x)$$
$$= (y^* - iy, Ax - ix).$$

$Ax - ix$ $(x \in \mathcal{D}(A))$ の全体は $\mathrm{V}_2 = \mathrm{H}$ であるから，これより，

$$U(y^* + iy) = y^* - iy$$

を得る．ところで $\mathrm{V}_1 = \mathrm{H}$ であることより $y^* + iy = (A + iI)y_0$ となる $y_0 \in \mathcal{D}(A)$ があるが，このとき，$U(A + iI)y_0 = (A - iI)y_0$ となるから，

$$y^* + iy = Ay_0 + iy_0, \qquad y^* - iy = Ay_0 - iy_0$$

となり，$y = y_0$，$y^* = Ay_0$ が得られた．（証明終）

定理 21.3. ユニタリ作用素 U が，ある自己共役作用素 A のケイリー変換になっているための必要十分条件は，

(21.7) $\qquad Uy = y$ なる y は，$y = 0$ に限る

ことである．このとき，

(21.8) $\qquad \mathrm{D} = \{(U - I)y \,;\, y \in \mathrm{H}\}$

は，H で稠密な部分空間となり，A は D を定義域とする作用素で，

(21.9) $\qquad A(U - I)y = -i(U + I)y$

となる．この関係は，また，

(21.10) $\qquad A = -i(U + I)(U - I)^{-1} = -i\dfrac{U + I}{U - I}$

と書かれる．

証明. [⇒] $U(A + iI)x = (A - iI)x$ であるから，もしも，$y = (A + iI)x$ に対して，$Uy = y$ であったとすれば，$Ax + ix = Ax - ix$ より，$x = 0$．したがって $y = 0$ でなければならないこととなる．

次に，$y = (A + iI)x$, $Uy = (A - iI)x$ から，$x = \dfrac{i}{2}(Uy - y) = (U - I)\left(\dfrac{i}{2}y\right)$ となり，$\mathcal{D}(A) = \mathcal{R}(U - I)$ が知られる．したがって，(21.8) の D は H で稠密であり，(21.9) の関係も直ちに知られる．

[⇐] (21.7) が成立っているならば，(21.8) の D は稠密な部分空間である．もしそうでないとすれば，$z \neq 0$，$z \in \mathrm{D}^\perp$ なる z があり，したがって，すべての $y \in \mathrm{H}$ について，$((U - I)y, z) = 0$．$(y, U^*z - z) = (y, U^*z) - (y, z) = (Uy, z) - (y, z) = ((U - I)y, z) = 0$．したがって，$U^*z = z$．$z = Uz$ が得ら

れて矛盾である．また相異なる $y, y' \in \mathrm{H}$ について，$(U-I)y=(U-I)y'$ となることもない．(この式から $U(y-y')=y-y'$ が得られるから.)

そこで，(21.9) によって作用素 A を定義すれば，これは D を定義域とする線形作用素で，自己共役である．実際，$(Ax, z)=(x, z^*)$ がすべての $x \in \mathrm{D}$ について成立っているとすれば，$-i((U+I)y, z)=((U-I)y, z^*)$ がすべての $y \in \mathrm{H}$ について成立つこととなる．この式を整頓すれば，$(y, U^*z^*-z^*-iU^*z-iz)=0$ となるから，これより，$U^*z^*-z^*-iU^*z-iz=0$. $z^*-Uz^*-iz-iUz=0$. したがって，$(U-I)z^*=-i(U+I)z$ を得る．いま $u=\frac{1}{2}(iz^*-z)$ とすれば，この関係を用いて，

$$(U-I)u=\frac{1}{2}(i(U-I)z^*-(U-I)z)=\frac{1}{2}((U+I)z-(U-I)z)=z,$$

$$-i(U+I)u=\frac{1}{2}((U+I)z^*+i(U+I)z)=\frac{1}{2}((U+I)z^*-(U-I)z^*)=z^*.$$

これによって $z \in \mathrm{D}$，かつ $Az=z^*$ となることが知られた．$x, x' \in \mathrm{D}$ について，$(Ax, x')=(x, Ax')$ となることは，すぐたしかめられるから，以上によって，A が自己共役作用素であることが知られる．　　　　(証明終)

さて再び，一般の対称作用素にもどって，対称作用素が自己共役作用素にまで拡大出来るかどうかを考えよう．

補題 21.1. 閉対称作用素，A, A' について，そのケイリー変換を U, U' とする．そのとき，$A \subset A'$ であるための必要十分条件は，$U \subset U'$ である．

証明. [⇒] $U(A+iI)x=(A-iI)x$ $(x \in \mathcal{D}(A))$, $U'(A'+iI)x=(A'-iI)x$ $(x \in \mathcal{D}(A'))$ から，$A \subset A'$ ならば，$x \in \mathcal{D}(A)$ に対し，$U'(A+iI)x=U'(A'+iI)x=(A'-iI)x=(A-iI)x$ となり，$U \subset U'$.

[⇐] $\mathrm{V}_1=\{(A+iI)x\,;\,x \in \mathcal{D}(A)\}=\mathcal{D}(U) \subset \mathcal{D}(U')=\mathrm{V}_1'=\{(A'+iI)y\,;\,y \in \mathcal{D}(A')\}$ 等から，$U \subset U'$ ならば，$x \in \mathcal{D}(A)$ に対して，適当な $y \in \mathcal{D}(A')$ をとるとき，$(A+iI)x=(A'+iI)y$, $(A-iI)x=(A'-iI)y$ となる．これより，$x=y$, $Ax=A'y$ となり，$\mathcal{D}(A) \subset \mathcal{D}(A')$，かつ $\mathcal{D}(A)$ 上では，A と A' が一致することになる．故に，$A \subset A'$.　　　　(証明終)

系 21.2. A, A' が自己共役作用素で，$A \subset A'$ ならば，$A=A'$.

定義 21.4. ヒルベルト空間 H の閉対称作用素 A に対し，$\dim V_1^{\perp}$，$\dim V_2^{\perp}$ の対を A の**不足指数**という．(V_1, V_2 は (21.4) で定義された H の閉部分空間.)

不足指数 0，0 の場合が自己共役作用素である．

定理 21.4. 不足指数 m，n の閉対称作用素 A に対して，自己共役作用素 A_0 で，A の拡大となっているものが存在するための必要十分条件は，$m=n$ であることである．(m, n は無限の基数であってもよい.)

証明. [⇒] A のケイリー変換を U，A_0 のそれを U_0 とする．U_0 はユニタリ変換で，U_0 を V_1 上に制限したものが U になっている(補題 21.1)．さて，U_0 はユニタリ作用素で，$U_0V_1=V_2$ であるから，$U_0V_1^{\perp}=V_2^{\perp}$ である(定理 9.4 注)．したがって，$m=\dim V_1^{\perp}=\dim V_2^{\perp}=n$.

[⇐] $m=n$ ならば，$\dim V_1^{\perp}=\dim V_2^{\perp}$．したがって $V_1^{\perp}$ から $V_2^{\perp}$ への等距離作用素 U_1 が存在する．($V_1^{\perp}, V_2^{\perp}$ には，同じ基数の完全正規直交系がとれる[1]．この間に 1 対 1 対応をつけて，あとは線形性によって，U_1 を定義する.) そこで，$P_1=\mathrm{proj}(V_1)$，$P_1'=\mathrm{proj}(V_1^{\perp})$ として，

$$U_0x=UP_1x+U_1P_1'x$$

とすれば，U_0 はユニタリ作用素で，$U\subset U_0$．U_0 に対しては，定理 21.3 の条件 (21.7) が成立する．実際，もしも $U_0y=y$ となったとすれば，$y=U_0^*y$．任意の $z\in\mathcal{D}(A)$ に対して，$x=(A+iI)z$ とおくと，$x\in V_1$ で，$Ux=(A-iI)z$．故に，$z=\dfrac{1}{2i}(x-Ux)$ となる．$y-U_0^*y=0$ から，

$$0=(x, y-U_0^*y)=(x-U_0x, y)=2i\left(\frac{1}{2i}(x-Ux), y\right)=2i(z, y).$$

$\mathcal{D}(A)$ は H で稠密であるから，これから $y=0$ が従う．

したがって，U_0 をそのケイリー変換とするような自己共役作用素 A_0 が存在する．$U\subset U_0$ であるから，補題 21.1 によって，$A\subset A_0$.　　(証明終)

例 21.1. $L^2(-\infty, \infty)$ において，例 20.1 で与えた作用素は自己共役である．

---

1) H が可分のときは，m，n は有限または $\aleph_0$ で，このときはシュミットの直交化を利用すればよい．可分でなくても，同じことは成立する．

例 21.2. $L^2(0,1)$ において，例 20.2 で与えた作用素は自己共役である．

例 21.3. $L^2(0,1)$ において，例 20.3 で与えた作用素 d/dt に対して，D $\frown$ $\mathrm{D}^*=\{y(t)\ ;\ y\in\mathrm{D},\ y(0)=y(1)=0\}$ においては，$\left(i\dfrac{d}{dt}\right)^*y=i\dfrac{d}{dt}y$ であるが，$\left(i\dfrac{d}{dt}\right)^*=i\dfrac{d}{dt}$ ではない．すなわち自己共役でない．

例 21.4. $L^2(-\infty,\infty)$ において考える．

$$\mathrm{D}_0=\left\{x\ ;\ x\in L^2(-\infty,\infty),\ y(s)=\int_{-\infty}^{s}x(t)\,dt\in L^2(-\infty,\infty)\right\}$$

とおけば，D_0 は $L^2(-\infty,\infty)$ で稠密で，$x\in\mathrm{D}_0$ に対し，$y=Tx$ とすれば，iT が自己共役になることがたしかめられる［演 §21. 例題］．したがって，$T^{-1}=d/dt$ とすれば，前例と異なり，$i\dfrac{d}{dt}$ は自己共役である．

問 1. 閉対称作用素 A_1, A_2 について，そのケイリー変換が一致すれば，$A_1=A_2$ である． ［練 4-A.17］

問 2. 系 21.2 を証明せよ． ［練 4-A.16］

問 3. 自己共役作用素 A が，逆作用素を有すれば，A^{-1} も自己共役である．［練 4-A.18］

問 4. 対称作用素 A について，$\mathcal{D}(A)=\mathrm{H}$，または $\mathcal{R}(A)=\mathrm{H}$ ならば，A は自己共役である． ［練 4-A.19］

§ 22. 自己共役作用素のスペクトル分解

$\{E(\lambda)\ ;\ -\infty<\lambda<\infty\}$ を1つのスペクトル族とするとき，前に §15 においては，有限区間 $[a,b]$ にわたって，

$$\int_a^b\phi(\lambda)\,dE(\lambda)$$

を定義した．これを拡張して，$\phi(\lambda)$ が $(-\infty,\infty)$ で連続な函数であるとき，

$$\int_{-\infty}^{\infty}\phi(\lambda)\,dE(\lambda) \tag{22.1}$$

を定義しよう．これは勿論 $\int_a^b\phi(\lambda)\,dE(\lambda)$ の $a\to-\infty$, $b\to\infty$ としたときの極限として考えるのであるが，これは一般には，一様収束，強収束，弱収束のいずれの意味においても存在しない．そこで，

$$\int_{-\infty}^{\infty}\phi(\lambda)\,dE(\lambda)x$$

を，$\int_a^b\phi(\lambda)\,dE(\lambda)x$ の極限として考え，この極限の存在するような x に，こ

の極限を対応させる作用素として，積分 (22.1) を考える．このとき，(22.1) が稠密な定義域を有する閉作用素となることを見よう．

以下，$\phi(\lambda)$ は，$-\infty<\lambda<\infty$ で連続な函数とし，

$$T(a,b)=\int_a^b \phi(\lambda)\,dE(\lambda) \tag{22.2}$$

とおく．

補題 22.1. $x\in \mathrm{H}$ について，次の3つの条件は同等である．

(i) 強極限 $\lim_{\substack{a\to-\infty\\ b\to\infty}} T(a,b)x$ が存在する．

(ii) 弱極限 $\text{w-}\lim_{\substack{a\to-\infty\\ b\to\infty}} T(a,b)x$ が存在する．

(iii) リーマン・スティルチェス積分

$$\int_{-\infty}^{\infty} |\phi(\lambda)|^2 d\|E(\lambda)x\|^2<\infty. \tag{22.3}$$

このとき，極限要素 $\lim_{\substack{a\to-\infty\\ b\to\infty}} T(a,b)x\,(=\text{w-}\lim_{\substack{a\to-\infty\\ b\to\infty}} T(a,b)x)$ を，

$$\int_{-\infty}^{\infty} \phi(\lambda)\,dE(\lambda)x \tag{22.4}$$

で示す．そうすれば，

$$\left\|\int_{-\infty}^{\infty} \phi(\lambda)\,dE(\lambda)x\right\|^2=\int_{-\infty}^{\infty} |\phi(\lambda)|^2 d\|E(\lambda)x\|^2. \tag{22.5}$$

$$\left(\int_{-\infty}^{\infty} \phi(\lambda)\,dE(\lambda)x,\ y\right)=\int_{-\infty}^{\infty} \phi(\lambda)\,d(E(\lambda)x,y) \qquad (\forall\, y\in \mathrm{H}). \tag{22.6}$$

証明. まず，(15.21) から，

$$\begin{aligned}(E(b)-E(a))\,T(a',b')&=T(a',b')\,(E(b)-E(a))\\ &=T(a,b) \qquad (a'\leqq a<b\leqq b')\end{aligned} \tag{22.7}$$

であることを注意しておく．そこで，

$$y_n=T(-n,n)x \qquad (n=1,2,\cdots)$$

とおくと，$m>n$ ならば，

$$y_n=T(-n,n)x=(E(n)-E(-n))\,T(-m,m)x=(E(n)-E(-n))\,y_m.$$

したがって，

$$\begin{aligned}\|y_m-y_n\|^2&=\|y_m-(E(n)-E(-n))\,y_m\|^2\\ &=\|y_m\|^2-\|(E(n)-E(-n))\,y_m\|^2\ (\text{系 }10.1)\ =\|y_m\|^2-\|y_n\|^2\end{aligned} \tag{22.8}$$

である．これから，

$$\|y_1\|^2 \leqq \|y_2\|^2 \leqq \cdots$$

が知られる．また，(15.15) により，

$$\|y_n\|^2 = \left\|\int_{-n}^{n} \phi(\lambda)\, dE(\lambda)x\right\|^2 = \int_{-n}^{n} |\phi(\lambda)|^2 d\|E(\lambda)x\|^2$$

であるから，

$$\lim_{n\to\infty} \|y_n\|^2 = \int_{-\infty}^{\infty} |\phi(\lambda)|^2 d\|E(\lambda)x\|^2 \tag{22.9}$$

である．そこで，補題の同等性の証明をする．

(i)⇒(ii)．一般的な性質である(系 11.2)．

(ii)⇒(iii)．$y_1, y_2, \cdots$ は弱収束であるから，有界(定理 11.1)．したがって，$\lim_{n\to\infty} \|y_n\|^2 < \infty$．これと (22.9) から (22.3) が知られる．

(iii)⇒(i)．$\lim_{n\to\infty} \|y_n\|^2 < \infty$ であるから，$\lim_{n,m\to\infty} (\|y_n\|^2 - \|y_m\|^2) = 0$．(22.8) より，$\lim_{n,m\to\infty} \|y_n - y_m\|^2 = 0$．これは，$y_1, y_2, \cdots$ が基本列をなすことを示している．よって，$y_1, y_2, \cdots$ は強収束するから，強極限 $\lim_{n\to\infty} y_n = y$ とすれば，(22.7) により，

$$\begin{aligned}(E(b)-E(a))y &= (E(b)-E(a))\lim_{n\to\infty} y_n = \lim_{n\to\infty} (E(b)-E(a))y_n \\ &= \lim_{n\to\infty} (E(b)-E(a))T(-n,n)x = T(a,b)x.\end{aligned}$$

そして，$\text{s-}\lim_{a\to-\infty} E(a) = O$，$\text{s-}\lim_{b\to\infty} E(b) = I$ であるから，上式で，$a\to-\infty$，$b\to\infty$ としたときの強極限が存在して，

$$\lim_{\substack{a\to-\infty \\ b\to\infty}} T(a,b)x = y.$$

(22.5)，(22.6) は，

$$\left\|\int_a^b \phi(\lambda)\, dE(\lambda)x\right\|^2 = \int_a^b |\phi(\lambda)|^2 d\|E(\lambda)x\|^2,$$

$$\left(\int_a^b \phi(\lambda)\, dE(\lambda)x, y\right) = \int_a^b \phi(\lambda)\, d(E(\lambda)x, y)$$

から，$a\to-\infty, b\to\infty$ とした極限をとることによって明らかである．(証明終)

補題 22.2. (22.3) の成立つ x の全体を D とすれば，D は H の稠密な部分空間である．

証明. $x\in\mathrm{D}$ のとき，$\alpha x\in\mathrm{D}(\alpha\in\mathbf{C})$ は明らか．$x, y\in\mathrm{D}$ のとき，$x+y\in\mathrm{D}$ をいう．さて，

$$\int_a^b|\phi(\lambda)|^2d\|E(\lambda)(x+y)\|^2=\left\|\int_a^b\phi(\lambda)dE(\lambda)(x+y)\right\|^2 \quad ((15.15))$$
$$=\|T(a,b)(x+y)\|^2$$
$$\leqq\|T(a,b)(x+y)\|^2+\|T(a,b)(x-y)\|^2$$
$$=2\|T(a,b)x\|^2+2\|T(a,b)y\|^2 \quad ((2.13))$$
$$\leqq2\int_{-\infty}^{\infty}|\phi(\lambda)|^2d\|E(\lambda)x\|^2+2\int_{-\infty}^{\infty}|\phi(\lambda)|^2d\|E(\lambda)y\|^2<\infty.$$

したがって，$a\to-\infty$，$b\to\infty$ として，

$$\int_{-\infty}^{\infty}|\phi(\lambda)|^2d\|E(\lambda)(x+y)\|^2<\infty.$$

すなわち，$x+y\in\mathrm{D}$.

次に，D が稠密であることを示す．いま，任意に $x\in\mathrm{H}$ をとれば，(22.7) から，$T(a',b')(E(b)-E(a))x=T(a,b)x$ $(a'\leqq a<b\leqq b')$ であるから，$a'\to-\infty$，$b'\to\infty$ としたとき，$T(a',b')(E(b)-E(a))x$ の強極限はたしかに存在し，それは $T(a,b)x$ である．これは，補題 22.1 により，

$$(22.10)\qquad x'=(E(b)-E(a))x\in\mathrm{D}.\ \text{かつ},\ \int_{-\infty}^{\infty}\phi(\lambda)dE(\lambda)x'=T(a,b)x$$

であることをいっている．そこで，$x\in\mathrm{H}$ に対し，

$$x_n=(E(n)-E(-n))x \qquad (n=1,2,\cdots)$$

とおけば，$x_1, x_2, \cdots\in\mathrm{D}$. かつ，$\lim_{n\to\infty}x_n=\lim_{n\to\infty}(E(n)-E(-n))x=(\text{s-}\lim_{n\to\infty}E(n)-\text{s-}\lim_{n\to\infty}E(-n))x=(I-O)x=x$. これは，D が H で稠密なことを示している．

(証明終)

定理 22.1. (22.3) の成立つ x の全体を D とし，各 $x\in\mathrm{D}$ に，$\int_{-\infty}^{\infty}\phi(\lambda)dE(\lambda)x$ ((22.4)) を対応させる作用素を

$$(22.11)\qquad \int_{-\infty}^{\infty}\phi(\lambda)dE(\lambda)$$

とすれば，これは稠密な定義域を有する閉作用素である．その共役作用素は，同じく D の上で定義され，

$$(22.12)\qquad \left(\int_{-\infty}^{\infty}\phi(\lambda)dE(\lambda)\right)^{*}=\int_{-\infty}^{\infty}\overline{\phi(\lambda)}dE(\lambda).$$

証明. (22.11) の作用素を T とおく．$x\in \mathrm{D}$ のとき，$Tx=\lim_{n\to\infty}T(-n,n)x$. D が稠密な部分空間であることは，補題 22.2 で示された．T が線形作用素であることは，$x,y\in\mathrm{D}$ に対して，

$$T(\alpha x+\beta y)=\lim_{n\to-\infty}T(-n,n)(\alpha x+\beta y)$$
$$=\lim_{n\to\infty}(\alpha T(-n,n)x+\beta T(-n,n)y)=\alpha Tx+\beta Ty.$$

T は稠密な定義域を有する線形作用素であるから，共役作用素 T^* が存在する．T^* を求めよう．$y\in\mathscr{D}(T^*)$ に対して，$y^*=T^*y$ は，

$$(Tx,y)=(x,y^*)\qquad(x\in\mathrm{D})$$

を満たしている．ところで，任意の $x\in\mathrm{H}$ に対して，(22.10) で見たように，

$$(E(b)-E(a))x\in\mathrm{D},\quad かつ\quad T(E(b)-E(a))x=T(a,b)x$$

であるから，

$$(T(a,b)x,y)=(T(E(b)-E(a))x,y)=((E(b)-E(a))x,y^*)$$
$$=(x,(E(b)-E(a))y^*).$$

これがすべての $x\in\mathrm{H}$ について成立っているのであるから，

$$(22.13)\qquad (E(b)-E(a))y^*=(T(a,b))^*y$$
$$=\left(\int_a^b\phi(\lambda)dE(\lambda)\right)^*y=\int_a^b\overline{\phi(\lambda)}dE(\lambda)y\quad((15.20)).$$

そして，

$$\int_a^b|\phi(\lambda)|^2d\|E(\lambda)y\|^2=\left\|\int_a^b\overline{\phi(\lambda)}dE(\lambda)y\right\|^2=\|(E(b)-E(a))y^*\|^2\leqq\|y^*\|^2$$

であるから，$a\to-\infty$，$b\to\infty$ として，

$$\int_{-\infty}^{\infty}|\phi(\lambda)|^2d\|E(\lambda)y\|^2<\infty.$$

したがって，$y\in\mathrm{D}$ で，(22.13) から，

$$T^*y=y^*=\int_{-\infty}^{\infty}\overline{\phi(\lambda)}dE(\lambda)y.$$

逆に，$y\in\mathrm{D}$ ならば，$\int_{-\infty}^{\infty}\overline{\phi(\lambda)}dE(\lambda)y$ が存在する(補題 22.1)．このとき，

任意の $x\in \mathrm{D}$ について,

$$\left(\int_{-\infty}^{\infty}\phi(\lambda)\,dE(\lambda)x,\,y\right)=\int_{-\infty}^{\infty}\phi(\lambda)\,d(E(\lambda)x,\,y)=\int_{-\infty}^{\infty}\phi(\lambda)\,d\overline{(E(\lambda)y,\,x)}$$
$$=\overline{\int_{-\infty}^{\infty}\overline{\phi(\lambda)}\,d(E(\lambda)y,\,x)}$$
$$=\overline{\left(\int_{-\infty}^{\infty}\overline{\phi(\lambda)}\,dE(\lambda)y,\,x\right)}=\left(x,\,\int_{-\infty}^{\infty}\overline{\phi(\lambda)}\,dE(\lambda)y\right).$$

したがって, $y\in\mathcal{D}(T^*)$. かつ,

$$T^*y=\int_{-\infty}^{\infty}\overline{\phi(\lambda)}\,dE(\lambda)y$$

であることがわかった. これにより, $\mathcal{D}(T^*)=\mathrm{D}$. かつ, T^* は, (22.12) で与えられることになる.

さて, 上の議論で, T のかわりに T^* をとって, $(T^*)^*$ について考えて見れば, $(T^*)^*$ はやはり D を定義域とする作用素で,

$$(T^*)^*=\int_{-\infty}^{\infty}\phi(\lambda)\,dE(\lambda)$$

であることがわかる. 故に $T=(T^*)^*$. したがって T は閉作用素である (定理 20.2 (i)).

(証明終)

系 22.1.

$$(22.14)\quad (E(b)-E(a))\int_{-\infty}^{\infty}\phi(\lambda)\,dE(\lambda)\subset\left(\int_{-\infty}^{\infty}\phi(\lambda)\,dE(\lambda)\right)(E(b)-E(a))$$
$$=\int_{a}^{b}\phi(\lambda)\,dE(\lambda).$$

以上によって, (22.1) の意味が確立されたわけであるが, ここで $\phi(\lambda)$ が実数値函数ならば, $\int_{-\infty}^{\infty}\phi(\lambda)\,dE(\lambda)$ は自己共役; $\phi(\lambda)$ が有界ならば, 有界; $|\phi(\lambda)|=1$ $(-\infty<\lambda<\infty)$ ならば, ユニタリである((22.12) および問 22.2).

次に, 任意の自己共役作用素に対して, そのスペクトル分解を考える.

定理 22.2. ヒルベルト空間 H における自己共役作用素 A に対して, スペクトル族 $\{E(\lambda)\,;\,-\infty<\lambda<\infty\}$ が存在して, A は

$$(22.15)\qquad A=\int_{-\infty}^{\infty}\lambda\,dE(\lambda)$$

と表示される．しかもこのようなスペクトル族は，ただ1つに定まる．

$x \in \mathrm{H}$ が，A の定義域に属するための条件は

$$\int_{-\infty}^{\infty} |\lambda|^2 d\|E(\lambda)x\|^2 < \infty$$

である．

証明． 1°．A のケイリー変換を U とすれば，定理 21.2 によって，U はユニタリ作用素である．U のスペクトル分解を，

$$U = \int_0^{2\pi} e^{i\theta} dF(\theta) \tag{22.16}$$

とする．ここで，$F(0)=O$ であるが，一方定理 21.3 で示したように，$Uy=y$ となる y は $y=0$ に限るわけで，このことは，

$$F(2\pi-0)=I$$

という形で表現される．実際，

$$U(I-F(2\pi-0)) = U\,\text{s-}\lim_{\alpha\to 2\pi-0}(I-F(\alpha)) = \text{s-}\lim_{\alpha\to 2\pi-0} U(I-F(\alpha))$$

$$= \text{s-}\lim_{\alpha\to 2\pi-0}\int_{\alpha}^{2\pi} e^{i\theta} dF(\theta) \quad ((15.21))$$

$$= \int_{2\pi-0}^{2\pi} e^{i\theta} dF(\theta) = I - F(2\pi-0) \quad ((15.29))$$

であるから，$y \in \mathcal{R}(I-F(2\pi-0))$ のとき，$Uy=y$ となり，$y=0$．すなわち，$\mathcal{R}(I-F(2\pi-0))=\{0\}$．故に，$I-F(2\pi-0)=O$．

2°．
$$\zeta(\lambda) = \frac{\lambda-i}{\lambda+i} \qquad (-\infty<\lambda<\infty).$$

とする．そうすると，$\zeta(\lambda)$ は，λ が $-\infty$ から ∞ まで動く間に，複素平面内の単位円周上を，$\zeta=1$ からはじめて（1は除く）正の向きに1周する．

このことは，函数論の常識であるが[1)]，あるいは，次のように示される．λ が実数のとき，

$$|\zeta(\lambda)| = \left|\frac{\lambda-i}{\lambda+i}\right| = \frac{|\lambda-i|}{|\lambda+i|} = 1$$

であるから，$\zeta(\lambda)$ は単位円周上にある．したがって，

表　1

λ	$-\infty$		-1		0		1		∞
$\Re\zeta$	1	↘	0	↘	-1	↗	0	↗	1
$\Im\zeta$	0	↗	1	↘	0	↘	-1	↗	0
θ	0	…	$\frac{\pi}{2}$	…	π	…	$\frac{3}{2}\pi$	…	2π

1)　たとえば，小松勇作「函数論」（朝倉書店）§12.

$$\Re\zeta=\frac{\lambda^2-1}{\lambda^2+1}=1-\frac{2}{\lambda^2+1}=\cos\theta,\qquad \Im\zeta=\frac{-2\lambda}{\lambda^2+1}=\sin\theta$$

とおくことが出来るが，λ が変化するとき，$\Re\zeta$，$\Im\zeta$ は表のように変化するから，ちょうど θ が 0 から 2π まで変化するのに対応するものと考えられる．すなわち，ζ は単位円周上を正の向きに 1 周する．

いま，

(22.17) $$\zeta(\lambda)=e^{i\theta(\lambda)},\qquad 0<\theta(\lambda)<2\pi$$

として，

(22.18) $$E(\lambda)=F(\theta(\lambda))\qquad(-\infty<\lambda<\infty)$$

とおく．この $E(\lambda)$ がスペクトル族で，これによって，A が (22.15) のように表示されることを示す．

3°. $\{E(\lambda)\ ;\ -\infty<\lambda<\infty\}$ はスペクトル族をなす．

λ が $-\infty$ から ∞ まで変る間に，$\zeta(\lambda)$ は単位円周上を連続的に動き，したがって，$\theta(\lambda)$ は，0 から 2π まで増加しながら連続的に変化する．よって，$\lambda<\mu$ ならば $\theta(\lambda)<\theta(\mu)$．したがって，

$$\lambda<\mu \text{ ならば，} E(\lambda)=F(\theta(\lambda))\leqq F(\theta(\mu))=E(\mu).$$

また，$\mu\to\lambda+0$ のとき，$\theta(\mu)\to\theta(\lambda)+0$．したがって，

$$E(\lambda+0)=\operatorname*{s-lim}_{\mu\to\lambda+0}E(\mu)=\operatorname*{s-lim}_{\mu\to\lambda+0}F(\theta(\mu))=F(\theta(\lambda)+0)=F(\theta(\lambda))=E(\lambda).$$

次に，$\lambda\to-\infty$ のとき，$\theta(\lambda)\to0+0$．したがって，$F(\theta(\lambda))\to F(0)=O$．すなわち，

$$\operatorname*{s-lim}_{\lambda\to-\infty}E(\lambda)=O.$$

$\lambda\to\infty$ のとき，$\theta(\lambda)\to2\pi-0$．したがって，$F(\theta(\lambda))\to F(2\pi-0)$．はじめに注意したように $F(2\pi-0)=I$ であるから，結局，

$$\operatorname*{s-lim}_{\lambda\to\infty}E(\lambda)=I.$$

4°. $\{E(\lambda)\ ;\ -\infty<\lambda<\infty\}$ がスペクトル族をなすことが示されたから，定理 22.1 により，

$$\int_{-\infty}^{\infty}\lambda dE(\lambda)$$

によって，1 つの自己共役作用素 A_0 が定まる．

A_0 のケイリー変換 U_0 は，

$$U_0=\int_{-\infty}^{\infty}\frac{\lambda-i}{\lambda+i}dE(\lambda)$$

で与えられる．実際，任意の $x\in\mathrm{H}$ に対して，(22.10) により，$(E(b)-E(a))x\in\mathcal{D}(A_0)$．かつ，$A_0(E(b)-E(a))x=\int_a^b\lambda dE(\lambda)x=(E(b)-E(a))\cdot\int_a^b\lambda dE(\lambda)x$ ((15.21))．また同じく，$y\in\mathrm{H}$ に対して，$U_0(E(b)-E(a))y=\int_a^b\frac{\lambda-i}{\lambda+i}dE(\lambda)y$．したがって，

$$\begin{aligned}U_0(A_0+iI)(E(b)-E(a))x&=U_0(E(b)-E(a))\int_a^b(\lambda+i)dE(\lambda)x\\&=\left(\int_a^b\frac{\lambda-i}{\lambda+i}dE(\lambda)\right)\left(\int_a^b(\lambda+i)dE(\lambda)\right)x\\&=\int_a^b(\lambda-i)dE(\lambda)x\quad((15.19))\\&=(A_0-iI)(E(b)-E(a))x.\end{aligned}$$

任意の $x\in\mathcal{D}(A_0)$ に対しては，$x_n=(E(n)-E(-n))x$ $(n=1,2,\cdots)$ とおけば，$\lim_{n\to\infty}x_n=x$，$\lim_{n\to\infty}A_0x_n=\lim_{n\to\infty}\int_{-n}^{n}\lambda dE(\lambda)x=\int_{-\infty}^{\infty}\lambda dE(\lambda)x=A_0x$ (積分の定義(補題 22.1)から)．故に，

$$\begin{aligned}U_0(A_0+iI)x_n&=U_0(A_0+iI)(E(n)-E(n))x\\&=(A_0-iI)(E(n)-E(-n))x=(A_0-iI)x_n\end{aligned}$$

において，$n\to\infty$ とすることにより，

$$U_0(A_0+iI)x=(A_0-iI)x$$

がすべての $x\in\mathcal{D}(A_0)$ について成立することが知られた．

5°．さて $E(\lambda)$ は (22.18) で与えられているわけであるから，

$$\begin{aligned}U&=\int_0^{2\pi}e^{i\theta}dF(\theta)=\int_{0+0}^{2\pi-0}e^{i\theta}dF(\theta)=\int_{-\infty}^{\infty}e^{i\theta(\lambda)}d_\lambda F(\theta(\lambda))^{1)}\\&=\int_{-\infty}^{\infty}\zeta(\lambda)dE(\lambda)=\int_{-\infty}^{\infty}\frac{\lambda-i}{\lambda+i}dE(\lambda)=U_0.\end{aligned}$$

したがって，A と A_0 のケイリー変換が一致するから，$A=A_0$ (定理 21.3)．

6°．積分表示は一意的である．それを示すために，いま，A が，1つのスペクトル族 $\{E'(\lambda)\ ;\ -\infty<\lambda<\infty\}$ によって，

1) d_λ は λ を積分変数としての積分を意味する．

$$A=\int_{-\infty}^{\infty}\lambda dE'(\lambda)$$

と表わされていたとすれば，4° の部分がそのまま適用されて，このケイリー変換は，

$$U=\int_{-\infty}^{\infty}\frac{\lambda-i}{\lambda+i}dE'(\lambda)$$

と表わされることになる．そこで，

$$F'(\theta)=\begin{cases}0 & (\theta\leqq 0)\\ E'\left(i\dfrac{1+e^{i\theta}}{1-e^{i\theta}}\right) & (0<\theta<2\pi)\\ I & (2\pi\leqq\theta)\end{cases}$$

とおくと，$\lambda=i\dfrac{1+e^{i\theta}}{1-e^{i\theta}}$ は (22.17) の関係を λ について解いたものになっていることから，$\{F'(\theta)\ ;\ -\infty<\theta<\infty\}$ がまたスペクトル族で，

$$U=\int_{0}^{2\pi}e^{i\theta}dF'(\theta)$$

であることが知られる．ところで，ユニタリ作用素に対するスペクトル分解の一意性から，このとき，

$$F'(\theta)=F(\theta)\qquad(-\infty<\theta<\infty)$$

でなければならない．故にまた，

$$E'(\lambda)=E(\lambda)\qquad(-\infty<\lambda<\infty)$$

が結論されることとなる．これはスペクトル分解の一意的性に他ならない．

（証明終）

さて，このスペクトル分解に関して，$E(\lambda)$ と A との可換性を考察する．

定義 22.1. B は有界線形作用素，T は一般の線形作用素とするとき，

$$BT\subset TB$$

が成立つならば，B と T は**可換**であるという．

すなわち，B, T が可換であるというのは，

$x\in\mathscr{D}(T)$ ならば，また $Bx\in\mathscr{D}(T)$．かつ，$TBx=BTx$．

が成立つことである．

定理 22.3. 自己共役作用素 A のスペクトル分解を，

$$A=\int_{-\infty}^{\infty}\lambda dE(\lambda)$$

とするとき,

(i)　すべての $E(\lambda)$ は A と可換である.

(ii)　A と可換な有界線形作用素 B は, すべての $E(\lambda)$ と可換である.

(iii)　すべての $E(\lambda)$ と可換な有界線形作用素 B は, A と可換である.

証明. (ii) $BA\subset AB$ とする. このとき, Aのケイリー変換UはBと可換である. 実際 $y\in \mathrm{H}$ に対し, $y=(A+iI)x$ $(x\in\mathcal{D}(A))$ とすれば, $Bx\in\mathcal{D}(A)$. そして, $BUy=B(A-iI)x=BAx-iBx=ABx-iBx=(A-iI)Bx=U(A+iI)\cdot Bx=UB(A+iI)x=UBy$. 故に, $BU=UB$. したがって, B は (22.16) の $F(\theta)$ のすべてと可換(定理17.1). 故に, B は, (22.18) によって, すべての $E(\lambda)$ と可換である.

(iii)　B は, すべての $A(a,b)$ と可換である. そこで, $x\in\mathcal{D}(A)$ とすれば, $x_n=(E(n)-E(-n))x$ に対して, $Bx_n=B(E(n)-E(-n))x=(E(n)-E(-n))Bx\in\mathcal{D}(A)$ ((22.10)) で, $\lim_{n\to\infty}Bx_n=B\lim_{n\to\infty}x_n=Bx$, $\lim_{n\to\infty}ABx_n=\lim_{n\to\infty}A(E(n)-E(-n))Bx=\lim_{n\to\infty}A(-n,n)Bx=\lim_{n\to\infty}BA(-n,n)x=B\lim_{n\to\infty}A(-n,n)x=BAx$. したがって, A が閉作用素であることから, $Bx\in\mathcal{D}(A)$, $ABx=BAx$ となる. これは B が A と可換なことを示している.

(i)　各 $E(\mu)$ は, すべての $E(\lambda)$ と可換であるから, これは (iii) によってただちに結論される.　(証明終)

例 22.1. 例 20.1 の作用素 T については,

$$\mathrm{P}(\lambda)=\{x\,;\,x\in L^2(-\infty,\infty),\ x(t)=0\ (t\geqq\lambda)\}.$$

そして, $E(\lambda)=\mathrm{proj}(\mathrm{P}(\lambda))$ とするとき, $T=\int_{-\infty}^{\infty}\lambda dE(\lambda)$.

例 22.2. 例 20.2 の作用素 T については, $\lambda\geqq 1$ に対し,

$$\mathrm{P}(\lambda)=\{x\,;\,x\in L^2(0,1),\ x(t)=0\ (t\leqq 1/\lambda)\}.$$

そして, $E(\lambda)=\mathrm{proj}(\mathrm{P}(\lambda))$ とするとき, $T=\int_{1}^{\infty}\lambda dE(\lambda)$.

例 22.3. 例 21.4 の作用素 $i\dfrac{d}{dt}$ については, プランシュレルの公式 [演§9. 例題] を用いて, $x\in L^2(-\infty,\infty)$ を $x(t)=\dfrac{1}{\sqrt{2\pi}}\lim_{N\to\infty}\int_{-N}^{N}e^{ist}\hat{x}(s)ds$

($\hat{x}\in L^2(-\infty,\infty)$) (lim は平均収束の意味) と表わしたとき,

$$\mathrm{P}(\lambda)=\{x;\ \hat{x}(s)=0\ \ (s\geqq\lambda)\}.$$

そして, $E(\lambda)=\mathrm{proj}(\mathrm{P}(\lambda))$ とするとき, $i\dfrac{d}{dt}=\displaystyle\int_{-\infty}^{\infty}\lambda dE(\lambda)$.

[演 § 22. 例題]

問 1. 系 22.1 を証明せよ. [練 4-A. 24]

問 2. $T=\displaystyle\int_{-\infty}^{\infty}\phi(\lambda)dE(\lambda)$ において,

(i) $\phi(\lambda)$ が有界ならば, T は有界線形作用素である.

(ii) $\phi(\lambda)$ が実数値函数ならば, T は自己共役である.

(iii) $|\phi(\lambda)|=1$ ならば, T はユニタリである. [練 4-A. 25]

§ 23. ストウンの定理

定義 23.1. ヒルベルト空間 H におけるユニタリ作用素の 1 パラメータ族 $\{U_t;\ -\infty<t<\infty\}$ が,

(23.1) $$U_0=I,\quad U_{s+t}=U_sU_t\qquad(-\infty<s,t<\infty).$$

(23.2) 任意の $x,y\in\mathrm{H}$ について, (U_tx,y) は t の連続函数.

をみたしているとき, **1 パラメーター群**という.

(23.2) は, 任意の s について, $\text{w-}\lim_{t\to s}U_t=U_s$ ということであるから, 定理 12.4 により, このとき,

(23.3) $$\text{s-}\lim_{t\to s}U_t=U_s\qquad(-\infty<s<\infty)$$

となっている. (23.2)を満たすとき弱連続, (23.3)を満たすとき強連続というべきであるが, ユニタリ作用素を相手にしている今の場合, それは問題でない.

また, $U_{-t}=U_t^*$ $(-\infty<t<\infty)$ である.

定理 23.1. $\{E(\lambda);\ -\infty<\lambda<\infty\}$ をスペクトル族とするとき,

(23.4) $$V_t=\int_{-\infty}^{\infty}\exp(it\lambda)dE(\lambda)\qquad(-\infty<t<\infty)$$

によって定義される作用素 V_t はユニタリ作用素であり, V_t の全体は 1 パラメーター群をつくる.

証明. 任意の $x\in\mathrm{H}$ について, $\displaystyle\int_{-\infty}^{\infty}|\exp(it\lambda)|^2d\|E(\lambda)x\|^2=\int_{-\infty}^{\infty}d\|E(\lambda)x\|^2$

$=\|x\|^2<\infty$ であるから，補題 22.1 によって，$x\in\mathcal{D}(V_t)$．故に，$\mathcal{D}(V_t)=\mathrm{H}$.
そして，$V_t{}^*=\int_{-\infty}^{\infty}\exp(-it\lambda)dE(\lambda)$ ((22.11)).

$x\in\mathrm{H}$ に対し，系 22.1，(15.19) から，

$$V_t{}^*V_t(E(b)-E(a))x \tag{23.5}$$
$$=\left(\int_a^b\exp(-it\lambda)dE(\lambda)\right)\left(\int_a^b\exp(it\lambda)dE(\lambda)\right)x$$
$$=\int_a^b\exp(-it\lambda)\exp(it\lambda)dE(\lambda)x$$
$$=\int_a^b dE(\lambda)x=(E(b)-E(a))x$$

となるから，$a\to-\infty$，$b\to\infty$ として，$V_t{}^*V_tx=x$．すなわち，$V_t{}^*V_t=I$．同様に $V_tV_t{}^*=I$ を得て，各 V_t はユニタリ作用素であることが知られる．

(23.1) は，$V_t{}^*$ のかわりに V_s を用いれば，上の $V_t{}^*V_t=I$ の証明と同様にして示される．

次に，連続性 (23.3)，すなわち，$x\in\mathrm{H}$ に対して，$\lim_{t\to s}V_tx=V_sx$ であることを示す．任意に $\varepsilon>0$ をとる．$\text{s-}\lim_{n\to\infty}(E(n)-E(-n))=I$ であるから，適当な n をとれば，$\|x-(E(n)-E(-n))x\|<\varepsilon\|x\|$．また，$|t-s|<\varepsilon/n$，$|\lambda|<n$ ならば，$|e^{it\lambda}-e^{is\lambda}|=\left|\int_s^t i\lambda e^{i\xi\lambda}d\xi\right|\leqq\left|\int_s^t|i\lambda e^{i\xi\lambda}|d\xi\right|=|(t-s)\lambda|<\varepsilon$ であるから，系 22.1 を用いて，

$$\|(V_t-V_s)x\|^2$$
$$=\|(E(n)-E(-n))(V_t-V_s)x\|^2$$
$$+\|(I-(E(n)-E(-n)))(V_t-V_s)x\|^2 \quad (\text{系 } 10.1)$$
$$=\left\|\int_{-n}^{n}(e^{it\lambda}-e^{is\lambda})dE(\lambda)x\right\|^2+\|(V_t-V_s)(I-(E(n)-E(-n)))x\|^2$$
$$\leqq\int_{-n}^{n}|e^{it\lambda}-e^{is\lambda}|^2d\|E(\lambda)x\|^2$$
$$+(\|V_t(I-(E(n)-E(-n)))x\|+\|V_s(I-(E(n)-E(-n)))x\|)^2$$
$$<\varepsilon^2\|(E(n)-E(-n))x\|^2+(2\|x-(E(n)-E(-n))x\|)^2<5\varepsilon^2\|x\|^2.$$

故に，$\lim_{t\to s}V_tx=V_sx$.　　　　　　　　　　　　　　　　　　　(証明終)

逆に任意のユニタリ作用素の1パラメーター群が，(23.4) のように表わさ

れることを証明する．まず，証明の途中に用いられる積分を定義して，2, 3 の性質を調べておく．

弱積分 いま，区間 $[a,b]$ で定義された，H の要素の値をとる函数(ベクトル値函数) $x(t)$ があって，これが，弱連続：

(23.6) すべての $y\in \mathrm{H}$ について，$(y,x(t))$ は t の連続函数．

であるとする．このとき $(y,x(t))$ は $a\leqq t\leqq b$ において有界であるから，$\{x(t);a\leqq t\leqq b\}$ は弱有界．したがって，$\|x(t)\|\leqq\gamma$ $(a\leqq t\leqq b)$ となるような γ が存在する(定理 11.2)

そこで，次の積分によって定義される汎函数を考える：

$$f(y)=\int_a^b (y,x(t))dt \qquad (y\in \mathrm{H}). \tag{23.7}$$

これは明らかに線形汎函数であり，かつ $|(y,x(t))|\leqq\|y\|\|x(t)\|\leqq\gamma\|y\|$ から，$|f(y)|\leqq\int_a^b |(y,x(t))|dt\leqq\int_a^b \gamma\|y\|dt=\gamma(b-a)\|y\|$．すなわち有界線形汎函数である．したがって，リースの定理(定理 8.2)によって，$f(y)=(y,x_0)$ なる $x_0\in \mathrm{H}$ が存在する．この x_0 を，

$$\mathrm{w}\text{-}\int_a^b x(t)\,dt$$

と書いて，$x(t)$ の**弱積分**という．したがって，

$$\left(y,\mathrm{w}\text{-}\int_a^b x(t)\,dt\right)=\int_a^b (y,x(t))dt \qquad (y\in \mathrm{H}). \tag{23.8}$$

これについて，いくつかの性質を示す((23.9—15))．

$$x(t)=x\ (a\leqq t\leqq b) \quad ならば，\quad \mathrm{w}\text{-}\int_a^b x(t)\,dt=(b-a)x. \tag{23.9}$$

$$\mathrm{w}\text{-}\int_a^b (\alpha x(t)+\beta y(t))\,dt=\alpha\cdot\mathrm{w}\text{-}\int_a^b x(t)\,dt+\beta\cdot\mathrm{w}\text{-}\int_a^b y(t)\,dt. \tag{23.10}$$

有界線形作用素 B に対して，$Bx(t)$ はまた弱連続で，

$$B\left(\mathrm{w}\text{-}\int_a^b x(t)\,dt\right)=\mathrm{w}\text{-}\int_a^b Bx(t)\,dt. \tag{23.11}$$

任意の $y\in \mathrm{H}$ に対し，$(Bx(t),y)=(x(t),B^*y)$ から，$Bx(t)$ が弱連続であることが知られる．また，

$$\left(\mathrm{w}\text{-}\int_a^b Bx(t)dt,y\right)=\int_a^b (Bx(t),y)dt=\int_a^b (x(t),B^*y)dt$$

$$=\left(\text{w-}\int_a^b x(t)dt, B^*y\right)=\left(B\left(\text{w-}\int_a^b x(t)dt\right), y\right).$$

これから (23.11) が得られる.

$\|x(t)\|$ が t の連続函数ならば，したがって特に，$x(t)$ が強連続：

(23.12)　　各 $s\in[a,b]$ について，$\lim_{t\to s} x(t)=x(s)$.

ならば，

(23.13)
$$\left\|\text{w-}\int_a^b x(t)\,dt\right\|\leqq\int_a^b \|x(t)\|dt.$$

各 $y\in\mathrm{H}$ に対して，$\left|\left(\text{w-}\int_a^b x(t)dt, y\right)\right|=\left|\int_a^b (x(t),y)dt\right|\leqq\int_a^b |(x(t),y)|dt$ $\leqq\int_a^b \|x(t)\|\|y\|dt=\left(\int_a^b \|x(t)\|dt\right)\|y\|$ から (23.13) が得られる. (23.12) が成立しているときは，$\lim_{t\to s}\|x(t)\|=\|x(s)\|$ (系 2.4).

$x_1(t), x_2(t), \cdots, x(t)$ はすべて弱連続で，

(23.14)　　t に関して一様に　$x_n(t)\to x(t)$.

すなわち，$\lim_{n\to\infty}\sup_t\|x_n(t)-x(t)\|=0$ ならば，

(23.15)
$$\left\|\text{w-}\int_a^b x_n(t)\,dt-\text{w-}\int_a^b x(t)\,dt\right\|\to 0\qquad (n\to\infty).$$

$\text{w-}\int_a^b x_n(t)dt-\text{w-}\int_a^b x(t)dt=\text{w-}\int_a^b (x_n(t)-x(t))dt$ であり，(23.7) の前後において示したように，$\|x_n(t)-x(t)\|\leqq\gamma$ ならば，$\left\|\text{w-}\int_a^b (x_n(t)-x(t))dt\right\|\leqq\gamma(b-a)$. ここで γ はいくらでも小さくとれるから，(23.15) が得られる.

以上の準備の下に，次の定理を証明する.

定理 23.2. $\{U_t; -\infty<t<\infty\}$ を，ヒルベルト空間 H におけるユニタリ作用素の1パラメーター群とするとき，スペクトル族 $\{E(\lambda); -\infty<\lambda<\infty\}$ が存在して，

(23.16)
$$U_t=\int_{-\infty}^{\infty}\exp(it\lambda)\,dE(\lambda)\qquad(-\infty<t<\infty)$$

と表わされる.

このようなスペクトル族 $\{E(\lambda)\}$ は一意的に定まる. **(ストウンの定理)**

証明. 数段階に分ける.

1°.　$\text{w-}\lim_{h\to 0}\frac{i}{h}(I-U_h)x$ の存在するような x の全体を D とする. D が部

分空間であることは明らかであるが，D は H で稠密である．

それを示すために，任意の $x\in$H に対して，

$$x_s=\frac{1}{s}\,\mathrm{w}\text{-}\int_0^s U_t x\,dt \qquad (s\neq 0) \tag{23.17}$$

とおくとき，$x_s\in$D．かつ，

$$\lim_{s\to 0} x_s=x \tag{23.18}$$

であることを証明する．

まず，$x(t)=U_t x$ は強連続((23.3), (23.12))であるから，任意の $\varepsilon>0$ に対して，適当に $\delta>0$ をとって，$|t|<\delta$ のとき $\|U_t x-x\|<\varepsilon$ であるようにできる．$0<|s|<\delta$ ならば，

$$\|x_s-x\|=\left\|\frac{1}{s}\,\mathrm{w}\text{-}\int_0^s U_t dt-x\right\|=\left\|\frac{1}{s}\,\mathrm{w}\text{-}\int_0^s (U_t x-x)\,dt\right\| \quad ((23.9))$$

$$\leqq\frac{1}{s}\int_0^s\|U_t x-x\|dt \quad ((23.13)) \quad <\varepsilon.$$

故に，$\lim_{s\to 0} x_s=x$ である．

また，

$$\frac{i}{h}(I-U_h)x_s=\frac{i}{h}\,\frac{1}{s}\left(\mathrm{w}\text{-}\int_0^s U_t x\,dt-U_h\,\mathrm{w}\text{-}\int_0^s U_t x\,dt\right)$$

$$=\frac{i}{s}\,\frac{1}{h}\left(\mathrm{w}\text{-}\int_0^s U_t x\,dt-\mathrm{w}\text{-}\int_0^s U_{t+h} x\,dt\right) \quad ((23.11), (23.1))$$

$$=\frac{i}{s}\,\frac{1}{h}\left(\mathrm{w}\text{-}\int_0^s U_t x\,dt-\mathrm{w}\text{-}\int_h^{s+h} U_t x\,dt\right)$$

$$=\frac{i}{s}\,\frac{1}{h}\left(\mathrm{w}\text{-}\int_0^h U_t x\,dt-\mathrm{w}\text{-}\int_s^{s+h} U_t x\,dt\right)$$

$$=\frac{i}{s}\,\frac{1}{h}\left(\mathrm{w}\text{-}\int_0^h U_t x\,dt-U_s\left(\mathrm{w}\text{-}\int_0^h U_t x\,dt\right)\right) \quad ((23.11))$$

$$=\frac{i}{s}(x_h-U_s x_h)$$

$$\to\frac{i}{s}(x-U_s x) \quad (\text{強}) \qquad (h\to 0).$$

したがって $x_s\in$D．

2°． 各 $x\in$D に対して，$\mathrm{w}\text{-}\lim_{h\to 0}\frac{i}{h}(I-U_h)x$ を対応させる作用素を A と

する：

$$(23.19)\qquad Ax=\text{w-}\lim_{h\to 0}\frac{i}{h}(I-U_h)x \qquad (x\in \mathrm{D}).$$

このとき，

$$(23.20)\qquad U_tA=AU_t \qquad (-\infty<t<\infty),$$

$$(23.21)\qquad \text{w-}\int_0^s U_tAxdt=i(I-U_s)x. \qquad (x\in \mathrm{D}).$$

実際，任意の $y\in \mathrm{H}$ に対して，$x\in \mathrm{D}$ のとき，

$$\left(\frac{i}{h}(I-U_h)U_tx, y\right)=\left(\frac{i}{h}U_t(I-U_h)x, y\right)=\left(\frac{i}{h}(I-U_h)x, U_t{}^*y\right)$$

で，$h\to 0$ のとき，右辺の極限値は存在するから，左辺の極限値も存在し，これより $\text{w-}\lim_{h\to 0}\frac{i}{h}(I-U_h)U_tx$ が存在して，$=U_t\ \text{w-}\lim_{h\to 0}\frac{i}{h}(I-U_h)x=U_tAx$ であることが知られる．したがって $U_tx\in \mathrm{D}$，$U_tAx=AU_tx$．逆に，$U_tx\in \mathrm{D}$ ならば，$x=U_{-t}(U_tx)\in \mathrm{D}$．したがって，$\mathcal{D}(U_tA)=\mathcal{D}(AU_t)=\mathrm{D}$ で，(23.20) が示された．

(23.21) については，任意の $y\in \mathrm{H}$ に対して，

$$\begin{aligned}\frac{d}{dt}(i(I-U_t)x, y)&=\lim_{h\to 0}\frac{1}{h}((i(I-U_{t+h})x, y)-(i(I-U_t)x, y))\\&=\lim_{h\to 0}\frac{i}{h}((U_t-U_{t+h})x, y)\\&=\lim_{h\to 0}\left(\frac{i}{h}(I-U_h)U_tx, y\right)=(AU_tx, y)=(U_tAx, y).\end{aligned}$$

したがって，

$$\int_0^s (U_tAx, y)dt=\Big[(i(I-U_t)x, y)\Big]_0^s=(i(I-U_s)x, y)$$

となる．すなわち (23.21) が得られた．

3°．A は自己共役作用素である．

A が線形作用素であることは殆んど明らか．その定義域 D は H で稠密である．

A は閉作用素である．それを示すために，$x_n\in \mathrm{D}$，$x_n\to x$，$Ax_n\to x'$ とすれば，t に関して一様に $U_tAx_n\to U_tx'$ である(実際，$\|U_tAx_n-U_tx'\|=\|Ax_n-x'\|$)

から，(23.21) で $x=x_n$ とし，(23.15) を用いて $n\to\infty$ ならしむれば，$\text{w-}\int_0^h U_t x' dt = i(I-U_h)x$. したがって，(23.17,18) を用いて，$h\to 0$ とすれば，

$$\frac{i}{h}(I-U_h)x = \frac{1}{h}\text{w-}\int_0^h U_t x' dt \to x' \quad (\text{強})$$

を知る．すなわち $x\in\mathrm{D}$，$x'=Ax$.

A は対称作用素である．いま，$x, y\in\mathrm{D}$ とすれば

$$(Ax, y) = \left(\text{w-}\lim_{h\to 0}\frac{i}{h}(I-U_h)x, y\right) = \lim_{h\to 0}\left(\frac{i}{h}(I-U_h)x, y\right)$$
$$= \lim_{h\to 0}\left(x, \frac{i}{-h}(I-U_{-h})y\right) = \left(x, \text{w-}\lim_{h\to 0}\frac{i}{h}(I-U_h)y\right)$$
$$= (x, Ay).$$

A が自己共役なことを示すために，$(Ax, y)=(x, y^*)$ がすべての $x\in\mathrm{D}$ について成立していたとする．これより，(23.20)を用い，$(Ax, U_t y)=(U_{-t}Ax, y)$ $=(AU_{-t}x, y)=(U_{-t}x, y^*)=(x, U_t y^*)$ となるから，積分 $\int_0^s dt$ をとれば，

$$(Ax, y_s)=(x, y_s^*). \text{ ただし，} y_s = \frac{1}{s}\text{w-}\int_0^s U_t y dt,\quad y_s^* = \frac{1}{s}\text{w-}\int_0^s U_t y^* dt.$$

$y_s\in\mathrm{D}$ (1°) であるから，$y_s^*=Ay_s$. そして，$\lim_{s\to 0} y_s = y$，$\lim_{s\to 0} y_s^* = y^*$ ((23.18))．かつ A は閉作用素であることはすでに知られたから，$y\in\mathrm{D}$，かつ，$y^*=Ay$ となる．これは A が自己共役であることを示している．

4°. A のスペクトル分解を，

$$A = \int_{-\infty}^{\infty} \lambda dE(\lambda) \tag{23.22}$$

とし，このスペクトル族 $\{E(\lambda); -\infty<\lambda<\infty\}$ から，定理 23.1 によって得られる 1 パラメーター群 $\{V_t; -\infty<t<\infty\}$ を考える：

$$V_t = \int_{-\infty}^{\infty} e^{it\lambda} dE(\lambda).$$

このとき，V_t に対応して上の A と同様にして定まる自己共役作用素を A' とするとき，実は $A'=A$.

実際 A' は，

$$A'x = \text{w-}\lim_{h\to 0}\frac{i}{h}(I-V_h)x \qquad (\text{弱極限が存在するとき})$$

によって定義されている．ところで，$x \in \mathrm{D}$ ならば，

$$\left\|\frac{i}{h}(I-V_h)(E(b)-E(a))x-A(E(b)-E(a))x\right\|^2$$

$$=\left\|\frac{i}{h}\int_a^b(1-e^{ih\lambda})dE(\lambda)x-\int_a^b\lambda dE(\lambda)x\right\|^2 \quad (\text{系 } 22.1)$$

$$=\frac{1}{h^2}\int_a^b|e^{ih\lambda}-1-ih\lambda|^2d\|E(\lambda)x\|^2 \leqq \frac{1}{h^2}\int_a^b\frac{h^4\lambda^4}{4}d\|E(\lambda)x\|^2 \ {}^{1)}$$

$$=\frac{h^2}{4}\int_a^b\lambda^4d\|E(\lambda)x\|^2 \to 0 \qquad (h\to 0)$$

となるから，$(E(b)-E(a))x \in \mathcal{D}(A')$．かつ，$A'(E(b)-E(a))x=A(E(b)-E(a))x$．ここで，$a\to-\infty$，$b\to\infty$ とすれば，$\lim(E(b)-E(a))x=x$，$\lim A(E(b)-E(a))x=Ax$ で，かつ A' は 3° で(Aについて)示したように閉作用素であるから，$x\in\mathcal{D}(A')$，$A'x=Ax$ となる．これは，$A\subset A'$ であることをいっていることになるが，A も A' も自己共役作用素であるから，$A'=A$ でなければならない(系 21.2)．

5°. $$U_t=V_t=\int_{-\infty}^{\infty}e^{it\lambda}dE(\lambda) \qquad (-\infty<t<\infty).$$

U_t は A と可換である((23.20))から，またすべての $E(\lambda)$ と可換(定理 22.3)．したがってまた，$U_tV_s=V_sU_t$．いま $W_t=U_t^*V_t$ $(-\infty<t<\infty)$ とすれば，$W_0=I$，$W_sW_t=W_{s+t}$ $(-\infty<s,t<\infty)$ は上の可換性より知られる．そして，$(W_tx,y)=(U_tx,V_ty)$ は t の連続函数になる(系 2.5)．したがって，$\{W_t;-\infty<t<\infty\}$ は，ユニタリ作用素の1パラメーター群である．

これに対して，$x\in\mathrm{D}$，$y\in\mathrm{H}$ のとき，

$$\left(\frac{i}{h}(I-W_h)x,y\right)=\left(\frac{i}{h}(I-U_{-h}V_h)x,y\right)$$

$$=\left(\frac{i}{h}(I-U_{-h})x,y\right)+\frac{i}{h}(U_h^*(I-V_h)x,y)$$

$$=-\left(\frac{i}{-h}(I-U_{-h})x,y\right)+\left(\frac{i}{h}(I-V_h)x,U_hy\right).$$

---

1) $|e^{i\xi}-1-i\xi|=\left|i\xi\int_0^1(e^{iu\xi}-1)du\right|\leqq|\xi|\int_0^1|e^{iu\xi}-1|du\leqq|\xi|\int_0^1u|\xi|du=\frac{1}{2}|\xi|^2.$

この右辺で，$h\to 0$ とするとき，$\dfrac{i}{-h}(I-U_{-h})x\to Ax$（弱），$\dfrac{i}{h}(I-V_h)x\to Ax$（弱），$U_h y\to y$（強）であるから，系 11.6 により，右辺$\to -(Ax, y)+(Ax, y)=0$．故に，

$$\text{w-}\lim_{h\to\infty}\frac{i}{h}(I-W_h)x=A''x=0.$$

(23.21) から，$x\in \mathrm{D}$ に対して，

$$(I-W_s)x=-i\,\text{w-}\int_0^s W_t A''x dt=0.$$

故に，$W_s x=x$ $(x\in \mathrm{D})$．D は稠密であるから，$W_s=I$．すなわち，$U_s=V_s$ である．

6°．スペクトル分解の一意性.

$U_t=\int_{-\infty}^{\infty}e^{it\lambda}dE'(\lambda)$ とすれば，4° と同様にして，$A=\int_{-\infty}^{\infty}\lambda dE'(\lambda)$ を得るから，自己共役作用素のスペクトル分解の一意性によって，$E'(\lambda)=E(\lambda)$ $(-\infty<\lambda<\infty)$．

（証明終）

注． 1 パラメーター群 $\{U_t; -\infty<t<\infty\}$ から，(23.19) によって定義される自己共役作用素 A（または iA）を，この 1 パラメーター群の**無限小生成作用素**という．そして，A が (23.22) と表わされ，U_t が (23.16) で表わされる関係を，しばしば，

(23.23) $$U_t=e^{itA}=\exp itA$$

で示す．

例 23.1． $L^2(-\infty, \infty)$ において，作用素 U_s を，

$$(U_s x)(t)=x(t-s)$$

によって定義すれば，$\{U_s; -\infty<s<\infty\}$ は，ユニタリ作用素の 1 パラメーター群をなす．この群の無限小生成作用素は $i\dfrac{d}{dt}$ である．

問 1． $\{U_t; 0\leqq t<\infty\}$ はユニタリ作用素の族で，$U_0=I$，$U_sU_t=U_{s+t}$ $(s, t\geqq 0)$，および，任意の $x, y\in \mathrm{H}$ について $(U_t x, y)$ は t の連続函数 という条件がみたされているとする．このとき，$-\infty<t<0$ なる t に対して，$U_t=U_{-t}{}^*$ とおくことによって，$\{U_t; -\infty<t<\infty\}$ は 1 パラメーター群になる． [練 4-A. 26]

問 2． 定理 19.2 の証明中，6°．$A=\int_{-\infty}^{\infty}\lambda dE'(\lambda)$ を証明せよ． [練 4-A. 27]

問 題 4

以下，問題はすべて，1つのヒルベルト空間 H において考える.

1. T は稠密な定義域を有する線形作用素とする．T に対して，次の3つの性質は同値であることを示せ($x_1, x_2, \cdots \in \mathcal{D}(T)$ とする):

(i) $\lim_{n\to\infty} x_n = x$, $\lim_{n\to\infty} Tx_n = y$ ならば，$x \in \mathcal{D}(T)$, $Tx = y$.

(ii) $\text{w-}\lim_{n\to\infty} x_n = x$, $\lim_{n\to\infty} Tx_n = y$ ならば，$x \in \mathcal{D}(T)$, $Tx = y$.

(iii) $\lim_{n\to\infty} x_n = x$, $\text{w-}\lim_{n\to\infty} Tx_n = y$ ならば，$x \in \mathcal{D}(T)$, $Tx = y$.

(iv) $\text{w-}\lim_{n\to\infty} x_n = x$, $\text{w-}\lim_{n\to\infty} Tx_n = y$ ならば，$x \in \mathcal{D}(T)$, $Tx = y$. [練 4-B.1]

2. T は稠密な定義域を有する線形作用素とする.

(i) $\mathcal{N}(T) \perp \mathcal{R}(T^*)$.

(ii) T が閉作用素ならば，$\mathcal{N}(T) = (\mathcal{R}(T^*))^\perp$. [練 4-A.5]

3. T は閉作用素であるとすれば，$\mathcal{N}(T)$ は H の閉部分空間である. [練 4-A.4]

4. T は稠密な定義域を有する線形作用素で，かつ閉拡大を有するものとする．このとき，$x_1, x_2, \cdots \in \mathcal{D}(T)$ に対して，

$$x_1, x_2, \cdots \text{ は弱収束,} \qquad Tx_1, Tx_2, \cdots \text{ は有界}$$

であれば，$Tx_1, Tx_2, \cdots$ は弱収束である. [練 4-B.2]

5. Tは閉作用素とする.

(i) S が連続な閉作用素であるとき，TS はまた閉作用素である.

(ii) S が連続な逆作用素を有する閉作用素であるとき，ST は閉作用素である.

[練 4-B.3]

6. T は稠密な定義域および値域を有する閉作用素で，逆作用素を有するものとする．このとき，

$$T^{-1} \text{ が連続} \rightleftarrows \mathcal{D}(T^{-1}) = \mathrm{H}.$$ [練 4-A.10]

7. 閉作用素 T の定義域が，H の閉部分空間 K を含むとき，$P = \mathrm{proj}(\mathrm{K})$ とすれば，TP は有界線形作用素である. [練 4-B.4]

8. T は閉作用素であるとする．いま，$\mathcal{D}(T)$ 上で，内積を新たに，

$$(x, y)_1 = (x, y) + (Tx, Ty)$$

によって定義するとき，$\mathcal{D}(T)$ は，この内積に関してヒルベルト空間となる.

D が $\mathcal{D}(T)$ の部分空間で，$\mathcal{D}(T)$ において，この内積から導かれたノルム $\|\cdot\|_1$ に関して稠密であれば，T の定義域を D 上に制限して得られる作用素 T_0 は H において最小の閉拡大を有し，それは T に他ならない. [練 4-B.5]

9. A を閉対称作用素，U をそのケイリー変換とする．そして，

$\mathrm{V}_1 = \mathcal{R}(A+iI) = \mathcal{D}(U)$, $\mathrm{V}_2 = \mathcal{R}(A-iI) = \mathcal{R}(U)$, $\mathrm{W}_+ = \mathrm{V}_1^\perp$, $\mathrm{W}_- = \mathrm{V}_2^\perp$ とする.

(i) $\mathrm{W}_+ = \{x;\ x \in \mathcal{D}(A^*),\ A^*x = ix\}$.

$W_- = \{x;\ x \in \mathcal{D}(A^*),\ A^*x = -ix\}$.

（ii） $x \in \mathcal{D}(A^*)$ は，$x = x_0 + x_+ + x_-$ （$x_0 \in \mathcal{D}(A)$，$x_+ \in W_+$，$x_- \in W_-$） と一意的に表わされる．そして，$A^*x = Ax_0 + ix_+ - ix_-$． ［練 4-B.6］

10. $\{E(\lambda); -\infty < \lambda < \infty\}$ はスペクトル族とする．

（i） $\int_{-\infty}^{\infty}(\phi_1(\lambda)+\phi_2(\lambda))dE(\lambda)) \supset \int_{-\infty}^{\infty}\phi_1(\lambda)dE(\lambda) + \int_{-\infty}^{\infty}\phi_2(\lambda)dE(\lambda)$.

（ii） $\int_{-\infty}^{\infty}\gamma\phi(\lambda)dE(\lambda) = \gamma\int_{-\infty}^{\infty}\phi(\lambda)dE(\lambda) \quad (\gamma \neq 0)$.

（iii） $\int_{-\infty}^{\infty}\phi_1(\lambda)\phi_2(\lambda)dE(\lambda) \supset \left(\int_{-\infty}^{\infty}\phi_1(\lambda)dE(\lambda)\right)\left(\int_{-\infty}^{\infty}\phi_2(\lambda)dE(\lambda)\right)$. ［練 4-B.7］

11. A は自己共役作用素で，$A = \int_{-\infty}^{\infty}\lambda dE(\lambda)$ をそのスペクトル分解とするとき，

$$A^n = \int_{-\infty}^{\infty}\lambda^n dE(\lambda) \qquad (n = 1, 2, \cdots).$$

特に，A^n はすべて自己共役である． ［練 4-B.8］

12. A が自己共役作用素で，任意の $x \in \mathcal{D}(A)$ について $(Ax, x) \geqq 0$ であるとき，正の自己共役作用素という．

A のスペクトル分解を，$A = \int_{-\infty}^{\infty}\lambda dE(\lambda)$ とするとき，

A が正の自己共役作用素 $\rightleftarrows E(-0) = O$. ［練 4-B.9］

13. $\{E(\lambda);\ -\infty < \lambda < \infty\}$ をスペクトル族とする．$\phi(\lambda) \geqq 0$ $(-\infty < \lambda < \infty)$ ならば，$\int_{-\infty}^{\infty}\phi(\lambda)dE(\lambda)$ は正の自己共役作用素である． ［練 4-B.10］

14. A を正の自己共役作用素とするとき，$A = B^2$ であるような正の自己共役作用素 B が存在して，一意的に定まる． ［練 4-B.11］

15. A は自己共役作用素で，また，U はユニタリ作用素であるとする．そのとき，U^*AU は自己共役作用素である．A のスペクトル分解を $\int_{-\infty}^{\infty}\lambda dE(\lambda)$ とすれば，U^*AU のスペクトル分解は，$\int_{-\infty}^{\infty}\lambda d(U^*E(\lambda)U)$ によって与えられる． ［練 4-B.12］

16. A は自己共役作用素とする．そのとき，$x \in H$，$\gamma > 0$ に対して，次の 3 つの条件は同等であることを示せ．

（i） $x \in \bigcap_{n=1}^{\infty}\mathcal{D}(A^n)$，　$\overline{\lim_{n\to\infty}}\gamma^{-n}\|A^n x\| < \infty$.

（ii） $x \in \bigcap_{n=1}^{\infty}\mathcal{D}(A^n)$，　$\|A^n x\| \leqq \gamma^n\|x\|$ $(n = 1, 2, \cdots)$

（iii） $x \in \mathcal{R}(E(\gamma) - E(-\gamma - 0))$. ［練 4-B.13］

17. A は正の自己共役作用素とする．U がユニタリ作用素で，

$\mathcal{D}(U^*AU) = \mathcal{D}(A)$，かつ，

$x \in \mathcal{D}(A) \Rightarrow \|U^*AUx\| = \|Ax\|$

であるならば，$U^*AU = A$. ［練 4-B.14］

第2部　バナッハ空間

第5章　バナッハ空間

§ 24. バナッハ空間

ノルム(のあるベクトル)空間[1]の定義は，§2 でなされた．X をノルム空間とするとき，$x, y \in X$ に対して，$d(x,y)=\|x-y\|$ とすれば，これが X に1つの距離を与える．そしてこれから種々の位相的概念が導入されたわけである．強収束，強極限，強集積点，強閉包，近傍，開集合，稠密，可分等．

X が完備なノルム空間であるときバナッハ空間と呼ぶことは，定義 3.3 である．

以上のことについては pp. 6—9, 18 を再読していただきたい．

また §5 の完備化の議論も，そのまま成立する[2]．したがって，任意のノルム空間は，いつでもバナッハ空間に拡大することが出来る．

定理 24.1. X をノルム空間とする．X の部分空間 Y に対して，$y \in Y$ のノルムを X におけるノルムの値と等しくとって，Y はノルム空間となる．

(i)　Y がノルム空間として完備ならば，Y は X の閉部分空間である．

(ii)　X がバナッハ空間であるとき，その閉部分空間 Y はまたバナッハ空間である．

証明は容易であるから省略する．(問 24.1)

定理 24.2. X は有限次元のノルム空間であるとする．X の1つの基 $e_1, \cdots, e_n$ を固定すれば，$X \ni x$ は $x=\xi_1 e_1+\cdots+\xi_n e_n$ と書くことができる．X の要素列 $x_1, x_2, \cdots (x_k=\xi_1{}^{(k)} e_1+\cdots+\xi_n{}^{(k)} e_n)$ が $x=\xi_1 e_1+\cdots+\xi_n e_n$ に強収束するため

---

1)　係数体は，特に明示していない限り，実数体でも複素数体でもよい．§1 のはじめ参照．

2)　内積を定義する部分だけ省いてしまえばよい．

の必要十分条件は，

$$\lim_{k\to\infty}\xi_j{}^{(k)}=\xi_j \qquad (j=1,\cdots,n).$$

証明. [⇐] $\|x_k-x\|=\left\|\sum_{j=1}^{n}(\xi_j{}^{(k)}-\xi_j)e_j\right\|\leqq\sum_{j=1}^{n}|\xi_j{}^{(k)}-\xi_j|\|e_j\|\to 0.$

[⇒] まず，$x_1, x_2, \cdots$ が有界であるとき，$\sigma_k=\sum_{j=1}^{n}|\xi_j{}^{(k)}|$ $(k=1,2,\cdots)$ とすれば，$\sigma_1, \sigma_2, \cdots$ が有界でなければならないことを示そう．

実際，もしそうでないとすれば，適当な部分列をとることによって，$\lim_{k\to\infty}\sigma_k=\infty$ であるとしておいてもよい．このとき，各 $j(=1,\cdots,n)$ について，$\eta_j{}^{(k)}=\xi_j{}^{(k)}/\sigma_k$ を考えれば，$|\eta_j{}^{(k)}|\leqq 1$ であるから，$\eta_j{}^{(1)}, \eta_j{}^{(2)}, \cdots$ は有界な数列となり，その適当な部分列が収束する．いま，必要ならばまた適当な部分列でおきかえることにして，$\lim_{k\to\infty}\eta_j{}^{(k)}=\eta_j$ が $j=1,\cdots,n$ について存在するものと仮定しておいてよい．このとき，$y_k=(1/\sigma_k)x_k=\sum_{j=1}^{n}\eta_j{}^{(k)}e_j$，$y=\sum_{j=1}^{n}\eta_je_j$ とすれば，[⇐]の部分によって，$\lim_{k\to\infty}y_k=y$．そして $\sum_{j=1}^{n}|\eta_j|=1$ であるから $y\neq 0$ である．ところで一方，$x_1, x_2, \cdots$ が有界であるという仮定より，$\|x_k\|\leqq\gamma$ $(k=1,2,\cdots)$ とすれば，$\|y_k\|=(1/\sigma_k)\|x_k\|\leqq\gamma/\sigma_k\to 0$．故に，$y=0$ でなければならない．これは矛盾である．

そこで，次に，$x_k'=(1/\|x_k-x\|)(x_k-x)=\sum_{j=1}^{n}((\xi_j{}^{(k)}-\xi_j)/\|x_k-x\|)e_j$ $(k=1,2,\cdots)$ とすれば $x_1', x_2', \cdots$ は有界．故に，上に示したように，$\sigma_k'=\sum_{j=1}^{n}|\xi_j{}^{(k)}-\xi_j|/\|x_k-x\|$ $(k=1,2,\cdots)$ とするとき，$\sigma_1', \sigma_2', \cdots$ は有界．$\sigma_k'\leqq\gamma'$ $(k=1,2,\cdots)$ とすれば，$\sum_{j=1}^{n}|\xi_j{}^{(k)}-\xi_j|\leqq\gamma'\|x_k-x\|$ $(k=1,2,\cdots)$．$\lim_{k\to\infty}\|x_k-x\|=0$ であるから，$j=1,\cdots,n$ について，$\lim_{k\to\infty}\xi_j{}^{(k)}=\xi_j$ であることになる．（証明終）

系 24.1. 有限次元のノルム空間 X は完備である．

証明. $x_1, x_2, \cdots$ を X の基本列とすれば，$x_1, x_2, \cdots$ は有界(問 3.2)．故に，定理 24.2 の証明において示したように，$\xi_j{}^{(k)}$ は有界．故に，$j=1,\cdots,n$ のすべてについて，$\xi_j{}^{(k(1))}, \xi_j{}^{(k(2))}, \cdots$ が収束であるように部分列がとれる．このとき $x_{k(1)}, x_{k(2)}, \cdots$ は強収束(定理 24.2)．故に，$x_1, x_2, \cdots$ は強収束(系 3.2)．故に，X は完備である．

（証明終）

系 24.2. ノルム空間 X の有限次元の部分空間は閉部分空間である.

証明. Y を X の有限次元部分空間とする. Y を定理 24.1 のように1つのノルム空間と考えたとき, 系 24.1 によってそれは完備である. 故に, 定理 24.1 によって, Y は X の閉部分空間であることになる. (証明終)

定理 24.3. X をノルム空間, N をその閉部分空間とするとき, 商ベクトル空間(定義 1.6) $\bar{\mathrm{X}}=\mathrm{X}/\mathrm{N}$ に, 次のようにしてノルムを導入することができる:

$$\|\bar{x}\|=\inf\{\|x\|;x\in\bar{x}\}. \tag{24.1}$$

X がバナッハ空間ならば, $\bar{\mathrm{X}}$ もこのノルムによりバナッハ空間となる.

証明. $\|\bar{x}\|\geqq 0$ はよい. $\|\bar{x}\|=0$ とすれば, $\inf\{\|x\|;x\in\bar{x}\}=0$ であるから, $x_1,x_2,\cdots\in\bar{x}$ で, $\lim_{n\to\infty}\|x_n\|=0$ となるようなものがある. このとき, $x_1-x_n\in\mathrm{N}$ $(n=1,2,\cdots)$. かつ, N は強閉であるから, $x_1=\lim_{n\to\infty}(x_1-x_n)\in\mathrm{N}$. したがって, $\bar{x}=\bar{x}_1=\bar{0}$.

$\|\bar{x}+\bar{y}\|=\inf\{\|x+y\|;\ x\in\bar{x},y\in\bar{y}\}\leqq\inf\{\|x\|+\|y\|;\ x\in\bar{x},y\in\bar{y}\}=\inf\{\|x\|;x\in\bar{x}\}+\inf\{\|y\|;y\in\bar{y}\}=\|\bar{x}\|+\|\bar{y}\|$. 同様に, $\|\alpha\bar{x}\|=|\alpha|\|\bar{x}\|$.

次に, X が完備であるとき, $\bar{\mathrm{X}}$ も完備であることを示す. 基本列は, そのある1つの部分列が強収束すれば, それ自身同じ要素に強収束する(系 3.2)から, 最初から適当な部分列をとって, 基本列 $\bar{x}_1,\bar{x}_2,\cdots$ は, $\|\bar{x}_k-\bar{x}_m\|<1/2^{k+1}$ $(m>k)$ を満たすものとしておいてよい(問 3.3). いま $y_k\in\bar{x}_{k+1}-\bar{x}_k(k=1,2,\cdots)$ を, $\|y_k\|\leqq\|\bar{x}_{k+1}-\bar{x}_k\|+1/2^{k+1}(<1/2^k)$ を満足するように選んで,

$$x_k=x_1+y_1+\cdots+y_{k-1}\qquad(k=2,3,\cdots)$$

とする. ただし, x_1 はあらかじめ $\bar{x}_1$ から任意に選んで固定しておく. このようにすれば, $x_k\in\bar{x}_k$ $(k=1,2,\cdots)$ であり, かつ $m>k$ のとき,

$$\|x_m-x_k\|=\|y_k+\cdots+y_{m-1}\|\leqq\|y_k\|+\cdots+\|y_{m-1}\|$$
$$<1/2^k+\cdots+1/2^{m-1}<1/2^{k-1}.$$

故に, $x_1,x_2,\cdots$ は基本列をなし, したがって, X がバナッハ空間ならば, $x=\lim_{k\to\infty}x_k$ が存在する. そうすれば, 一般に $\|\bar{x}-\bar{x}_k\|=\|\overline{x-x_k}\|\leqq\|x-x_k\|$ であるから, $\bar{x}_1,\bar{x}_2,\cdots$ は $\bar{x}$ に収束することとなる. 故に, $\bar{\mathrm{X}}$ も完備で, したがってバナッハ空間であることになる. (証明終)

バナッハ空間の例 (以下には実バナッハ空間のみを考える. しかし, これらの例を複素数体上の場合に拡張することは容易である.)

例 24.1. 有限次元のノルム空間は, すべて完備であり, したがってバナッハ空間である(系 24.1).

しかし, そのノルムのはいり方は様々である. いま n 次元の実ノルム空間 X において, 基 $e_1, \cdots, e_n$ ($\|e_k\|=1$ $(k=1, \cdots, n)$) を選んで, $X \ni x=\xi_1 e_1+\cdots+\xi_n e_n$ と書く. これによって, $X \ni x \to (\xi_1, \cdots, \xi_n) \in \mathbf{R}^n$ なる対応を得るが, この対応によって X と $\mathbf{R}^n$ を同一視すれば,

$$v(\xi_1, \cdots, \xi_n)=\|\xi_1 e_1+\cdots+\xi_n e_n\|$$

なる函数によって, そのノルムは特徴づけられることになる.

$v(\xi_1, \cdots, \xi_n)=(|\xi_1|^p+\cdots+|\xi_n|^p)^{1/p}$ $(1 \leqq p<\infty)$ のとき, (l^p) ノルム,

$v(\xi_1, \cdots, \xi_n)=\max\{|\xi_1|, \cdots, |\xi_n|\}$ のとき, (l^∞) ノルム, または sup ノルムという.

ノルムがどのような形で与えられていても, 位相空間としては, $\mathbf{R}$ の直積空間 $\mathbf{R}^n$ と位相同型であることが, 定理 24.2 によって知られる.

(l^∞) ノルムは, (l^p) ノルムで $p \to \infty$ としたときの極限となっている. 実際, $\max\{|\xi_1|, \cdots, |\xi_n|\}=|\xi_k|$ とすれば,

$$|\xi_k| \leqq (|\xi_1|^p+\cdots+|\xi_n|^p)^{1/p} \leqq n^{1/p}|\xi_k|$$

から,

$$\lim_{p\to\infty}(|\xi_1|^p+\cdots+|\xi_n|^p)^{1/p}=|\xi_k|=\max\{|\xi_1|, \cdots, |\xi_n|\}.$$

さて (l^p) ノルム $(1 \leqq p<\infty)$ がノルムの条件を満足することは, 下のミンコフスキーの不等式がそれにあたる.

次の不等式が成立する:

$$(24.2) \quad \left|\sum_{k=1}^n \xi_k \eta_k\right| \leqq \left(\sum_{k=1}^n |\xi_k|^p\right)^{1/p}\left(\sum_{k=1}^n |\eta_k|^q\right)^{1/q} \qquad \left(1 \leqq p<\infty, \quad \frac{1}{p}+\frac{1}{q}=1\right).$$

(ヘルダーの不等式)

ここで $p=1$ のときは, $q=\infty$ として, 右辺の第 2 因子の意味は, 上に述べたとおり, $\max\{|\eta_1|, \cdots, |\eta_n|\}$ のこととする.

$$(24.3)\quad \left(\sum_{k=1}^{n}|\xi_k+\eta_k|^p\right)^{1/p}\leqq\left(\sum_{k=1}^{n}|\xi_k|^p\right)^{1/p}+\left(\sum_{k=1}^{n}|\eta_k|^p\right)^{1/p}\qquad (1\leqq p\leqq\infty).$$

（ミンコフスキーの不等式）

（ヘルダーの不等式の証明）$p=1$ のときは明らか．$1<p<\infty$ のときは，$\eta=\xi^{p-1}$ を逆に解いたのが $\xi=\eta^{q-1}$ であるから，図 6 から明らかな如く，$\xi,\eta>0$ ならば，

$$(24.4)\quad \xi\eta\leqq\int_0^{\xi}\xi^{p-1}d\xi+\int_0^{\eta}\eta^{q-1}d\eta=\frac{1}{p}\xi^p+\frac{1}{q}\eta^q.$$

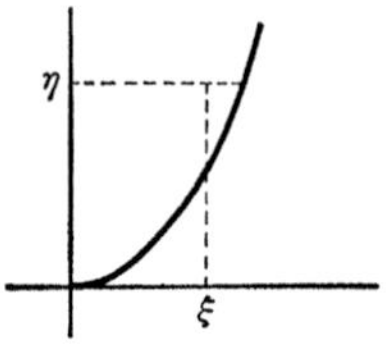

図　6

この式に，

$$\xi=\frac{|\xi_k|}{\left(\sum_{k=1}^{n}|\xi_k|^p\right)^{1/p}},\qquad \eta=\frac{|\eta_k|}{\left(\sum_{k=1}^{n}|\eta_k|^q\right)^{1/q}}$$

を代入し，k について加えれば，右辺$=1$ となり，分母をはらって，

$$\left|\sum_{k=1}^{n}\xi_k\eta_k\right|\leqq\sum_{k=1}^{n}|\xi_k||\eta_k|\leqq\left(\sum_{k=1}^{n}|\xi_k|^p\right)^{1/p}\left(\sum_{k=1}^{n}|\eta_k|^q\right)^{1/q}.$$

（ミンコフスキーの不等式の証明）$p=1,\infty$ のときは明らか．$1<p<\infty$ のときは，

$$\begin{aligned}\sum_{k=1}^{n}|\xi_k+\eta_k|^p&=\sum_{k=1}^{n}|\xi_k+\eta_k|^{p-1}|\xi_k+\eta_k|\leqq\sum_{k=1}^{n}|\xi_k+\eta_k|^{p-1}(|\xi_k|+|\eta_k|)\\&=\sum_{k=1}^{n}|\xi_k+\eta_k|^{p-1}|\xi_k|+\sum_{k=1}^{n}|\xi_k+\eta_k|^{p-1}|\eta_k|\\&\leqq\left(\sum_{k=1}^{n}|\xi_k|^p\right)^{1/p}\left(\sum_{k=1}^{n}|\xi_k+\eta_k|^{q(p-1)}\right)^{1/q}+\left(\sum_{k=1}^{n}|\eta_k|^p\right)^{1/p}\left(\sum_{k=1}^{n}|\xi_k+\eta_k|^{q(p-1)}\right)^{1/q}\end{aligned}$$

（ヘルダーの不等式による）

$$=\left(\left(\sum_{k=1}^{n}|\xi_k|^p\right)^{1/p}+\left(\sum_{k=1}^{n}|\eta_k|^p\right)^{1/p}\right)\left(\sum|\xi_k+\eta_k|^p\right)^{1/q}.$$

この両辺を $\left(\sum_{k=1}^{n}|\xi_k+\eta_k|^p\right)^{1/q}$ で割れば (24.3) が得られる．

例 24.2. (c_0)，(c)，(m)．

(c_0)：　$\lim_{n\to\infty}\xi_n=0$ であるような数列 $(\xi_1,\xi_2,\cdots)$ の全体．

(c)：　$\lim_{n\to\infty}\xi_n$(有限な) の存在するような数列の全体．

(m)：　有界な数列の全体．

これらの空間の中には，いずれも，

$$(24.5)\qquad \alpha(\xi_1,\xi_2,\cdots)+\beta(\eta_1,\eta_2,\cdots)=(\alpha\xi_1+\beta\eta_1,\alpha\xi_2+\beta\eta_2,\cdots)$$

と定義することによって，線形演算が導入され，かつ，$x=(\xi_1,\xi_2,\cdots)$ に対して，

$$\|x\|=\sup\{|\xi_n|;n=1,2,\cdots\}$$

とおくと，これがノルムとなり，(c_0)，(c)，(m) のいずれも，このノルムに

関して完備，したがってバナッハ空間となる．

(c_0) は (c)，(m) の，(c) は (m) の閉部分空間である．また，(c_0)，(c) は可分である．(m) は可分でない．

例 24.3. (l^p) $(1 \leqq p < \infty)$.

数列 $(\xi_1, \xi_2, \cdots)$ で，$\sum_{n=1}^{\infty} |\xi_n|^p < \infty$ を満たすものの全体が (l^p) である．

有限次元の場合のヘルダー，ミンコフスキーの不等式 (24.2)，(24.3) は，$n \to \infty$ としてそのまま成立する：

$$\sum_{n=1}^{\infty} |\xi_n \eta_n| \leqq \left(\sum_{n=1}^{\infty} |\xi_n|^p\right)^{1/p} \left(\sum_{n=1}^{\infty} |\eta_n|^q\right)^{1/q} \qquad \left(1 \leqq p < \infty,\ \frac{1}{p} + \frac{1}{q} = 1\right)$$

（ヘルダーの不等式）

$$\left(\sum_{n=1}^{\infty} |\xi_n + \eta_n|^p\right)^{1/p} \leqq \left(\sum_{n=1}^{\infty} |\xi_n|^p\right)^{1/p} + \left(\sum_{n=1}^{\infty} |\eta_n|^p\right)^{1/p} \qquad (1 \leqq p \leqq \infty)$$

（ミンコフスキーの不等式）

（ここにある級数は，すべて正項級数であるから，級数が発散の場合も，その値 $= \infty$ として不等式は成立する.）

さて，(l^p) に線形演算を (24.5) によって導入するとき，$x, y \in (l^p)$ ならば $x + y \in (l^p)$ となることが，ミンコフスキーの不等式からいわれる．これによって (l^p) はベクトル空間であり，さらに，

$$\|x\| = \left(\sum_{n=1}^{\infty} |\xi_n|^p\right)^{1/p}$$

とおけば，これがノルムになる．そのノルムに関する三角不等式が，ミンコフスキーの不等式に他ならない．(l^p) が完備であることは，例 3.1 において (l^2) についてやったのと全く同様に示される．また (l^p) は可分である（例 2.2 と同様）．

例 24.4. $C(a, b)$，$C(S)$，$C_0(S)$

例 2.3 で導入した $C(a, b)$ は，連続函数の一様収束極限がまた連続函数であることから，一様収束のノルムに関して完備，すなわちバナッハ空間をなす．

実際，各 t に対して，$|x_n(t) - x_m(t)| \leqq \|x_n - x_m\|$ であるから，$\lim_{n, m \to \infty} |x_n(t) - x_m(t)| = 0$ となって，$x(t) = \lim_{n \to \infty} x_n(t)$ の存在が知られる．そこで，$\varepsilon > 0$ に対して $\|x_n - x_m\| \leqq \varepsilon$

$(n, m \geqq n_0)$ であるとすれば，$|x_n(t)-x_m(t)| \leqq \|x_n-x_m\| \leqq \varepsilon$ で $m \to \infty$ とすることにより，$|x_n(t)-x(t)| \leqq \varepsilon$ $(n \geqq n_0)$ が得られ，$x_n(t)$ は $x(t)$ に一様収束することとなる．したがって $x(t)$ は連続で，$\|x_n-x\| \to 0$.

$C(a,b)$ は可分である．

$C(a,b)$ の集合が強相対コンパクト集合であるための条件が，アスコリ・アルツェラの定理である(例 19.1).

もっと一般に，Sを任意の位相空間とするとき，その上の有界連続函数の全体を $C(S)$ とすれば，$C(S)$ は，上と同じように線形演算およびノルムを定義してバナッハ空間となる．

Sとして最も重要なのは，Sがコンパクト・ハウスドルフ空間のときである．

Sを局所コンパクト・ハウスドルフ空間とするとき，無限遠で0になるような連続函数 $x(t)$. すなわち，

任意の $\varepsilon>0$ に対して，$\{t; |x(t)| \geqq \varepsilon\}$ はコンパクト

であるようなものの全体は，やはり線形演算およびノルムを同じように定義してバナッハ空間となる．これを $C_0(S)$ で示す．

例 24.5. $L^p(a,b)$, $L^p(\Omega)$ $(1 \leqq p < \infty)$.

有限または無限区間 (a,b) 上の可測函数 $x(t)$ で，$\int_a^b |x(t)|^p dt < \infty$ であるようなものの全体を $L^p(a,b)$ とする．この空間では，殆んどいたるところ等しい2つの函数は等しいものと考える．したがって，殆んどいたるところ $z(t) = \alpha x(t) + \beta y(t)$ であるとき，$z = \alpha x + \beta y$ として線形演算を導入し，また，

$$\|x\| = \left(\int_a^b |x(t)|^p dt\right)^{1/p}$$

と定義して，$L^p(a,b)$ はノルム空間となる．この L^p におけるノルムは，**L^p ノルム**ともいって，しばしば $\|x\|_p$ と記される．

$x, y \in L^p$ のとき，$x+y \in L^p$ となることは，

$$|x(t)+y(t)|^p \leqq (|x(t)|+|y(t)|)^p \leqq (2\max\{|x(t)|, |y(t)|\})^p$$
$$\leqq 2^p \max\{|x(t)|^p, |y(t)|^p\} \leqq 2^p(|x(t)|^p + |y(t)|^p)$$

から知られる．

ここでも，一般の可測函数 $x(t), y(t)$ に関して，

$$\int_a^b |x(t)y(t)| dt \leqq \left(\int_a^b |x(t)|^p dt\right)^{1/p} \left(\int_a^b |y(t)|^q dt\right)^{1/q}. \tag{24.6}$$

（ヘルダーの不等式）

$$(24.7)\quad \left(\int_a^b |x(t)+y(t)|^p dt\right)^{1/p} \leqq \left(\int_a^b |x(t)|^p dt\right)^{1/p} + \left(\int_a^b |y(t)|^p dt\right)^{1/p}.$$

（ミンコフスキーの不等式）

が成立する．ヘルダーの不等式では，$q=\infty$ のときは，$\left(\int_a^b |y(t)|^q dt\right)^{1/q}$ は，例 24.6 で導入される $\mathrm{ess.\,sup}\{|y(t)|; a\leqq t\leqq b\}$ でおきかえるものとする．

(24.6) の証明は，(24.4) に $\xi=|x(t)|\Big/\left(\int_a^b |x(t)|^p dt\right)^{1/p}$，$\eta=|y(t)|\Big/\left(\int_a^b |y(t)|^q dt\right)^{1/q}$ を代入して積分すれば得られる．

また (24.7) の証明は，$\int_a^b |x(t)|^p dt<\infty$，$\int_a^b |y(t)|^p dt<\infty$ のときやればよいが，このとき，(24.3) を証明したときと同様の変形により，

$$\int_a^b |x(t)+y(t)|^p dt \leqq \left(\left(\int_a^b |x(t)|^p dt\right)^{1/p} + \left(\int_a^b |y(t)|^p dt\right)^{1/p}\right)\left(\int_a^b |x(t)+y(t)|^p dt\right)^{1/q}$$

が導かれることから示される．

この空間が完備であることは，**一般化されたリース・フィッシャーの定理**：

$\int_a^b |x_n(t)-x_m(t)|^p dt\to 0$ $(n, m\to\infty)$ ならば，$\int_a^b |x_n(t)-x(t)|^p dt\to 0$ $(n\to\infty)$ であるような可測函数 $x(t)$ が存在する．

から知られる．

この証明は，例 3.2 におけるリース・フィッシャーの定理の証明と殆んど同じことである．

$L^p(a,b)$ は可分である．

もっと一般に，測度空間 $(\Omega, \mathcal{B}, \mu)$ における可測函数 $x(\omega)$ で，$\int_\Omega |x(\omega)|^p d\mu(\omega)<\infty$ を満たすものの全体を $L^p(\Omega)$ とすれば，これは上と同様にバナッハ空間となる．

例 24.6.　$L^\infty(a,b)$，$L^\infty(\Omega)$．

有限または無限区間 (a,b) 上の可測函数 $x(t)$ に対し，

$$\mathrm{ess.\,sup.}\, x(t)=\inf\{\gamma;\ \mu\{t; x(t)>\gamma\}=0\}\ ^{1)}$$

とする (ess. sup. = essential supremum)．そして，$\mathrm{ess.\,sup.}\,|x(t)|<\infty$ であるような可測函数 $x(t)$ の全体を $L^\infty(a,b)$ で記す．この空間でも殆んどいたるところ等しい 2 つの函数は等しいものと考える．線形演算は $L^p(a,b)$

1)　μ はルベッグ測度．

$(1 \leqq p < \infty)$ のときと同様．またノルムは，

$$\|x\| = \text{ess. sup.}\, |x(t)|$$

と定義して，この空間がバナッハ空間となることは，容易にたしかめられる．

$L^\infty(\Omega)$ についても，同じように定義される．

問 1. 定理 24.1 を証明せよ． [練 5-A.1]

問 2. X は有限次元のノルム空間であるとし，その1つの基を $e_1, \cdots, e_n$ とする．$x \in$ X を，$x = \sum_{k=1}^{n} \xi_k e_k$ と書くとき，各 k $(=1, \cdots, n)$ に対して，適当な $\gamma_k > 0$ が存在して，$|\xi_k| \leqq \gamma_k \|x\|$． [練 5-A.2]

問 3. $(c_0), (c), (m)$ はバナッハ空間であることを示せ．(c_0) は $(c), (m)$ の，(c) は (m) の閉部分空間である．また，$(c_0), (c)$ は可分であるが，(m) は可分でない．
[練 5-B.13]

問 4. $(\xi_1, \xi_2, \cdots) \in (l^p)$ ならば，$q \geqq p$ のとき，$(\xi_1, \xi_2, \cdots) \in (l^q)$． また，$(\xi_1, \xi_2, \cdots) \in (l^p)$ ならば，$(\xi_1, \xi_2, \cdots) \in (c_0)$ であることを示せ． [練 5-B.14]

問 5. S が局所コンパクト・ハウスドルフ空間であるとき，$C_0(S)$ がバナッハ空間をなすことを示せ．またこのとき， '$C_0(S)$ が可分 $\rightleftarrows S$ は第2可算公理を満足する' を示せ．$C(S)$ については，S が第2可算公理を満足しても，一般に可分にはならない．
[練 5-B.15]

§ 25. 有界線形作用素，コンパクト作用素

線形作用素，有界線形作用素の定義およびその初等的性質に関しては，§6 参照．

定理 25.1. ノルム空間 X から，バナッハ空間 Y への有界線形作用素の全体を $\boldsymbol{B}(\mathrm{X}, \mathrm{Y})$ とすれば，$\boldsymbol{B}(\mathrm{X}, \mathrm{Y})$ は，作用素の間の線形演算(定義6.4)，およびノルム(定義 6.2)に関して，バナッハ空間をなす．

証明. $\boldsymbol{B}(\mathrm{X}, \mathrm{Y})$ がノルム空間となることは，系 6.3 に示されている．

バナッハ空間になることをいうのには，有界線形作用素の列 $T_1, T_2, \cdots$ が，$\lim_{n,m\to\infty} \|T_n - T_m\| = 0$ を満足するとき，有界線形作用素 T があって，$\lim_{n\to\infty} \|T_n - T\| = 0$ となることを示せばよい．いま，任意の $x \in$ X に対して，$T_1x, T_2x, \cdots \in$ Y を考えると，$\|T_nx - T_mx\| = \|(T_n - T_m)x\| \leqq \|T_n - T_m\| \|x\|$ であるから，$\lim_{n,m\to\infty} \|T_nx - T_mx\| = 0$． したがって $T_1x, T_2x, \cdots$ は基本列をなし， Y はバナッハ空間であるから，$\lim_{n\to\infty} T_nx$ が存在する．x に $\lim_{n\to\infty} T_nx$ を対応させる作用

素を T とすれば，T が X 全体で定義された線形作用素になることは容易に知られる．さて，$\|T_n x-Tx\|=\lim_{m\to\infty}\|T_n x-T_m x\|\leqq\underline{\lim}_{m\to\infty}\|T_n-T_m\|\|x\|$．故に，$\|T_n-T\|\leqq\underline{\lim}_{m\to\infty}\|T_n-T_m\|$．故に，$\overline{\lim}_{n\to\infty}\|T_n-T\|\leqq\lim_{n,m\to\infty}\|T_n-T_m\|=0$ となり，$\lim_{n\to\infty}\|T_n-T\|=0$ が知られた． （証明終）

定理 25.2. ノルム空間 X において，X の有界線形作用素の全体 $\boldsymbol{B}(\mathrm{X})$ $(=\boldsymbol{B}(\mathrm{X},\mathrm{X}))$ は，作用素の間の線形演算，ノルム，および作用素の積(定義6.4)に関して，ノルムのある多元環——**ノルム環**——をつくる．

X がバナッハ空間ならば，$\boldsymbol{B}(\mathrm{X})$ も完備なノルム環——**バナッハ環**——である．

証明するまでもないであろう．(§6 の最後参照)．

定理 25.3. バナッハ空間 X の有界線形作用素 T が，

$$\|I-T\|<1 \tag{25.1}$$

を満足すれば，T^{-1} が存在し，T^{-1} は有界線形作用素である．そして T^{-1} は**ノイマン級数**：

$$I+(I-T)+(I-T)^2+\cdots \tag{25.2}$$

によって与えられる．かつ，$\|T^{-1}\|\leqq 1/(1-\|I-T\|)$．

証明. まず (25.1) が成立するとき，(25.2) は $\boldsymbol{B}(\mathrm{X})$ の中で，作用素のノルムに関して収束する級数である．実際，$\|(I-T)^n\|\leqq\|I-T\|^n$ (系 6.3) であることから，$\lim_{n\to 0}\|(I-T)^n\|=0$，および，$\|I\|+\|I-T\|+\|(I-T)^2\|+\cdots\leqq\sum_{n=0}^{\infty}\|I-T\|^n=1/(1-\|I-T\|)$．したがって，$\boldsymbol{B}(\mathrm{X})$が完備であることより，系 3.4によって，(25.2) は収束する．そして，$S=I+(I-T)+(I-T)^2+\cdots$ とするとき，

$$\begin{aligned}&T(I+(I-T)+(I-T)^2+\cdots+(I-T)^n)\\&\quad=(I-(I-T))(I+(I-T)+\cdots+(I-T)^n)=I-(I-T)^{n+1}\end{aligned}$$

より，$TS=I$．同様にして，$ST=I$ が得られて，$S=T^{-1}$ であることがわかる．そして，$\|S\|\leqq 1/(1-\|I-T\|)$． （証明終）

コンパクト作用素 コンパクト作用素の定義については，定義 19.1，19.2，19.2′ 参照．

定理 25.4. X をバナッハ空間とし，$\boldsymbol{C}(\mathrm{X})$ を X 上のコンパクト作用素の全体とすれば，$\boldsymbol{C}(\mathrm{X})$ は $\boldsymbol{B}(\mathrm{X})$ の閉部分空間であり，かつ $\boldsymbol{B}(\mathrm{X})$ の両側イデアル．すなわち，

(25.3) $B\in\boldsymbol{B}(\mathrm{X})$，$C\in\boldsymbol{C}(\mathrm{X})$ ならば， $BC\in\boldsymbol{C}(\mathrm{X})$，$CB\in\boldsymbol{C}(\mathrm{X})$

である．

証明. 定理 19.1 から，$C_1, C_2\in\boldsymbol{C}(\mathrm{X})$ ならば，任意のスカラー α，β に対して，$\alpha C_1+\beta C_2\in\boldsymbol{C}(\mathrm{X})$ である．したがって，$\boldsymbol{C}(\mathrm{X})$ は $\boldsymbol{B}(\mathrm{X})$ の部分空間である．同様に (25.3) も定理 19.1 によって知られる．

また，定理 19.3 は，H_1 がノルムに関して完備なことを用いているだけであるから，H, H_1 がヒルベルト空間でなくても，H がノルム空間，H_1 がバナッハ空間ならば同様に成立つことが知られる．したがって，バナッハ空間 X のコンパクト作用素を問題にしている今の場合，この定理は，$\boldsymbol{C}(\mathrm{X})$ が $\boldsymbol{B}(\mathrm{X})$ で強閉であることを示している． (証明終)

問 1. X, Y はノルム空間とする．$T\in\boldsymbol{B}(\mathrm{X},\mathrm{Y})$ に対して，

(i) A を X の稠密な部分集合とすれば，$T\mathrm{A}$ は $\mathcal{R}(T)$ で稠密である．

(ii) X が可分な空間であれば，$\mathcal{R}(T)$ は可分である． [練 5-A.6]

問 2. X はノルム空間，Y はバナッハ空間とする．T は X から Y への線形作用素で，$\mathcal{D}(T)$ が X で稠密，かつ T は $\mathcal{D}(T)$ 上で有界．すなわち，適当な $\gamma>0$ に対して，$\|Tx\|\leq\gamma\|x\|$ がすべての $x\in\mathcal{D}(T)$ に対して成立するならば，T は X 全体に一意的に有界線形作用素として拡大できる．すなわち，$T_1\in\boldsymbol{B}(\mathrm{X},\mathrm{Y})$ が存在して，$T_1x=Tx$ ($x\in\mathcal{D}(T)$)． [練 5-A.7]

問 3. X は有限次元のノルム空間であるとすれば，X 全体で定義されたノルム空間 Y への線形作用素はすべて有界である． [練 5-A.8]

問 4. ノルム空間 X から，ノルム空間 Y への有限階の作用素(定義 19.3) T はコンパクト作用素である．

特に，Y＝X とするとき，有限階の作用素の全体 $\boldsymbol{F}(\mathrm{X})$ は，$\boldsymbol{B}(\mathrm{X})$ および $\boldsymbol{C}(\mathrm{X})$ の両側イデアルをなす． [練 5-A.9]

問 5. X はバナッハ空間とする．T を X の有界線形作用素とするとき，$\lambda\in\rho(T)$ であるための必要十分条件は，$(T-\lambda I)^{-1}$ が存在して，X の有界線形作用素であることである．すなわち，$\mathcal{D}((T-\lambda I)^{-1})=\mathrm{X}$，$(T-\lambda I)^{-1}$ は有界． [練 5-B.10]

§ 26. 開写像定理

定理 26.1. X をバナッハ空間とする．もしも，X の可算個の強閉集合 A_1,

$A_2, \cdots$ が X を被っている．すなわち，

$$\bigcup_{n=1}^{\infty} A_n = X \tag{26.1}$$

となっているならば，ある A_n は球[1] を含む．すなわち，適当な $x \in X$ および $\rho > 0$ が存在して，$U(x, \rho) \subset A_n$.

証明． もし，どのような球をとっても，どの A_n にも含まれなかったとしよう．任意に1つの球 $U(x_0, \rho_0)$ を考える．$A_1 \supset U(x_0, \rho_0)$ でないから，適当な x_1 をとれば，$x_1 \in U(x_0, \rho_0)$，$x_1 \notin A_1$．A_1 は強閉集合であるから，適当な $\rho_1 > 0$ をとって，$A_1 \frown U(x_1, \rho_1) = \phi$ であるようにできる．このとき，ρ_1 を小さくとりなおすことは勝手であるから，$\rho_1 < \rho_0 - \|x_1 - x_0\|$ としておいてもよい．そうすれば，同時に，$U(x_1, \rho_1) \subset U(x_0, \rho_0)$．次に，$A_2 \supset U\left(x_1, \frac{1}{2}\rho_1\right)$ でないから，同じように，$A_2 \frown U(x_2, \rho_2) = \phi$，$U(x_2, \rho_2) \subset U\left(x_1, \frac{1}{2}\rho_1\right)$ とできる．これを繰返して，一般に $U(x_n, \rho_n)$ を，$A_n \frown U(x_n, \rho_n) = \phi$，$U(x_n, \rho_n) \subset U\left(x_{n-1}, \frac{1}{2}\rho_{n-1}\right)$ であるようにとることができる．このとき，$\|x_n - x_{n-1}\| \leqq \frac{1}{2}\rho_{n-1}$，$\rho_n \leqq \frac{1}{2}\rho_{n-1}$.

さて，$\rho_n \leqq \frac{1}{2}\rho_{n-1} \leqq \left(\frac{1}{2}\right)^2 \rho_{n-2} \leqq \cdots \leqq \left(\frac{1}{2}\right)^{n-1} \rho_1 \leqq \left(\frac{1}{2}\right)^{n-1} \rho_0$ であるから，$m > n$ のとき，

$$\begin{aligned}\|x_m - x_n\| &\leqq \|x_m - x_{m-1}\| + \cdots + \|x_{n+1} - x_n\| \leqq \rho_{m-1} + \cdots + \rho_n \\ &\leqq \left(\left(\frac{1}{2}\right)^{m-2} + \cdots + \left(\frac{1}{2}\right)^{n-1}\right)\rho_0 \leqq \left(\frac{1}{2}\right)^{n-2} \rho_0.\end{aligned}$$

したがって，$\lim_{m, n \to \infty} \|x_m - x_n\| = 0$．すなわち，$x_1, x_2, \cdots$ は基本列であり，X は完備であるから，強収束する．$x = \lim_{n \to \infty} x_n$ としよう．

$x_{n+1}, x_{n+2}, \cdots \in U(x_{n+1}, \rho_{n+1})$ であるから，$x \in \overline{U(x_{n+1}, \rho_{n+1})} \subset \overline{U\left(x_n, \frac{1}{2}\rho_n\right)} \subset U(x_n, \rho_n)$．したがって $x \notin A_n$．これが $n = 1, 2, \cdots$ のすべてについていえるから，$x \notin \bigcup_{n=1}^{\infty} A_n$ となり，(26.1) と矛盾する．

故に，ある A_n は球を含んでいなければならない．（証明終）

注． この定理に述べてあるようなことが成立つとき，空間 X は**ベールの性質をもつ**という．定理 26.1 は，バナッハ空間はベールの性質をもつという形で述べられるわけで

1) 定義 2.3.

あるが，このことはバナッハ空間に限らず，一般に完備な距離空間についていえることである[1]．

定理 26.2. X, Y をバナッハ空間とする．いま写像 T が，X から Y の上への有界線形作用素であるとすれば，T は開写像――X の任意の開集合の T による像が Y の開集合――である．すなわち，$TU_X(0;1)$ はある球 $U_Y(0,r)$ を含む． **(開写像定理)**

この定理の証明のために，まず次の補題を証明しよう．

補題 26.1. X, Y をバナッハ空間とし，T は X から Y への有界線形作用素とする．もし，X の単位球 $U_X(0;1)$ の T による像が，Y のある原点中心の球 $U_Y(0,\rho)$ で稠密，すなわち $\overline{TU_X(0;1)}\supset U_Y(0,\rho)$ であるならば[2]，実は，$TU_X(0;1)\supset U_Y(0,\rho)$．

証明. 任意の $y\in U_Y(0,\rho)$ と任意の $\varepsilon>0$ に対して，$y\in TU_X(0;1+\varepsilon)$ となることを示す．そのために，まず，任意の $x\in X$，および $\sigma>0$ に対して，$TU_X(x,\sigma)$ が $U_Y(Tx,\rho\sigma)$ で稠密であることを注意しておく．(問 2.5 参照)

さて，いま，正数列 $\sigma_1=1,\sigma_2,\sigma_3,\cdots$ を，$\sum_{n=1}^{\infty}\sigma_n<1+\varepsilon$ なる如く定め，帰納法によって，X の要素列 $x_1,x_2,\cdots$ が，次の性質をもつように定められることを示そう：

$$x_n\in U_X(x_{n-1},\sigma_n),\qquad Tx_n\in U_Y(y,\rho\sigma_{n+1})\qquad (n=1,2,\cdots).$$

まず，$TU_X(0;1)$ が $U_Y(0,\rho)$ で稠密であるから，$y\in U_Y(0,\rho)$ に対して，$x_1\in U_X(0;1)$ を $Tx_1\in U_Y(y,\rho\sigma_2)$ であるようにとることができる．$x_1,x_2,\cdots,x_{n-1}$ まで定められたとすれば，$Tx_{n-1}\in U_Y(y,\rho\sigma_n)$．したがって，$y\in U_Y(Tx_{n-1},\rho\sigma_n)$ であるが，$TU_X(x_{n-1},\sigma_n)$ は $U_Y(Tx_{n-1},\rho\sigma_n)$ で稠密であるから，$x_n\in U_X(x_{n-1},\sigma_n)$ を，$Tx_n\in U_Y(y,\rho\sigma_{n+1})$ であるようにとることができる．

このように定めた $x_1,x_2,\cdots$ に対しては，$n<m$ ならば，$\|x_n-x_m\|\leqq\|x_n-x_{n+1}\|+\cdots+\|x_{m-1}-x_m\|\leqq\sigma_{n+1}+\cdots+\sigma_m$ で，$\sum_{n=1}^{\infty}\sigma_n$ が収束することより，$\lim_{n,m\to\infty}\|x_n-x_m\|=0$．したがって，$x_1,x_2,\cdots$ は基本列をなし，X はバナッハ空間であるから，$\lim_{n\to\infty}x_n$ が存在する．さて，$\|\lim_{n\to\infty}x_n\|=\lim_{n\to\infty}\|x_n\|\leqq\varliminf_{n\to\infty}(\|-x_1\|+\|x_1-x_2\|$

1) 「トポロジー」§11.

2) 定義 2.3 からは，$\overline{U_Y(0,\rho)\frown TU_X(0;1)}\supset U_Y(0,\rho)$ でなければならないが，実は同じことである．実際，$y\in U_Y(0,\rho)$，$TU_X(0;1)\ni y_1,y_2,\cdots$，$\lim_{n\to\infty}y_n=y$ とすれば，$\lim_{n\to\infty}\|y_n\|=\|y\|<\rho$ より，あるところから先，$\|y_n\|<\rho$．したがって，$y_n\in U_Y(0,\rho)\frown TU_X(0;1)$．

$+\cdots+\|x_{n-1}-x_n\|)\leqq\lim_{n\to\infty}(\sigma_1+\cdots+\sigma_n)=\sum_{n=1}^{\infty}\sigma_n<1+\varepsilon$. また$\|Tx_n-y\|<\rho\sigma_{n+1}$($n=1,2,\cdots$) から，$T(\lim_{n\to\infty}x_n)=\lim_{n\to\infty}Tx_n=y$ である．故に，$y\in T\mathrm{U_X}(0;1+\varepsilon)$.

ところが，実は $\mathrm{U_Y}(0,\rho)\subset T\mathrm{U_X}(0;1)$ となっていることが示される．実際，$y\in\mathrm{U_Y}(0,\rho)$ とするとき，$\|y\|<\rho$ であるから，$\varepsilon>0$ を，$(1+\varepsilon)\|y\|<\rho$ であるようにとり，$y'=(1+\varepsilon)y$ を考えれば，$y'\in\mathrm{U_Y}(0,\rho)$ となるから，$y'\in T\mathrm{U_X}(0;1+\varepsilon)$．故に，$y\in T\mathrm{U_X}(0;1)$ である． (証明終)

定理 26.2 の証明． いま $\mathrm{A}_n=\overline{T\mathrm{U_X}(0,n)}$ $(n=1,2,\cdots)$ とすれば，A_n は閉集合で，$\mathcal{R}(T)=\mathrm{Y}$ から，$\mathrm{Y}=\bigcup_{n=1}^{\infty}\mathrm{A}_n$．したがって，定理 26.1 により，ある A_n は球を含む．すなわち，適当な $\mathrm{U_Y}(y,\rho)\subset\mathrm{A}_n=\overline{T\mathrm{U_X}(0,n)}$．特に，$y\in\overline{T\mathrm{U_X}(0,n)}$．故に，$-y\in-\overline{T\mathrm{U_X}(0,n)}=\overline{T\mathrm{U_X}(0,n)}$ (補題 2.2)．故に，

$\mathrm{U_Y}(0,\rho)=-y+\mathrm{U_Y}(y,\rho)\subset\overline{T\mathrm{U_X}(0,n)}+\overline{T\mathrm{U_X}(0,n)}\subset\overline{T\mathrm{U_X}(0,n)+T\mathrm{U_X}(0,n)}$

(補題 2.2) $=\overline{T\mathrm{U_X}(0,2n)}$．故に，$\mathrm{U_Y}(0,\rho/2n)=(1/2n)\mathrm{U_Y}(0,\rho)\subset(1/2n)$
$\cdot\overline{T\mathrm{U_X}(0,2n)}=\overline{(1/2n)T\mathrm{U_X}(0,2n)}$ (補題 2.2) $=\overline{T\mathrm{U_X}(0;1)}$．補題 26.1 を用いて，$\mathrm{U_Y}(0,\rho/2n)\subset T\mathrm{U_X}(0;1)$ であることとなる．故に，$r=\rho/2n$ として定理が成立つことが知られた． (証明終)

定理 26.3． T がバナッハ空間 X から，バナッハ空間 Y への 1 対 1 かつ上への有界線形作用素であれば，T^{-1} は Y から X への有界線形作用素である．

証明． $T\mathrm{U_X}(0,1)\supset\mathrm{U_Y}(0,\rho)$ とすれば，$\|Tx\|\leqq\rho$ ならば $\|x\|\leqq1$．あるいは，$\|y\|\leqq\rho$ ならば $\|T^{-1}y\|\leqq1$．故に，$\|T^{-1}\|\leqq\dfrac{1}{\rho}$ である． (証明終)

なお，系 27.4 参照．

問 1． X はバナッハ空間とする．X の集合 A が，(1) $0\in\mathrm{A}$．(2) A は凸集合．(3) A は強閉．(4) A は吸収的(すなわち，任意の $x\in\mathrm{X}$ に対して，適当な $\alpha>0$ をとれば，$(1/\alpha)x\in\mathrm{A}$) という 4 条件をみたしていれば，0 を中心とするある球 $\mathrm{U}(0,\rho)$ が A に含まれる． [練 5-A. 10]

問 2． X がバナッハ空間であるとき，X の有界線形作用素 T に対して，$\lambda\in\sigma(T)$ であるための条件(定義 13.1 (i)，(ii$_1$)，(ii$_2$)) は，(i) $\mathcal{N}(T-\lambda I)\neq\{0\}$，または (ii) $\mathcal{R}(T-\lambda I)\neq\mathrm{X}$ と書くことができる． [練 5-B. 11]

§ 27. 閉グラフ定理

定義 20.3 における閉作用素の定義は，そのまま一般のノルム空間において

通用する.

定義 27.1. X, Y をノルム空間とするとき, X から Y への線形作用素 T が,

$$\begin{cases} x_1, x_2, \cdots \in \mathscr{D}(T) \text{ で, } \lim_{n\to\infty} x_n = x,\ \lim_{n\to\infty} Tx_n = y \text{ がともに存在しているとき} \\ \text{は, 必ずまた } x \in \mathscr{D}(T) \text{ で, かつ } Tx = y. \end{cases}$$

という条件をみたしているとき, Tは**閉作用素**であるという.

系 27.1. 閉作用素 T に対して, $\mathscr{N}(T)$ は X の閉部分空間である.

系 27.2. 閉作用素 T に対して, $\bar{\mathrm{X}}=\mathrm{X}/\mathscr{N}(T)$ とするとき, $\bar{\mathrm{X}}$ から Y への線形作用素 T' を, $T'\bar{x}=Tx$ $(x\in\bar{x}=x+\mathscr{N}(T), x\in\mathscr{D}(T))$ によって定義すれば, T' も閉作用素である.

定義 27.2. $\mathrm{X}_1, \mathrm{X}_2$ をノルム空間とする. そのとき, $x_1\in\mathrm{X}_1, x_2\in\mathrm{X}_2$ の要素の対 (x_1, x_2) の全体に, (3.3), (3.4)のように線形演算を導入し, またノルムを,

$$\|(x_1, x_2)\| = \|x_1\| + \|x_2\|$$

によって導入したものを, $\mathrm{X}_1, \mathrm{X}_2$ の**直和**といって, $\mathrm{X}_1\oplus\mathrm{X}_2$ によって表わす.

$\mathrm{X}_1, \mathrm{X}_2$ がバナッハ空間であるときは, $\mathrm{X}_1\oplus\mathrm{X}_2$ もバナッハ空間となる.

注. X, Y がヒルベルト空間のとき, 定義 3.5 では,

$$\|(x, y)\| = (\|x\|^2 + \|y\|^2)^{1/2}$$

としてノルムを定義した. これはここでの定義とは異なっているが, 実際問題としてはあまり問題にならない. 一般にノルム空間の議論をするとき, 直和においては, ノルムが

$$\max\{\|x\|, \|y\|\} \leq \|(x, y)\| \leq \|x\| + \|y\| \qquad (x\in\mathrm{X},\ y\in\mathrm{Y})$$

をみたすように定義されていればよい(問題 6.1).

このように直和が導入されれば, 作用素 T のグラフは

$$\mathsf{G}(T) = \{(x, Tx);\ x\in\mathscr{D}(T)\}$$

として, §20 におけると同様に導入される.

系 27.3. T が線形作用素であることは, グラフ $\mathsf{G}(T)$ が $\mathrm{X}\oplus\mathrm{Y}$ の部分空間となること;

T が閉作用素であることは, グラフ $\mathsf{G}(T)$ が $\mathrm{X}\oplus\mathrm{Y}$ の閉部分空間であることである.

証明は定理 20.1 と同じことである.

ヒルベルト空間における閉グラフ定理は, 定理 20.5 に述べたが, これは,

次のように，バナッハ空間の間の閉作用素について成立つ.

定理 27.1. X, Y をバナッハ空間とする. X 全体で定義された，Y への閉作用素は，有界である.

（**閉グラフ定理**）

証明. X, Y がバナッハ空間であるから，X⊕Y もバナッハ空間である. T は閉作用素であるから，Z＝**G**(T) は X⊕Y の閉部分空間であり，したがってバナッハ空間である. いま，

$$Z \ni \boldsymbol{z} = (x, y) \to x \in X$$

によって，Z から X への作用素 P を考えると，

$$\|P\boldsymbol{z}\| = \|x\| \leqq \|x\| + \|y\| = \|(x, y)\| = \|\boldsymbol{z}\|$$

から，P は有界線形作用素. また，$P\boldsymbol{z}=0$ ならば，$x=0$. したがって $y=Tx=0$. したがって $\boldsymbol{z}=0$ となり，P は1対1である(定理 6.2). そして，$\mathcal{D}(T)=X$ から，P は X の上への作用素になる. したがって，P^{-1} は有界線形作用素である(定理 26.3). すなわち，適当な $\gamma>0$ をとれば，$\|P^{-1}x\| \leqq \gamma\|x\|\ (x \in X)$.

ところで，$P^{-1}x=(x, Tx)$ であるから，

$$\|x\| + \|Tx\| = \|(x, Tx)\| = \|P^{-1}x\| \leqq \gamma\|x\|.$$

すなわち，

$$\|Tx\| \leqq (\gamma - 1)\|x\|$$

となり，T が有界線形作用素であることが知られた. （証明終）

系 27.4. X, Y をバナッハ空間とする. T を X から Y への1対1かつ上への閉作用素であるとすれば，T^{-1} は有界線形作用素である.

証明. T^{-1} のグラフは **G**(T) のグラフで，第1成分と第2成分を入れかえたものであるから，T^{-1} が閉作用素であることは明らかである. かつ，$\mathcal{D}(T^{-1})=Y$ であるから，定理 27.1 により，T^{-1} は有界線形作用素である. （証明終）

有界線形作用素は閉作用素である(問 27.1)から，定理 26.3 はこの系からも結論される.

問 1. X, Y をノルム空間とする. T を X から Y への線形作用素で，その定義域の上で有界. すなわち，すべての $x \in \mathcal{D}(T)$ に対し，$\|Tx\| \leqq \gamma\|x\|$ であるような $\gamma>0$ が存在するとする. このとき，

（i） $\mathcal{D}(T)$ が X の閉部分空間ならば，T は閉作用素である.

（i′） T が有界線形作用素(すなわち，$\mathcal{D}(T)=X$)ならば，T は閉作用素.

(ii) Y がバナッハ空間であるときは，T が閉作用素ならば，$\mathcal{D}(T)$ は X の閉部分空間である．　[練 5-A.11]

問 2. 系 27.4 の次の意味の逆が成立することを証明せよ．

X, Y はバナッハ空間で，T は X から Y への一対一の閉作用素，かつ T^{-1} はその定義域の上で有界であるとする．そうすれば，T の値域 $\mathcal{R}(T)$ は，Y の閉部分空間である．　[練 5-A.13]

問 3. 系 27.1，27.2 を証明せよ．　[練 5-A.12]

§ 28. 一様有界性原理

§11，§12 において，ヒルベルト空間の場合について述べた一様有界性の定理(定理 11.1，定理 11.2，定理 12.3)を，バナッハ空間の場合に拡張する．そのために，準備として次の有用な定理を挙げる．

定理 28.1. X をバナッハ空間とする．いま X 上の実数値汎函数 $p(x)$ が，

(28.1)　$$p(x) \geqq 0.$$

(28.2)　$$p(x+y) \leqq p(x)+p(y) \qquad \text{(劣加法的)}.$$

(28.3)　$$p(\alpha x)=\alpha p(x) \qquad (\alpha>0) \qquad \text{(正斉次)}.$$

を満たし，かつ，**下に半連続**:

(28.4)　各 $x_0 \in \mathrm{X}$ において，任意の $\varepsilon>0$ に対し，適当に $\delta>0$ をとれば，$\|x-x_0\|<\delta$ ならば $p(x)>p(x_0)-\varepsilon$.

であるとき，

$$p(x) \leqq \gamma \|x\|$$

となるような $\gamma>0$ が存在する．　**(ゲルファントの定理)**

証明. いま $\mathrm{A}_n=\{x; p(x)\leqq n\}$ $(n=1,2,\cdots)$ とすれば，A_n は強閉集合である．実際 $x_0\in\overline{\mathrm{A}}_n$ とすれば，任意に $\varepsilon>0$ を与えて，これに対する (28.4) の $\delta>0$ を考える．$\|x-x_0\|<\delta$ となる $x\in\mathrm{A}_n$ があるわけであるが，このとき $n\geqq p(x)>p(x_0)-\varepsilon$. すなわち，$n+\varepsilon>p(x_0)$. $\varepsilon>0$ は任意であるから $n\geqq p(x_0)$. すなわち，$x_0\in\mathrm{A}_n$ が得られる．故に，A_n は強閉である．また，$\bigcup_{n=1}^{\infty}\mathrm{A}_n=\mathrm{X}$ は明らか．

定理 26.1 により，ある A_n は球を含む．すなわち，適当な $\mathrm{U}(x_0,\rho)\subset\mathrm{A}_n$. さて，$\|x\|<\rho$ とすれば，$x_0+x\in\mathrm{U}(x_0,\rho)$. 故に，$p(x_0+x)\leqq n$. したがって，

$$p(x)=p(x_0+x+(-x_0))\leqq p(x_0+x)+p(-x_0)\leqq n+p(-x_0).$$

そこで，$\gamma=\frac{2}{\rho}(n+p(-x_0))$ とすれば，任意の $x\in X$ について，$\left\|\frac{\rho}{2\|x\|}x\right\|=\rho/2<\rho$ であるから，

$$p(x)=p\left(\frac{2\|x\|}{\rho}\frac{\rho}{2\|x\|}x\right)=\frac{2\|x\|}{\rho}p\left(\frac{\rho}{2\|x\|}x\right)\leqq\frac{2\|x\|}{\rho}(n+p(-x_0))$$
$$=\gamma\|x\|.$$

（証明終）

注． 強連続函数の族 $\{p_\lambda(x);\lambda\in\Lambda\}$ の上限として得られるような函数 $p(x)$： $p(x)=\sup\{p_\lambda(x);\lambda\in\Lambda\}$ は下に半連続である．実際，各 $x_0\in X$ において，任意に $\varepsilon>0$ を与えると，ある λ に対して $p_\lambda(x_0)>p(x_0)-\frac{\varepsilon}{2}$ であるが，p_λ は強連続であるから，適当に $\delta>0$ をとれば，$\|x-x_0\|<\delta$ のとき，$|p_\lambda(x)-p_\lambda(x_0)|<\frac{\varepsilon}{2}$．これから，$\|x-x_0\|<\delta$ のとき，$p(x)\geqq p_\lambda(x)>p_\lambda(x_0)-\frac{\varepsilon}{2}>p(x_0)-\varepsilon$ となる．（このことの逆も成立つのであるが，以下に必要としないから述べない．）

定理 28.2． X はバナッハ空間，Y はノルム空間とする．X から Y への有界線形作用素の族 $\{T_\lambda;\lambda\in\Lambda\}$ が，各点で有界：すべての $x\in X$ について，$\sup\{\|T_\lambda x\|;\lambda\in\Lambda\}<\infty$ ならば，一様に有界：

$$\sup\{\|T_\lambda\|;\lambda\in\Lambda\}<\infty$$

である[1)]．　**（バナッハ・スタインハウスの定理）**

証明． $p(x)=\sup\{\|T_\lambda x\|;\lambda\in\Lambda\}$ $(x\in X)$ とすれば，$p(x)$ が (28.1−3) を満たしていることは容易に知られる．また，各 λ に対して，x の函数として $\|T_\lambda x\|$ は強連続であるから，上の注意によって $p(x)$ は下半連続である．故に，定理 28.1 によって，$p(x)\leqq\gamma\|x\|$ となる $\gamma>0$ が存在する．そうすれば，任意の λ に対して，

$$\|T_\lambda x\|\leqq\gamma\|x\|.\quad すなわち，\quad \|T_\lambda\|\leqq\gamma.$$

故に，$\sup\{\|T_\lambda\|\}\leqq\gamma<\infty$ である．

（証明終）

系 28.1． X はバナッハ空間，Y はノルム空間とする．X から Y への有界線形作用素の列 $T_1, T_2, \cdots$ が，各点で強収束．すなわち，すべての $x\in X$ について強極限 $\lim_{n\to\infty}T_n x$ が存在するならば，$\|T_1\|, \|T_2\|, \cdots$ は有界な数列であり，

$$Tx=\lim_{n\to\infty}T_n x$$

1) あるいは**同程度連続**ともいわれる．

とするとき，T も有界線形作用素で，

(28.5)
$$\|T\|\leqq\varliminf_{n\to\infty}\|T_n\|.$$

証明． $T_1x, T_2x, \cdots$ は強収束するから有界．定理 28.2 より，$\gamma=\sup\{\|T_1\|, \|T_2\|, \cdots\}<\infty$．故に，

$$\|Tx\|=\lim_{n\to\infty}\|T_nx\|\leqq\varliminf_{n\to\infty}\|T_n\|\|x\|.$$

これから，Tが有界線形作用素で，(28.5) が成立っていることが知られる．

（証明終）

問　題　5

1. X をノルム空間とする．Y は X の閉部分空間で，Y$\neq$X であるとすれば，任意の $\varepsilon>0$ に対して，$\|x\|=1$，かつ，

$$d(x, \mathrm{Y})=\inf\{\|x-y\|\,;y\in\mathrm{Y}\}>1-\varepsilon$$

であるような $x\in$X が存在する．　[演 §24. 例題1（補題)]

2. X をノルム空間とする．Y は X の有限次元部分空間で，Y$\neq$X であるとすれば，$\|x\|=1$，$d(x,\mathrm{Y})=1$ であるような $x\in$X が存在する．　[練 5-B.2]

3. X をノルム空間，Y をその閉部分空間とする．任意の $x_0\in$X, $\notin$Y に対して，x_0, Y によって生成される部分空間 $\mathcal{V}\{x_0, \mathrm{Y}\}$ は，X の閉部分空間である．　[練 5-B.1]

4. ノルム空間 X の単位球 U=U(0;1) が強相対コンパクト(定義 19.1)ならば，X は有限次元である．　[演 §24. 例題1]

5. X はバナッハ空間とする．X の有界集合 A が強相対コンパクトであるための必要十分条件は，任意に $\varepsilon>0$ を与えるとき，X の有限次元部分空間 Y を，任意の $x\in$A に対して，$\|x-y\|<\varepsilon$ であるような $y\in$Y が存在するようにとることができることである．

[練 5-B.3]

6. (l^p) の集合 A が強相対コンパクトであるための必要十分条件は，A が有界であり，かつ，A の各要素 $(\xi_1, \xi_2, \cdots)$ に対し，p 乗和 $\sum_{n=1}^{\infty}|\xi_n|^p$ が一様に収束することである．すなわち，任意の $\varepsilon>0$ に対して，N を適当にとって，すべての $(\xi_1, \xi_2, \cdots)\in$A に対して，

$$\sum_{n=N}^{\infty}|\xi_n|^p<\varepsilon$$

であるようにできることである．　[練 5-B.16]

7. X はバナッハ空間とする．T が X のコンパクト作用素で，$\lambda\neq0$ であるとすれば，$\mathfrak{N}(T-\lambda I)$ は，X の有限次元部分空間である．　[練 5-B.8]

8. X はバナッハ空間とする．T が X のコンパクト作用素で，$\lambda \neq 0$ であるとすれば，$\mathcal{R}(T-\lambda I)$ は X の閉部分空間である．　[演 §25. 例題 2]

9. X, Y はバナッハ空間とする．T が X から Y へのコンパクト作用素であれば，$\mathcal{R}(T)$ は Y の可分な部分空間である．　[練 5-B. 9]

10. X はバナッハ空間とする．Y, Z は X の閉部分空間で，$\mathrm{Y} \frown \mathrm{Z} = \{0\}$ であるとする．このとき，$\mathrm{W}=\mathrm{Y}+\mathrm{Z}$ は X の部分空間で，任意の $w \in \mathrm{W}$ は，$w=y+z$ $(y \in \mathrm{Y}, z \in \mathrm{Z})$ と一意的に表わされるから，w に対して，y を対応させる W から Y への線形作用素 P が定まる．このようにするとき，

W が X の閉部分空間 $\rightleftarrows$ P は W から Y への有界線形作用素．　[練 5-B. 5]

〔ヒント〕 [⇒] 閉グラフ定理を利用する．

11. X はバナッハ空間とする．Y, Z は X の閉部分空間で，$\mathrm{Y} \frown \mathrm{Z} = \{0\}$ であるとする．そして，

$$\mathrm{S_Y} = \{y;\ y \in \mathrm{Y}, \|y\|=1\}, \qquad \mathrm{S_Z} = \{z;\ z \in \mathrm{Z}, \|z\|=1\}$$

とおく．このようにするとき，

$$d(\mathrm{S_Y}, \mathrm{S_Z}) = \inf\{\|y-z\|;\ y \in \mathrm{S_Y}, z \in \mathrm{S_Z}\} > 0$$

ならば，$\mathrm{W}=\mathrm{Y}+\mathrm{Z}$ は X の閉部分空間である．　[練 5-B. 6]

〔ヒント〕 $\mathrm{Q_Y} = \{y;\ y \in \mathrm{Y}, \|y\| \geqq 1\}$，$\mathrm{Q_Z} = \{z;\ z \in \mathrm{Z}, \|z\| \geqq 1\}$ として，仮定よりまず $d(\mathrm{Q_Y}, \mathrm{Q_Z}) > 0$ を示す．

12. X はバナッハ空間とする．Y, Z が X の閉部分空間で，かつ $\mathrm{W}=\mathrm{Y}+\mathrm{Z}$ が閉部分空間ではないようなものの例を示せ．　[練 5-B. 7]

13. X をノルム空間とする．実数のある範囲 $\mathbf{D}$ を動く変数 t に対して定義された X の値をとる函数 $x(t)$ が，$t_0 \in \mathbf{D}$ において強連続であるというのは，$\lim_{t \to t_0, t \in \mathrm{D}} x(t) = x(t_0)$ であることとして定義される．丁寧に書けば，任意に $\varepsilon > 0$ を与えたとき，$\delta > 0$ が存在して，

$$t \in \mathbf{D},\ |t-t_0| < \delta \quad \text{ならば} \quad \|x(t)-x(t_0)\| < \varepsilon.$$

$x(t)$ が $\mathbf{D}$ の各点において強連続であるとき，$\mathbf{D}$ において強連続であるという．数値函数と同様に次のことが成立つことを証明せよ．

(i) $\mathbf{D}$ で定義された函数 $x(t)$ が，$t=t_0 \in \mathbf{D}$ において強連続であるための必要十分条件は，$\mathbf{D}$ に属する数から成る数列 $t_1, t_2, \cdots$ で t_0 に収束するものを任意にとったとき，要素列 $x(t_1), x(t_2), \cdots$ が $x(t_0)$ に強収束することである．

(ii) 閉区間 $[\alpha, \beta]$ で定義された強連続函数 $x(t)$ は有界である．すなわち，定数 $\gamma > 0$ が存在して，$\|x(t)\| \leqq \gamma$ $(\alpha \leqq t \leqq \beta)$．また，$\|x(t)\|$ は実数値連続函数である．

(iii) 閉区間 $[\alpha, \beta]$ で定義された強連続函数 $x(t)$ は，そこで一様に強連続である．すなわち，任意に $\varepsilon > 0$ を与えるとき，$\delta > 0$ が存在して，$\alpha \leqq t, t' \leqq \beta$，$|t-t'| < \delta$ ならば，つねに $\|x(t)-x(t')\| < \varepsilon$．このことは，また $\delta > 0$ に対して，

$$\omega(\delta) = \sup\{\|x(t)-x(t')\|;\ \alpha \leqq t, t' \leqq \beta, |t-t'| \leqq \delta\}$$

とするとき，$\lim_{\delta \to 0} \omega(\delta) = 0$ であるというように表現できる．

(iv)　T がノルム空間 X からノルム空間 Y への有界線形作用素で，$x(t)$ は **D** で定義された強連続函数であるならば，$Tx(t)$ は Y の値をとる強連続函数である．

[練 5-B. 17]

14. X はバナッハ空間とする．閉区間 $[\alpha,\beta]$ において定義された強連続函数 $x(t)$ に対して，その強積分(リーマン積分) $\int_\alpha^\beta x(t)dt$ が次のようにして定義される．

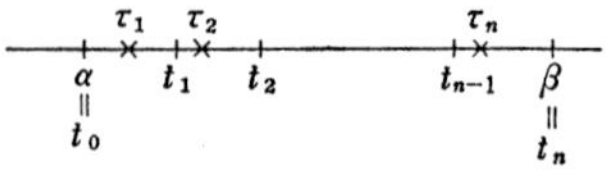

図　7

区間 $[\alpha,\beta]$ を $n-1$ 個の分点 $t_1,t_2,\cdots,t_{n-1}$ によって n 個の小区間に分割する：

$$\Delta:\ \alpha=t_0<t_1<t_2<\cdots<t_{n-1}<t_n=\beta.$$

各小区間 $[t_{i-1},t_i]$ の中に任意に点 τ_i をとる：$t_{i-1}\leqq\tau_i\leqq t_i$. そうして次の和を考える：

$$s(\Delta)=\sum_{i=1}^n x(\tau_i)(t_i-t_{i-1}).$$

ここで分点の数を増し，その際，分割されたどの小区間の幅も一様に小さくなっていくようにする．($h(\Delta)=\max\{t_i-t_{i-1};\, i=1,\cdots,n\}$ を 0 に近づける．) このとき，$s(\Delta)$ は分割の仕方，および点 $\tau_1,\cdots,\tau_n$ のとり方には無関係に，X の一定の要素 x_0 に強収束する．すなわち，任意の $\varepsilon>0$ に対し，$\delta>0$ が存在して，

$$h(\Delta)<\delta \quad ならば,\quad \|s(\Delta)-x_0\|<\varepsilon.$$

この x_0 を $x(t)$ の α から β までの強積分といって，$x_0=\int_\alpha^\beta x(t)dt$ で示す[1)].

これについて，次の性質があることを示せ．

(i)　$x(t),y(t)$ が共に強連続であれば，

$$\int_\alpha^\beta (x(t)\pm y(t))dt=\int_\alpha^\beta x(t)dt\pm\int_\alpha^\beta y(t)dt.$$

(ii)　$x(t)$ が強連続，λ をスカラーとすれば，

$$\int_\alpha^\beta \lambda x(t)dt=\lambda\int_\alpha^\beta x(t)dt.$$

(iii)　$x(t)$ が $[\alpha,\beta]$ で強連続，$\alpha<\gamma<\beta$ とすれば，

$$\int_\alpha^\beta x(t)dt=\int_\alpha^\gamma x(t)dt+\int_\gamma^\beta x(t)dt.$$

(iv)　$x(t)$ が強連続ならば，

$$\left\|\int_\alpha^\beta x(t)dt\right\|\leqq\int_\alpha^\beta \|x(t)\|dt.$$

(v)　T がバナッハ空間 X からバナッハ空間 Y への有界線形作用素で，$x(t)$ が $[\alpha,\beta]$ で強連続な X の値をとる函数であるとき，

$$T\int_\alpha^\beta x(t)dt=\int_\alpha^\beta Tx(t)dt.$$

[練 5-B. 18]

15. X はバナッハ空間とする．$x_1(t),x_2(t),\cdots$ が実数のある範囲 **D** で定義された X

1)　弱積分については，§23 (p. 151) 参照．

の値をとる函数の列であるとき，ある函数 $x(t)$ が存在して，任意の $\varepsilon>0$ に対して，適当な番号 N をとれば，

$n\geqq N$ ならば，すべての $t\in\mathbf{D}$ に対して $\|x_n(t)-x(t)\|<\varepsilon$.

が成立つとき，$x_1(t), x_2(t), \cdots$ は $\mathbf{D}$ において**一様に** $x(t)$ に強収束するという．

(i)　$x_1(t), x_2(t), \cdots$ が $\mathbf{D}$ において一様に $x(t)$ に強収束し，各 $x_n(t)$ が $\mathbf{D}$ 上で強連続ならば，$x(t)$ も $\mathbf{D}$ 上強連続である．

(ii)　閉区間 $[\alpha, \beta]$ において，$x_1(t), x_2(t), \cdots$ が一様に $x(t)$ に強収束し，かつ各 $x_n(t)$ は $\mathbf{D}$ 上で強連続であるとする．このとき，

$$\int_\alpha^\beta x(t)dt=\lim_{n\to\infty}\int_\alpha^\beta x_n(t)dt. \qquad \text{[練 5-B. 19]}$$

16. X は複素バナッハ空間とする．X の有界線形作用素 T に対して，多項式 $p(\lambda)=\sum_{i=0}^{n}\alpha_i\lambda^i$ に T を代入して，$p(T)=\sum_{i=0}^{n}\alpha_i T^i$ とするとき，

$$\sigma(p(T))=p(\sigma(T)).$$

右辺は $\{p(\lambda);\lambda\in\sigma(T)\}$ を意味する．　[練 5-B. 12]

注． これは，**スペクトル写像定理**といわれているものの最も簡単な場合である．

〔ヒント〕　任意の μ に対して，$p(\lambda)-\mu=\alpha_n\prod_{j=1}^{n}(\lambda-\beta_j)$ と因数分解したとき，$p(T)-\mu I=\alpha_n\prod_{j=1}^{n}(T-\beta_j I)$．このようにして逆作用素を考察する．

17. X は複素バナッハ空間とする．X の有界線形作用素 T に対して，

(i)　$|\lambda|>\|T\|$ ならば，λ は T のリゾルベント集合 $\rho(T)$ に属する．

(ii)　T のスペクトル $\sigma(T)$ は，$\mathbf{C}$ の有界閉集合である．

(iii)　$\sup\{|\lambda|;\lambda\in\sigma(T)\}\leqq\varliminf_{n\to\infty}\sqrt[n]{\|T^n\|}$.

(iv)　$\lambda\in\rho(T)$ に対して，$R(\lambda)=(\lambda I-T)^{-1}$ とすれば，

$$R(\lambda)-R(\lambda')=(\lambda'-\lambda)R(\lambda)R(\lambda'). \qquad \text{[練 5-B. 20]}$$

注． (iii) において，実は $\lim_{n\to\infty}\sqrt[n]{\|T^n\|}$ が存在して左辺に等しい(問題 6.27)．この値を，T の**スペクトル半径**という．

また，(iv) の式は，**リゾルベント方程式**と呼ばれている．

第6章　有界線形汎函数

§ 29. ハーン・バナッハの定理

定理 29.1. V を実ベクトル空間とする．いま，V 上の実数値汎函数 $p(x)$ で，劣加法的かつ正斉次：

(29.1)　$$p(x+y)\leqq p(x)+p(y),$$

(29.2)　$$p(\alpha x)=\alpha p(x) \qquad (\alpha>0).$$

であるようなものが与えられているものとする．

V の1つの部分空間 W 上の実数値線形汎函数 $f(x)$ が，

$$f(x)\leqq \gamma p(x) \qquad (x\in \mathrm{W})$$

を満たしているならば，$f(x)$ を V 上の実数値線形汎函数に拡張することができる．すなわち，V 上の実数値線形汎函数 $F(x)$ で，

(29.3)　$$F(x)=f(x) \qquad (x\in \mathrm{W}).$$

かつ，

(29.4)　$$F(x)\leqq \gamma p(x) \qquad (x\in \mathrm{V})$$

を満たすものが存在する．　　　　　　　　　　（**ハーン・バナッハの定理**）

証明. V の部分空間 U で，W⊂U なるもの，および U 上で定義された線形汎函数 g で，

$$g(x)=f(x) \quad (x\in \mathrm{W}), \qquad g(x)\leqq \gamma p(x) \quad (x\in \mathrm{U})$$

であるようなものを対にして $\{\mathrm{U}, g\}$ として考え，このようなものの全体を **F** とする．

いま **F** の中に，順序を入れる：

$$\{\mathrm{U}_1, g_1\}\prec\{\mathrm{U}_2, g_2\} \rightleftarrows \mathrm{U}_1\subset \mathrm{U}_2,\ \ g_1(x)=g_2(x) \ \ (x\in \mathrm{U}_1).$$

そこで，ツォルンの補題[1]を用いて，**F** の中に，この順序に関して極大な要素があることを証明する．そのためには，**F** がこの順序に関して帰納的に順序づけられていることをいえばよい．$\{\mathrm{U}_\lambda, g_\lambda\}$ $(\lambda\in \Lambda)$ を **F** の要素の集合で，線形順序をもっているものとする．いま，$\mathrm{U}=\bigcup_{\lambda\in\Lambda}\mathrm{U}_\lambda$ とすれば，U はまた W

1) 「トポロジー」付録B参照．

を含む V の部分空間で，$x \in \mathrm{U}$ のとき，x を含む U_λ が存在する．いま，x を含んでいるものが 2 つ U_λ, U_μ とあったとすれば，線形順序の仮定により $\{\mathrm{U}_\lambda, g_\lambda\} \prec \{\mathrm{U}_\mu, g_\mu\}$ か，または $\{\mathrm{U}_\mu, g_\mu\} \prec \{\mathrm{U}_\lambda, g_\lambda\}$ となっている．いま前者が成立していたとすれば，その順序の定め方から，$x \in \mathrm{U}_\lambda$ であるから，$g_\lambda(x) = g_\mu(x)$ である．これは，x を含むどの U_λ をとっても，$g_\lambda(x)$ の値は一定であることを意味する．そこで，$g(x) = g_\lambda(x)$ とすれば，各 $x \in \mathrm{U}$ について，汎函数 $g(x)$ の値が定められたことになる．このように定めた U 上の汎函数は線形汎函数である．実際，$x, y \in \mathrm{U}$ を任意にとるとき，ある $\mathrm{U}_\lambda, \mathrm{U}_\mu$ に対して，$x \in \mathrm{U}_\lambda$,　$y \in \mathrm{U}_\mu$.　上と同様，仮に $\{\mathrm{U}_\lambda, g_\lambda\} \prec \{\mathrm{U}_\mu, g_\mu\}$ とすれば，このとき，$x \in \mathrm{U}_\mu$ となり，したがって，$\alpha x + \beta y \in \mathrm{U}_\mu \subset \mathrm{U}$. そして，$g(\alpha x + \beta y) = g_\mu(\alpha x + \beta y) = \alpha g_\mu(x) + \beta g_\mu(y) = \alpha g(x) + \beta g(y)$ である．また $g(x) \leqq \gamma p(x)$ $(x \in \mathrm{U})$ も，$x \in \mathrm{U}_\lambda$ とすれば，$g(x) = g_\lambda(x) \leqq \gamma p(x)$ であることより知られる．そこで $\{\mathrm{U}, g\}$ なる対が得られるが，これがすべての $\lambda \in \Lambda$ に関して，$\{\mathrm{U}_\lambda, g_\lambda\} \prec \{\mathrm{U}, g\}$ をみたしていることは明らかである．

F の順序が帰納的であることが示されたから，**F** の中に極大な要素が存在する．これを $\{\mathrm{U}_0, g_0\}$ としよう．$\mathrm{U}_0 = \mathrm{V}$ であることがいわれれば，$F = g_0$ として，定理が証明されたことになる．

$\mathrm{U}_0 \neq \mathrm{V}$ とすれば，$x_0 \in \mathrm{V}$, $x_0 \notin \mathrm{U}_0$ なる x_0 がある．ところで，任意の $x, y \in \mathrm{U}_0$ に対して，

$$
\begin{aligned}
g_0(x) + g_0(y) = g_0(x+y) &\leqq \gamma p(x+y) = \gamma p(x_0 + x + (-x_0) + y) \\
&\leqq \gamma p(x_0 + x) + \gamma p(-x_0 + y)
\end{aligned}
$$

であるから，

$$
g_0(y) - \gamma p(-x_0 + y) \leqq -g_0(x) + \gamma p(x_0 + x)
$$

がすべての x, y について成立つ．故に，

$$
\sup\{g_0(y) - \gamma p(-x_0 + y); y \in \mathrm{U}_0\} \leqq \inf\{-g_0(x) + \gamma p(x_0 + x); x \in \mathrm{U}_0\}.
$$

したがって，この両者の間に 1 つの数 ξ_0 をとることができる．いま，$\mathrm{U}_1 = \mathrm{U}_0 + \mathcal{CV}\{x_0\} = \{\xi x_0 + x; x \in \mathrm{U}_0, \xi \in \mathbf{R}\}$ とすれば，

$$
g_1(\xi x_0 + x) = \xi \xi_0 + g_0(x) \qquad (x \in \mathrm{U}_0, \xi \in \mathbf{R})
$$

によって，U_1 上の線形汎函数が定義される．この g_1 が，

$$g_1(\xi x_0+x)\leqq\gamma p(\xi x_0+x)$$

を満たすことを示す．$\xi>0$ のときは，$\dfrac{1}{\xi}x\in U_0$ であるから，

$$g_1(\xi x_0+x)=\xi\xi_0+g_0(x)\leqq\xi\left(-g_0\left(\frac{1}{\xi}x\right)+\gamma p\left(x_0+\frac{1}{\xi}x\right)\right)+g_0(x)$$
$$=\xi\gamma p\left(x_0+\frac{1}{\xi}x\right)=\gamma p(\xi x_0+x).$$

$\xi<0$ のときは，$-\dfrac{1}{\xi}x\in U_0$ より，

$$g_1(\xi x_0+x)=\xi\xi_0+g_0(x)=(-\xi)(-\xi_0)+g_0(x)$$
$$\leqq(-\xi)\left(-g_0\left(-\frac{1}{\xi}x\right)+\gamma p\left(-x_0-\frac{1}{\xi}x\right)\right)+g_0(x)=\gamma p(\xi x_0+x).$$

これによって，$\{U_1, g_1\}$ も 1 つの対になっていることがわかる．$\{U_0, g_0\}\prec\{U_1, g_1\}$，$\{U_0, g_0\}\neq\{U_1, g_1\}$ なことは明らかであるから，これは $\{U_0, g_0\}$ を極大なものとした仮定に反する．

したがって $U_0=V$ であり，$g_0=F$ として，定理にいうような線形汎関数 $F(x)$ の存在が知られた．　　（証明終）

注．$|p|(x)=\max\{p(x), p(-x)\}$ とおけば，(29.4) は，

$$|F(x)|\leqq\gamma|p|(x)$$

となる．したがって $p(x)$ が正斉次のみならず，

(29.2′)　　$p(\alpha x)=|\alpha|p(x)$

を満たしているならば，$|p|(x)=p(x)$ となり，

(29.4′)　　$|F(x)|\leqq\gamma p(x)\qquad(x\in V)$

が満たされることになる．

定理 29.2. V を複素ベクトル空間とする．いま，V 上の実数値汎関数 $p(x)$ が，

(29.1)　　$p(x+y)\leqq p(x)+p(y),$

(29.2′)　　$p(\alpha x)=|\alpha|p(x)\qquad(\alpha\in\mathbf{C}).$

を満たしているものとする．

V の 1 つの部分空間 W 上の複素数値[1]線形汎関数 $f(x)$ が，

$$|f(x)|\leqq\gamma p(x)\qquad(x\in W)$$

1）当然そうでなければならない．

を満たしているとき，$f(x)$ を V 上の線形汎函数に拡張することができる．すなわち，V 上の線形汎函数 $F(x)$ で，

(29.3) $$F(x)=f(x) \qquad (x\in \mathrm{W}),$$

(29.4′) $$|F(x)|\leqq \gamma p(x) \qquad (x\in \mathrm{V})$$

を満たすものが存在する．

証明． V はまた実数体 **R** 上のベクトル空間とも考えられる．そのように考えたものを $\mathrm{V}_{\mathbf{R}}$ とすると，W はまた $\mathrm{V}_{\mathbf{R}}$ の部分空間とも考えられる．いま，

$$f_1(x)=\Re f(x)$$

とすれば，$f_1(x)$ は，$\mathrm{V}_{\mathbf{R}}$ の部分空間 W 上の実線形汎函数であり，

$$f_1(x)\leqq |f(x)|\leqq \gamma p(x) \qquad (x\in \mathrm{W})$$

であるから，$f_1(x)$ は，ハーン・バナッハの定理によって，$\mathrm{V}_{\mathbf{R}}$ 上の実線形汎函数 $F_1(x)$ に拡張することが出来る：

$$F_1(x)=f_1(x) \quad (x\in \mathrm{W}), \qquad F_1(x)\leqq \gamma p(x) \quad (x\in \mathrm{V}_{\mathbf{R}}).$$

$$F(x)=F_1(x)-iF_1(ix) \qquad (x\in \mathrm{V})$$

とおけば，これが求めている $f(x)$ の1つの拡張であることを示す．

F が複素線形汎函数であること．$F(x+y)=F(x)+F(y)$ は明らかであるから，$F(\alpha x)=\alpha F(x)$ をいえばよい．$\alpha=\xi+i\eta$ とする．

$$\begin{aligned}F(\alpha x)&=F_1(\alpha x)-iF_1(i\alpha x)=F_1(\xi x+\eta ix)-iF_1(-\eta x+\xi ix)\\&=\xi F_1(x)+\eta F_1(ix)+i\eta F_1(x)-i\xi F_1(ix)\\&=(\xi+i\eta)F_1(x)-i(\xi+i\eta)F_1(ix)=\alpha(F_1(x)-iF_1(ix))\\&=\alpha F(x).\end{aligned}$$

F が f の拡張であること．$x\in \mathrm{W}$ とする．このとき同時に $ix\in \mathrm{W}$．故に，$F_1(x)=f_1(x)$，$F_1(ix)=f_1(ix)$．そして，

$$\begin{aligned}F(x)&=F_1(x)-iF_1(ix)=f_1(x)-if_1(ix)=\Re f(x)-i\Re f(ix)\\&=\Re f(x)-i\Re(if(x))=\Re f(x)+i\Im f(x)=f(x).\end{aligned}$$

$|F(x)|\leqq \gamma p(x)$ となること．$|F(x)|=\alpha F(x)$ となるような絶対値$=1$ の複素数 α をとる．($F(x)=0$ ならば $\alpha=1$ とする．) そうすれば，

$$\begin{aligned}F(\alpha x)&=\alpha F(x)=|F(x)|=\text{実数}=\Re F(\alpha x)=F_1(\alpha x)\\&\leqq \gamma p(\alpha x)=\gamma|\alpha|p(x)=\gamma p(x).\end{aligned}$$

(証明終)

(29.1—2) を満足するような汎函数 $p(x)$ をつくるための1つの方法として，次のようなものがある．

定理 29.3. V をベクトル空間とする．いま集合 A が，

（1） A は凸集合．

（2） A は**吸収的**である．すなわち，

(29.5)　任意の $x\in V$ について，適当な $\alpha>0$ をとれば，$\dfrac{1}{\alpha}x\in A$.

なる性質を有しているとする．

そこで

$$p(x)=\inf\left\{\alpha;\frac{1}{\alpha}x\in A\right\} \tag{29.6}$$

とおけば，$p(x)$ は (29.1—2) を満足する汎函数で，かつ $0\leqq p(x)<\infty$. そして，$x\in A$ ならば，$p(x)\leqq 1$. $p(x)<1$ ならば $x\in A$.

もしも A が更に**円形**，すなわち，

(29.7)　任意の $x\in A$ に対し，$\alpha x\in A$ $(|\alpha|\leqq 1)$[1].

を満足しているならば，$p(x)$ は (29.2′) を満たす．

定義 29.1. (29.6) によって定義された $p(x)$ を，**ミンコフスキー汎函数**という．

定理 29.3 の証明. まず $p(x)$ が有限な値であることは，（2）の条件によって，$\left\{\alpha;\dfrac{1}{\alpha}x\in A\right\}$ が空でない正数の集合となることから知られる．そして $0\leqq p(x)<\infty$. また，(29.5) において $x=0$ とすれば，$0\in A$ であることになる．故に，$\dfrac{1}{\alpha}x\in A$ $(\alpha>0)$ ならば，$\alpha'>\alpha$ なるとき，（1）によって，$\dfrac{1}{\alpha'}x=\dfrac{\alpha}{\alpha'}\left(\dfrac{1}{\alpha}x\right)+\dfrac{\alpha'-\alpha}{\alpha'}0\in A$. これから，$\alpha>p(x)$ ならば，$\dfrac{1}{\alpha}x\in A$ であることが知られる．

$p(x)<\alpha$, $p(y)<\beta$ とすれば，$\dfrac{1}{\alpha}x$, $\dfrac{1}{\beta}y\in A$. A は凸集合であるから，$\dfrac{1}{\alpha+\beta}\cdot(x+y)=\dfrac{\alpha}{\alpha+\beta}\left(\dfrac{1}{\alpha}x\right)+\dfrac{\beta}{\alpha+\beta}\left(\dfrac{1}{\beta}y\right)\in A$. 故に，$p(x+y)\leqq\alpha+\beta$. α,β は $p(x)<\alpha$, $p(y)<\beta$ を満足する限り任意であるから，これより，$p(x+y)\leqq p(x)+p(y)$.

---

1) V が実ベクトル空間のときは，$-x\in A$ を意味する．複素ベクトル空間のときは，すべての絶対値1の複素数について考える．

$p(\alpha x)=\alpha p(x)$ $(\alpha>0)$ はほとんど明らか．

また，A が円形のとき，$p(\alpha x)=|\alpha|p(x)\,(|\alpha|=1)$ も容易であろう．(証明終)

系 29.1. ベクトル空間 V の吸収的凸集合 A に対して，$x_0\notin A$ ならば，

$f(x_0)=1$. かつ，$x\in A$ ならば $f(x)\leqq 1$

(複素ベクトル空間のときは $\Re f(x)\leqq 1$) を満たす線形汎函数 $f(x)$ が存在する．

証明. Vは実ベクトル空間とする．Aからつくられるミンコフスキー汎函数を $p_0(x)$ とすれば，$p_0(x_0)\geqq 1$. 実際，$p_0(x_0)<1$ とすれば，定理 29.3 によって，$x_0\in A$ であることになるからである．

さて，いま，

$$p(x)=\frac{1}{p_0(x_0)}p_0(x) \qquad (x\in V)$$

とすれば，$p(x)$ は (29.1—2) を満たし，かつ $p(x_0)=1$.

そこで，$W=\mathcal{CV}\{x_0\}=\{\xi x_0;\xi\in\mathbf{R}\}$ として，

$$f_0(\xi x_0)=\xi$$

と定義すると，f_0 が W 上の線形汎函数であることは明らかであるが，さらに，$f_0(x)\leqq p(x)$ $(x\in W)$ が成立っている．$x=\xi x_0$ $(\xi>0)$ のときは $f_0(\xi x_0)=\xi=\xi p(x_0)=p(\xi x_0)$ から．また $x=\xi x_0(\xi\leqq 0)$ のときは，$f_0(x)\leqq 0$, $p(x)\geqq 0$ から知られる．この $f_0(x)$ を，ハーン・バナッハの定理によって V 全体に拡張したものが求めるものである．

複素ベクトル空間のときは，実ベクトル空間と考えて上のように $f(x)$ をつくり，

$$F(x)=f(x)-if(ix)$$

とすれば，$F(x)$ は複素線形汎函数で，$\Re F(x)=f(x)\leqq p(x)$ となることは，定理 29.2 の証明の途中経過と同じである．(証明終)

系 29.2. 系 29.1 において，さらに A が円形ならば，$f(x)$ は，

$$f(x_0)=1, \qquad |f(x)|\leqq 1 \quad (x\in A)$$

を満足する．

バナッハ極限

ハーン・バナッハの定理の応用として，次のことを証明しよう．

定理 29.4. 有界な数列 $(\xi_1, \xi_2, \cdots)$ のおのおのに，次のような数 $\operatorname*{Lim}_{n\to\infty} \xi_n$ を対応させることが出来る．

（1） $\operatorname*{Lim}_{n\to\infty} \xi_n = \operatorname*{Lim}_{n\to\infty} \xi_{n+1}$.[1)]

（2） $\operatorname*{Lim}_{n\to\infty} (\alpha\xi_n + \beta\eta_n) = \alpha \operatorname*{Lim}_{n\to\infty} \xi_n + \beta \operatorname*{Lim}_{n\to\infty} \eta_n$.

（3） $\xi_n \geqq 0\ (n=1,2,\cdots)$ ならば，$\operatorname*{Lim}_{n\to\infty} \xi_n \geqq 0$.

（4） $\xi_n\ (n=1,2,\cdots)$ がすべて実数ならば，$\varliminf_{n\to\infty} \xi_n \leqq \operatorname*{Lim}_{n\to\infty} \xi_n \leqq \varlimsup_{n\to\infty} \xi_n$.

（5） $\xi_1, \xi_2, \cdots$ が収束するならば，$\operatorname*{Lim}_{n\to\infty} \xi_n = \lim_{n\to\infty} \xi_n$.

定義 29.2. この定理によって，一般の有界数列に対して定義された $\operatorname*{Lim}_{n\to\infty} \xi_n$ を，数列 $\xi_1, \xi_2, \cdots$ の**バナッハ極限**または**一般極限**という．

定理 29.4 の証明. まず実数列の場合を考える．

いま，$\mathrm{V} = (m)$ において，$p(x) = \varlimsup_{n\to\infty} \xi_n\ (x = (\xi_1, \xi_2, \cdots))$ とすれば，$p(x)$ は (29.1—2) をみたしている．

次に，V の部分空間 W_0 を次のようにとる：

$$\mathrm{W}_0 = \{(\xi_1, \xi_2 - \xi_1, \xi_3 - \xi_2, \cdots);\ (\xi_1, \xi_2, \cdots) \in (m)\}.$$

$y = (\eta_1, \eta_2, \cdots) \in \mathrm{W}_0$ に対して，$p(y) \geqq 0$ である．実際，$(\eta_1, \eta_2, \cdots) = (\xi_1, \xi_2 - \xi_1, \cdots)$から，$\eta_1 = \xi_1$, $\eta_2 = \xi_2 - \xi_1, \cdots$. したがって $\xi_n = \eta_1 + \cdots + \eta_n$ であるが，もし $p(y) = \varlimsup_{n\to\infty} \eta_n < 0$ とすれば，適当な m に対し，$n \geqq m$ のとき $\eta_n < \frac{1}{2} p(y)$. したがって $\xi_n = (\eta_1 + \cdots + \eta_m) + \cdots + \eta_n < (\eta_1 + \cdots + \eta_m) + \frac{1}{2}(n-m) \cdot p(y) \to -\infty$ となり，$\xi_1, \xi_2, \cdots$ が有界な数列という仮定に反するからである．同じように，$e = (1, 1, \cdots) \notin \mathrm{W}_0$ であることも知られる．

そこで $\mathrm{W} = \mathrm{W}_0 + \mathcal{V}\{e\}$ として，W の上に，

$$f(y + \alpha e) = \alpha \qquad (y \in \mathrm{W}_0,\ \alpha \in \mathbf{R})$$

として，汎函数 f を定義すれば，f は W 上の線形汎函数であるが，$x \in \mathrm{W}$ に対して，$f(x) \leqq p(x)$ を満足している．実際，$z = y + \alpha e$, $y = (\eta_1, \eta_2, \cdots) \in \mathrm{W}_0$ とすれば，$p(x) = \varlimsup_{n\to\infty} (\eta_n + \alpha) = \varlimsup_{n\to\infty} \eta_n + \alpha \geqq \alpha = f(x)$.

---

1) 右辺は $\eta_n = \xi_{n+1}\ (n=1,2,\cdots)$ に対して，$\mathrm{Lim}\,\eta_n$ を意味する．すなわち，数列 $(\xi_2, \xi_3, \cdots)$ に対する Lim の値である．

故にハーン・バナッハの定理により，$f(x)$ を V 上の線形汎函数で，$F(x) \leqq p(x)$ を満たすものに拡張出来る．

$x=(\xi_1, \xi_2, \cdots)$，$x'=(\xi_2, \xi_3, \cdots)$ とするとき，$F(x)=F(x')$．実際，$\xi_n'=\xi_1-\xi_{n+1}$ $(n=1,2,\cdots)$ とするとき，$(\xi_1', \xi_2', \cdots) \in (m)$．そして $x-x'=(\xi_1-\xi_2, \xi_2-\xi_3, \xi_3-\xi_4, \cdots)=(\xi_1', \xi_2'-\xi_1', \xi_3'-\xi_2', \cdots) \in W_0$．故に，$F(x-x')=f(x-x')=0$ であるからである．

また，$-F(x)=F(-x) \leqq p(-x)=\overline{\lim_{n\to\infty}}(-\xi_n)=-\underline{\lim}_{n\to\infty}\xi_n$ であるから，$\underline{\lim}_{n\to\infty}\xi_n \leqq F(x) \leqq \overline{\lim_{n\to\infty}}\xi_n$．これから，$\xi_n \geqq 0$ $(n=1,2,\cdots)$ のとき，$F(x) \geqq 0$．および $\xi_1, \xi_2, \cdots$ が収束するときは，$F(x)=\lim_{n\to\infty}\xi_n$ となる．

$F(x)=\mathrm{Lim}_{n\to\infty}\xi_n$ とおくことにより，これが求めるものであることが知られる．

複素数列に対しては，$\mathrm{Lim}_{n\to\infty}\xi_n=\mathrm{Lim}_{n\to\infty}\Re\xi_n+i\,\mathrm{Lim}_{n\to\infty}\Im\xi_n$ とすればよい．(証明終)

問 1. V は実ベクトル空間，$p(x)$ は V 上の実数値汎函数で，劣加法的 ((29.1)) かつ正斉次((29.2))なものとする．そのとき，

(i) $p(0)=0$.

(ii) $p(x+y)=p(x)+p(y)$ が，すべての $x, y \in V$ について成立つことと，$p(-x)=-p(x)$ となることとは同値である．そして，このとき，p は V 上の線形汎函数である．

(iii) 任意の $\alpha \in \mathbf{R}$ に対して，$p(\alpha x)=|\alpha|p(x)$ であれば，$p(x) \geqq 0$. [練 6-A.1]

問 2. V は実ベクトル空間，$p(x)$ を V 上の劣加法的かつ正斉次な実数値汎函数とする．そのとき，任意の $x_0 \in V$ に対して，V 上の線形汎函数 $f(x)$ で，

$f(x_0)=p(x_0)$，かつ，

すべての $x \in V$ について，$-p(-x) \leqq f(x) \leqq p(x)$

を満たすようなものが存在する． [練 6-A.2]

問 3. V は実ベクトル空間，$p(x)$ を V 上の劣加法的かつ正斉次な実数値汎函数とする．そのとき，すべての $x \in V$ について，

$$f(x) \leqq p(x)$$

を満たす線形汎函数が，ただ1つ存在するための必要十分条件は，$p(x)$ が線形汎函数であることである． [練 6-A.3]

問 4. V は複素ベクトル空間，$p(x)$ は V 上の実数値汎函数で，劣加法的かつ正斉次なものとする．そして $|p|(x)=\sup\{p(\alpha x); |\alpha|=1\}$ とする．($|p|(x)$ の値は，すべての $x \in V$ について有限であると仮定する．) $|p|(x)$ も V 上の劣加法的正斉次な汎函数である．

V 上の線形汎函数 $f(x)$ が，$\Re f(x) \leqq p(x)$ を満たせば，$|f(x)| \leqq |p|(x)$. [練 6-A.4]

問 5. V は実ベクトル空間とする．いま，V の集合 A, B に対して，V 上の線形汎函数 f が，

$$\inf\{f(x); x \in A < \{\sup\} f(x); x \in B\}$$

を満たすとき，f は A と B とを分離するということにする．このとき，

f が集合 A, B を分離する ⇄ f は A−B と {0} を分離する．　[練 6-A.5]

問 6. 定理 29.4 のバナッハ極限に関して，(5) を弱めて，

(5′)　数列 1, 1, … ($\xi_n=1$ ($n=1,2,\cdots$)) に対して，$\operatorname*{Lim}_{n\to\infty}\xi_n=1$ とすれば，(1), (2), (3), (5′) が成立つことと，(1), (2), (4) が成立つこととは同値であることを示せ．

[練 6-A.6]

§ 30. 有界線形汎函数，共役空間

定理 30.1. X をノルム空間，Y をその部分空間とする．Y はまた1つのノルム空間と考えられる．

いま，Y 上の有界線形汎函数 $f(x)$ があるとき，これを，ノルムをかえずに X 上の有界線形汎函数 $F(x)$ に拡張することが出来る．すなわち，

$$F(x)=f(x)\quad (x\in \mathrm{Y}),\qquad \|F\|=\|f\|.$$

証明. $p(x)=\|x\|$ とすれば，$p(x)$ は (29.1), (29.2′) を満たしている．$|f(x)|\leqq\|f\|\|x\|=\|f\|p(x)$ ($x\in\mathrm{Y}$) であるから，X が実数体上のノルムのあるベクトル空間ならば，定理 29.1 の注により，また，複素数体上で定義されているならば，定理 29.2 により，上にいうような $F(x)$ に拡大されることが知られる．　(証明終)

補題 30.1. X をノルム空間とする．そのとき，任意の $x_0\in\mathrm{X}$, $x_0\neq 0$ に対して，X 上の線形汎函数 $f(x)$ で，

$$f(x_0)=\|x_0\|,\qquad \|f\|=1$$

となるものが存在する．

証明. $\mathrm{Y}=\mathcal{CV}\{x_0\}=\{\xi x_0;\xi\in\mathbf{K}\}$ とすれば，

$$f_0(\xi x_0)=\xi\|x_0\|$$

とするとき，f_0 は Y 上の線形汎函数で，$f_0(x_0)=\|x_0\|, \|f_0\|=1$ を満たしている．この f_0 を，定理 30.1 によって X 全体に拡大したものを f とすればよい．　(証明終)

定理 30.2. X をノルム空間とする．いま X* を X 上の有界線形汎函数の全体とすれば，X* は線形演算，およびノルム：

$$(\alpha f+\beta g)(x)=\alpha f(x)+\beta g(x)\qquad (\alpha,\beta\in\mathbf{K}),$$

$$\|f\|=\sup\{|f(x)|;\|x\|\leqq 1\}$$

によってバナッハ空間をなす．

証明． 定理 25.1 において，$\mathrm{Y}=\mathbf{K}$ とした特別の場合にすぎない．（証明終）

系 30.1． $x\in\mathrm{X}$ に対して，

$$\|x\|=\sup\{|f(x)|;\ f\in\mathrm{X}^*,\|f\|\leqq 1\}.$$

証明． $|f(x)|\leqq\|f\|\|x\|$ から，$\geqq$ であることは明らか．逆向きの不等式を示すために，まず $x=0$ のときは明らかである．$x\neq 0$ とすれば，補題 30.1 によって，$\|f_0\|=1$，$f_0(x)=\|x\|$ となる $f_0\in\mathrm{X}^*$ がある．したがって，

$$\|x\|=f_0(x)\leqq\sup\{|f(x)|;\|f\|\leqq 1\}.$$ （証明終）

定義 30.1． ノルム空間 X に対して，X^* をその**共役空間**，または（**位相的**）**相対空間**という．X の共役空間は本書では X^* と書くが，X' とする書もある．

また有界線形汎函数 f が $x\in\mathrm{X}$ においてとる値 $f(x)$ を，時にこの相対関係について，$\langle x,f\rangle$ と書く方が見易いこともある．

記号． X の集合 A に対し，$\mathrm{A}^\perp=\{f;\ f\in\mathrm{X}^*,\langle x,f\rangle=0\,(x\in\mathrm{A})\}$，

X^* の集合 A^* に対し，${}^\perp(\mathrm{A}^*)=\{x;\ x\in\mathrm{X},\langle x,f\rangle=0\,(f\in\mathrm{A}^*)\}$．

定理 30.3． X をノルム空間，Y をその閉部分空間とする．そのとき，

$$\mathrm{Y}^*=\mathrm{X}^*/\mathrm{Y}^\perp,\qquad (\mathrm{X}/\mathrm{Y})^*=\mathrm{Y}^\perp.$$

ここに，$=$ は，2つの空間がノルム空間として同型となることを意味する．

証明． $f\in\mathrm{X}^*$ に対して，f の Y 上への制限を Tf とする．T が X^* から Y^* への線形作用素なことは明らかであるが，任意の $g\in\mathrm{Y}^*$ は，X 上の有界線形汎函数 f に拡張され，そのとき $Tf=g$ であるから，T は Y^* の上への線形作用素．すなわち，X^* と Y^* のベクトル空間としての準同型を与えている．$\mathcal{N}(T)=\mathrm{Y}^\perp$ であるから，ベクトル空間として，Y^* は $\mathrm{X}^*/\mathrm{Y}^\perp$ と同型である．さて，$\|Tf\|=\sup\{|f(y)|;y\in\mathrm{Y},\|y\|\leqq 1\}\leqq\sup\{|f(x)|;x\in\mathrm{X},\|x\|\leqq 1\}=\|f\|$ であるが，$g\in\mathrm{Y}^*$ に対して，$f\in\mathrm{X}^*$ で，$Tf=g$，$\|f\|=\|g\|$ となるものが存在する（定理 30.1）．したがって，$\|g\|=\inf\{\|f\|;Tf=g\}$．この右辺は，$\mathrm{X}^*/\mathrm{Y}^\perp$ におけるノルムである．したがって，ノルム空間として Y^* は $\mathrm{X}^*/\mathrm{Y}^\perp$ と同型になる．

次に X/Y 上の有界線形汎函数 $\bar{f}$ は，$f(x)=\bar{f}(x+\mathrm{Y})$ として，X 上の線形汎函数になる．そして，$\|f\|=\sup\{|f(x)|;\|x\|\leqq 1\}=\sup\{|\bar{f}(x+\mathrm{Y})|;\|x\|\leqq 1\}$ $\leqq\sup\{|\bar{f}(\bar{x})|;\bar{x}\in\mathrm{X/Y},\|\bar{x}\|\leqq 1\}=\|\bar{f}\|$ となるから，$f\in\mathrm{X}^*$．そしてまた，$|\bar{f}(\bar{x})|=|f(x)|\leqq\|f\|\|x\|$ がすべての $x\in\bar{x}$ について成立つから，$|\bar{f}(\bar{x})|$ $\leqq\|f\|\|\bar{x}\|$．故に，$\|\bar{f}\|\leqq\|f\|$．すなわち，$\|f\|=\|\bar{f}\|$である．$f(y)=0(y\in\mathrm{Y})$ であるから，$f\in\mathrm{Y}^{\perp}$．逆に，任意の $f\in\mathrm{X}^*$, $\in\mathrm{Y}^{\perp}$ が，X/Y 上の有界線形汎函数になることは明らかである．　　(証明終)

定理 30.4. X, Y をノルム空間とする．X, Y の直和 X⊕Y (定義 22.1) の共役空間は，

(30.1)　$\langle(x,y),(f,g)\rangle=\langle x,f\rangle+\langle y,g\rangle$　　$(x\in\mathrm{X},\ f\in\mathrm{X}^*;\ y\in\mathrm{Y},\ g\in\mathrm{Y}^*)$

によって，

$$(\mathrm{X}\oplus\mathrm{Y})^*=\mathrm{X}^*\oplus\mathrm{Y}^*$$

である．ただし，右辺においては，ノルムとして，

$$\|(f,g)\|=\max\{\|f\|,\|g\|\}\qquad(f\in\mathrm{X}^*,\ g\in\mathrm{Y}^*)$$

とする．

証明. (30.1) によって，f, g が X⊕Y の上の有界線形汎函数を定めること，および $\|(f,g)\|\leqq\max\{\|f\|,\|g\|\}$ であることは明らかである．いま，$\max\{\|f\|,\|g\|\}=\|f\|$ であったとして，$\varepsilon>0$ に対し，$x\in\mathrm{X}$, $\|x\|=1$ を，$\langle x,f\rangle\geqq\|f\|-\varepsilon$ であるようにとると，$\|(x,0)\|=1$, $\langle(x,0),(f,g)\rangle=\langle x,f\rangle\geqq\|f\|-\varepsilon$ となるから，$\|(f,g)\|\geqq\|f\|-\varepsilon=\max\{\|f\|,\|g\|\}-\varepsilon$．これより，$\|(f,g)\|=\max\{\|f\|,\|g\|\}$ であることになる．

任意の $h\in(\mathrm{X}\oplus\mathrm{Y})^*$ に対して，$f(x)=\langle(x,0),h\rangle$, $g(y)=\langle(0,y),h\rangle$ とすれば，$f\in\mathrm{X}^*$, $g\in\mathrm{Y}^*$, $h=(f,g)$ であることは容易に知られる．　　(証明終)

定理 30.5. X をノルム空間，A を1つの閉凸集合とする．もしも $x_0\notin\mathrm{A}$ ならば，

$$f\in\mathrm{X}^*,\qquad f(x_0)>\sup\{f(x);x\in\mathrm{A}\}$$

(複素ベクトル空間のときは，$\Re f(x)$ を考える) を満たす f が存存在する[1]．

---

1) ヒルベルト空間の場合，系 7.2 に相当する．$f(y)=(y,x-x_A)$ とすればよい．なお補題 33.1 参照．

証明. X は実ベクトル空間とし, まず $0\in A$ のときを考える. A は強閉であるから, 適当な $\varepsilon>0$ をとれば, $\|x-x_0\|<\varepsilon$ のとき, $x\notin A$ となる. いま, $U=U(0,\varepsilon)$ とし, $A+U$ なる集合を考えるとこれは吸収的凸集合である. かつ, $x_0\notin A+U$. 系 29.1 により,

$$f(x_0)=1,\quad \text{かつ}\quad f(x)\leqq 1\quad (x\in A+U)$$

なる線形汎函数 f が存在する.

$\|x\|\leqq 1$ ならば $\left\|\pm\frac{\varepsilon}{2}x\right\|<\varepsilon$. すなわち $\pm\frac{\varepsilon}{2}x\in U\subset A+U$. よって, $f\left(\frac{\pm\varepsilon}{2}x\right)\leqq 1$. $\pm f(x)\leqq 2/\varepsilon$. $|f(x)|\leqq 2/\varepsilon$. これより $\|f\|\leqq 2/\varepsilon$ が知られ, $f\in X^*$ である.

$f(x_0)=1$ であるが, $x\in A$ のとき, $x+\frac{\varepsilon}{2\|x_0\|}x_0\in A+U$. したがって, $f\left(x+\frac{\varepsilon}{2\|x_0\|}x_0\right)\leqq 1$. 故に, $f(x)\leqq 1-\frac{\varepsilon}{2\|x_0\|}$. すなわち, $\sup\{f(x);x\in A\}\leqq 1-\frac{\varepsilon}{2\|x_0\|}<1=f(x_0)$.

$0\notin A$ のときは, 任意の $a\in A$ をとり, $A-a$ および x_0-a を考えて, 上のような $f\in X^*$ をつくれば,

$$\begin{aligned}f(x_0)=f(a)+f(x_0-a)&>f(a)+\sup\{f(x);x\in A-a\}\\&=\sup\{f(x)+f(a);x\in A-a\}\\&=\sup\{f(x);x\in A\}.\end{aligned}$$

X が複素ベクトル空間のときは, X を実ベクトル空間と考えて上の有界線形汎函数 $f(x)$ をつくり, $F(x)=f(x)-if(ix)$ をとればよい.　(証明終)

系 30.2. X はノルム空間, Y はその閉部分空間で, $X\neq Y$ とすれば, 任意の $x_0\in X$, $\notin Y$ に対して, $f\in X^*$, $f(x_0)=1$, かつ, $f(y)=0$ $(y\in Y)$ を満たすものが存在する.

証明. 定理 30.5 における A として, Y をとり, 定理によって得られる $\in X^*$ を考える. このとき, もし, ある $y\in Y$ について, $f(y)\neq 0$ とすれば, α を適当にとって, $f(\alpha y)=\alpha f(y)>f(x_0)$ ならしめ得るから, 定理と矛盾する. 故に, すべての $y\in Y$ について, $f(y)=0$ である. したがって, $f(x_0)>0$ であるから, $(1/f(x_0))f$ を考えて系を得る.　(証明終)

この系は, 定理 30.3 からも直ちに証明されることである. (問 30.1)

系 30.3. X の閉部分空間 Y に対して, ${}^{\perp}(Y^{\perp})=Y$.

系 30.3*. X* の閉部分空間 Y′ に対して，$({}^{\perp}(\mathrm{Y}'))^{\perp} \supset \mathrm{Y}'$.

証明. (系 30.3). ${}^{\perp}(\mathrm{Y}^{\perp}) \supset \mathrm{Y}$ は明らかであるが，いま $x \in {}^{\perp}(\mathrm{Y}^{\perp})$ ならば，$f \in \mathrm{Y}^{\perp}$ に対して，$f(x)=0$. もし $x \notin \mathrm{Y}$ とすれば，系 30.2 によって $f \in \mathrm{Y}^{\perp}$, $f(x) \neq 0$ であるものが存在するはずであるから，$x \in \mathrm{Y}$ でなければならない．

系 30.3* は明らかである．等号にならないことについては，後に示される．(系 33.3, 系 33.4)　　(証明終)

共役空間の例

以下の例で，2つの空間が＝というのは，同型である(定義 2.8)という意味である．また以下では，すべて実バナッハ空間の場合を扱うが，複素バナッハ空間のときも，これらの例は同様に扱える．

例 30.1. 有限 n 次元のノルム空間 X の共役空間 X* は，また n 次元であって，$e_1, \cdots, e_n$ を X の 1 つの基とするとき，その相対基 $f_1, \cdots, f_n$ ($\langle e_i, f_j \rangle = \delta_{ij}$ $(i,j=1,\cdots,n)$ であるような X 上の線形汎函数) が X* の基をなしている．実際，$\langle \sum_{k=1}^{n} \xi_k e_k, f_j \rangle = \xi_j$ であるから，これらの $f_1, \cdots, f_n$ が，X 上の有界線形汎函数であることが，問 24.2 によって知られるからである．そして，任意の $f \in \mathrm{X}^*$ は，$\alpha_k = \langle e_k, f \rangle$ として，$f = \sum_{k=1}^{n} \alpha_k f_k$ と表わされる．このとき，$x = \sum_{k=1}^{n} \xi_k e_k$, $f = \sum_{k=1}^{n} \alpha_k f_k$ に対して，$\langle x, f \rangle = \sum_{k=1}^{n} \alpha_k \xi_k$.

ここで，これらの $f_1, \cdots, f_n$ に対し，$\|f_j\|=1$ $(j=1,\cdots,n)$ が成立つための条件は，$x = \sum_{k=1}^{n} \xi_k e_k$ に対し，

$$\max\{|\xi_1|, \cdots, |\xi_n|\} \leqq \|x\| \leqq |\xi_1| + \cdots + |\xi_n|$$

であることである．(問 30.5)

ノルム空間 X に対し，その共役空間が n 次元ならば，X 自身 n 次元である．(問 30.4)

例 30.2.　$(c_0)^* = (l^1)$, $(c)^* = (l^1)$.

$x = (\xi_1, \xi_2, \cdots) \in (c_0)$, $y = (\eta_1, \eta_2, \cdots) \in (l^1)$ に対して，

$$f(x) = \sum_{k=1}^{\infty} \xi_k \eta_k$$

とすれば，(c_0) 上の線形汎函数 $f(x)$ が得られる．そして，

$$|f(x)|=\left|\sum_{k=1}^{\infty}\xi_k\eta_k\right|\leqq\sum_{k=1}^{\infty}|\xi_k||\eta_k|\leqq\left(\sum_{k=1}^{\infty}|\eta_k|\right)\sup\{|\xi_k|;k=1,2,\cdots\}$$
$$=\|y\|\|x\|.$$

したがって，$f\in(c_0)^*$ となる．いま $Ty=f$ とすれば，T は線形演算を保存し，かつ $\|f\|=\|Ty\|\leqq\|y\|$．逆に $f\in(c_0)^*$，とし，$e_n=(0,\cdots,0,\overset{n}{\breve{1}},0,\cdots)$ に対して，$\eta_n=f(e_n)$ とすれば，$y=(\eta_1,\eta_2,\cdots)\in(l^1)$，$Ty=f$，$\|y\|\leqq\|f\|$ である．実際，$\xi_n=\operatorname{sign}\eta_n$ として[1)]，$x^{(m)}=(\xi_1,\cdots,\xi_m,0,\cdots)=\sum_{k=1}^{m}\xi_k e_k$ を考えれば，$\|x^{(m)}\|=1$，かつ $\sum_{k=1}^{m}|\eta_k|=\sum_{k=1}^{m}\xi_k\eta_k=f(x^{(m)})\leqq\|f\|\|x^{(m)}\|=\|f\|$．$m\to\infty$ として，$y=(\eta_1,\eta_2,\cdots)\in(l^1)$，$\|y\|\leqq\|f\|$．任意の $x=(\xi_1,\xi_2,\cdots)$ に対しては，$x_m=(\xi_1,\cdots,\xi_m,0,\cdots)=\sum_{k=1}^{m}\xi_k e_k$ とすれば，$\|x-x_m\|=\|(0,\cdots,0,\xi_{m+1},\xi_{m+2},\cdots)\|=\sup\{|\xi_k|;k\geqq m+1\}\to 0$ より，$f(x)=\lim_{m\to\infty}f(x_m)=\lim_{m\to\infty}\sum_{k=1}^{m}\xi_k\eta_k=\sum_{k=1}^{\infty}\xi_k\eta_k=(Ty)(x)$．よって $Ty=f$ を得る．

これで T が上への写像なこと，および $\|y\|\leqq\|Ty\|$ を得たから，$\|Ty\|=\|y\|$．すなわち T は同型を与える．

$(c)^*$ については，$(\xi_1,\xi_2,\cdots)\in(c)$ に対して，$\lim_{n\to\infty}\xi_n$ を対応させると，ノルム1の有界線形汎函数になる．そして，このときは (l^1) の要素を $y=(\eta_0,\eta_1,\eta_2,\cdots)$ と書いて，$Ty=f$，$f(x)=\eta_0\lim_{n\to\infty}\xi_n+\sum_{n=1}^{\infty}\eta_n\xi_n$ が (l^1) と $(c)^*$ の同型を与える対応となる．

例 30.3. $(l^1)^*=(m)$．

$x=(\xi_1,\xi_2,\cdots)\in(l^1)$，$y=(\eta_1,\eta_2,\cdots)\in(m)$ に対して，

$$f(x)=\sum_{k=1}^{\infty}\xi_k\eta_k$$

とすれば，$y\to f=Ty$ が (m) と $(l^1)^*$ の同型を与えている．

$$|(Ty)(x)|=\left|\sum_{k=1}^{\infty}\xi_k\eta_k\right|\leqq\sum_{k=1}^{\infty}|\xi_k||\eta_k|\leqq\left(\sum_{k=1}^{\infty}|\xi_k|\right)\sup\{|\eta_k|;k=1,2,\cdots\}$$
$$=\|y\|\|x\|.$$

これから $Ty\in(l^1)^*$ となることがわかる．かつ $\|Ty\|\leqq\|y\|$．

1) $\operatorname{sign}\eta=+1\quad(\eta\geqq 0),\qquad =-1\quad(\eta<0)$.

逆に $f\in(l^1)^*$ とし，$\eta_n=f(e_n)$ $(e_n=(0,\cdots,0,\overset{n}{\check{1}},0,\cdots))$ とすれば，$|\eta_n|\leqq|f(e_n)|\leqq\|f\|\|e_n\|=\|f\|$ から，$\sup|\eta_n|\leqq\|f\|$. 故に，$y=(\eta_1,\eta_2,\cdots)\in(m)$, $\|y\|\leqq\|f\|$. $f=Ty$ となることを示そう．$x=(\xi_1,\xi_2,\cdots)\in(l^1)$ に対して，$x_m=(\xi_1,\cdots,\xi_m,0,\cdots)=\sum_{k=1}^m\xi_ke_k$ とすれば，$\|x-x_m\|=\|(0,\cdots,0,\xi_{m+1},\xi_{m+2},\cdots)\|=\sum_{k=m+1}^\infty|\xi_k|\to0$ より，$f(x)=\lim_{m\to\infty}f(x_m)=\lim_{m\to\infty}\sum_{k=1}^m\xi_k\eta_k=\sum_{k=1}^\infty\xi_k\eta_k=(Ty)(x)$. よって $Ty=f$.

(m) の共役空間を定めるためには，空間 $\mathbf{N}=\{1,2,\cdots\}$ のチェッシュのコンパクト化[1] を $\check{\mathbf{N}}$ とするとき，(m) と $C(\check{\mathbf{N}})$ は同型となるから，$C(\check{\mathbf{N}})$ の共役空間として定められる．あるいは，$(m)=L^\infty(\mathbf{N})$ ($\mathbf{N}$ の部分集合全体の族を $\mathcal{B}$, $\mu(M)=M$ に属する要素の個数　として，測度空間 $(\mathbf{N},\mathcal{B},\mu)$ を定める.) と考えられるから，$L^\infty(\mathbf{N})$ の共役空間として考察される．いずれにしても，数列のつくるバナッハ空間というような単純な形のものではない．

例 30.4.　$(l^p)^*=(l^q)$　$\left(1<p<\infty,\ \dfrac{1}{p}+\dfrac{1}{q}=1\right)$.

$(\xi_1,\xi_2,\cdots)\in(l^p)$, $(\eta_1,\eta_2,\cdots)\in(l^q)$ のとき，ヘルダーの不等式によって，$\left|\sum_{n=1}^\infty\xi_n\eta_n\right|\leqq\left(\sum_{n=1}^\infty|\xi_n|^p\right)^{1/p}\left(\sum_{n=1}^\infty|\eta_n|^q\right)^{1/q}$ であるから，例 30.2—3 と同様，$(l^q)\to(l^p)^*$の対応 T が得られる．そして，Tは線形対応,かつ $\|Ty\|\leqq\|y\|$ である．

次に，任意の $f\in(l^p)^*$ に対し，$f(e_n)=\eta_n$ $(e_n=(0,\cdots,0,\overset{n}{\check{1}},0,\cdots))$ とおく．そして $\xi_n=(\operatorname{sign}\eta_n)|\eta_n|^{q-1}$ とすれば，($|\xi_n|^p=|\eta_n|^q$ である!)

$$\begin{aligned}f((\xi_1,\cdots,\xi_n,0,\cdots))&=f\left(\sum_{k=1}^n\xi_ke_k\right)=\sum_{k=1}^n\xi_k\eta_k=\sum_{k=1}^n|\eta_k|^q\\&\leqq\|f\|\|(\xi_1,\cdots,\xi_n,0,\cdots)\|=\|f\|\left(\sum_{k=1}^n|\xi_k|^p\right)^{1/p}\\&=\|f\|\left(\sum_{k=1}^n|\eta_k|^q\right)^{1/p}.\end{aligned}$$

故に $\left(\sum_{k=1}^n|\eta_k|^q\right)^{1/q}\leqq\|f\|$. $n\to\infty$ として，$y=(\eta_1,\eta_2,\cdots)\in(l^q)$, $\|y\|\leqq\|f\|$ を得る．$f=Ty$ であることも，例 30.2—3 同様，$\|x-x^{(n)}\|\to0$ より知られる．

1) 「トポロジー」定理 43.3.

これによって，T が (l^q) と $(l^p)^*$ の同型対応を与えることが知られた.

例 30.5. $C(a,b)$，$C(S)$ (S: コンパクト・ハウスドルフ空間)，$C_0(S)$ (S: 局所コンパクト・ハウスドルフ空間)の共役空間.

$C(a,b)$ について. $C(a,b)$ 上の有界線形汎函数 $f(x)$ に対しては，有界変動函数 $v(t)$ が存在して，スティルチェス積分によって，

$$f(x)=\int_a^b x(t)\,dv(t) \tag{30.2}$$

と表示することができる. **(リースの定理)**

いま $[a,b]$ 上の有界変動函数 $v(t)$ で，$v(a)=0$ かつ (a,b) で右側連続[1]であるようなものの全体を $BV(a,b)$ で示す. $BV(a,b)$ は $(\alpha v+\beta w)(t)=\alpha v(t)+\beta w(t)$ という演算によりベクトル空間となるが，さらにノルムを,

$$\|v\|=v(t) \text{ の } [a,b] \text{ 上の全変動}$$
$$=\sup\left\{\sum_{k=1}^{n}|v(t(k))-v(t(k-1))|;\ a=t(0)<t(1)<\cdots<t(n)=b\right\}$$

によって導入することができる. (そしてこのノルムに関して完備である. [演§25. 例題 5])

さて (30.2) により $C(a,b)$ 上の線形汎函数が1つ定義されるが，右辺の積分はその近似和の極限であるから，$\left|\sum_{k=1}^{n}x(\tau(k))(v(t(k))-v(t(k-1)))\right|$ $\leqq\sum_{k=1}^{n}|x(\tau(k))||v(t(k))-v(t(k-1))|\leqq\max\{|x(t)|\}\sum_{k=1}^{n}|v(t(k))-v(t(k-1))|$ $\leqq\|x\|\|v\|$ によって，この線形汎函数は有界であることがわかる. $f=Tv$ として，$BV(a,b)\to(C(a,b))^*$ なる対応が得られる. そして $\|f\|\leqq\|v\|$.

逆に，すべての $f\in(C(a,b))^*$ が $f=Tv$，$v\in BV(a,b)$ という形に表示されるというのがリースの定理である. いまこれを証明するために，次のような空間を考える.

$e_c(t)=1$ $(a\leqq t\leqq c)$，$=0$ $(c<t\leqq b)$ によって定義された $e_c(t)$ $(a<c\leqq b$. $c=a$ のときは，便宜上 $e_a(t)=0$ とする.) の一次結合の全体を考え，Y_0 とする. $[a,b]$ 上の函数で $y(t)\in\mathrm{Y}_0$ の一様収束極限の全体を Y とする. $y(t)\in\mathrm{Y}_0$

1) 右側連続性は，本質的には異ならない2つの函数を2度勘定しないための normalization であって，左側連続性にしてもよいし，また他の形も考えられる.

のとき，$\|y\|=\max\{|y(t)|;a\leqq t\leqq b\}$ とすれば，これは Y_0 上にノルムを定義し，このノルムによる完備化が，ちょうど Y になっている．

$x(t)\in C(a,b)$ とすれば，$x(t)$ は $[a,b]$ で一様連続であるから，任意の $\varepsilon>0$ に対し，$\delta>0$ を，$|t-t'|\leqq\delta$ ならば $|x(t)-x(t')|\leqq\varepsilon$ なる如く定めることができる．いま，$[a,b]$ の分割 $a=t(0)<t(1)<\cdots<t(n)=b$ を，$\max\{t(k)-t(k-1);k=1,\cdots,n\}\leqq\delta$ なる如くとれば，

$$\sup\left\{|x(t)-\sum_{k=1}^{n}x(t(k))(e_{t(k)}(t)-e_{t(k-1)}(t))|;a\leqq t\leqq b\right\}\leqq\varepsilon \tag{30.3}$$

である．よって $x(t)\in Y$．すなわち $C(a,b)\subset Y$ で，$C(a,b)$ のノルムと，Y でのノルムとは一致している．すなわち，$C(a,b)$ は Y の部分空間である．

定理 25.1 によって，$C(a,b)$ 上の有界線形汎函数 f は，Y 上の有界線形汎函数 F で，$\|F\|=\|f\|$ なるものに拡張される．そこで，$v(a)=0$，$v(t)=F(e_t)$ $(a<t\leqq b)$ として，函数 $v(t)$ を定義する．

$$\sum_{k=1}^{n}|v(t(k))-v(t(k-1))|=\sum_{k=1}^{n}\pm(F(e_{t(k)})-F(e_{t(k-1)}))$$
$$=F\left(\sum_{k=1}^{n}\pm(e_{t(k)}-e_{t(k-1)})\right)\leqq\|F\|$$

であるから，$v\in BV(a,b)$ で，$\|v\|\leqq\|F\|$．かつ，(30.3) から，

$$\left|f(x)-\sum_{k=1}^{n}x(t(k))(v(t(k))-v(t(k-1)))\right|$$
$$=\left|F\left(x-\sum_{k=1}^{n}x(t(k))(e_{t(k)}-e_{t(k-1)})\right)\right|\leqq\varepsilon\|F\|.$$

となり，(30.2) が示されることとなる．そして，同時に $f=Tv$，$\|v\|\leqq\|f\|$[1]．

故に T が同型対応を与えることが知られた．

$C(S),C_0(S)$ について．S のボレル集合 B に対して定義された正の測度 μ で，

$$\mu(B)=\sup\{\mu(C);\ C:コンパクト,\subset B\}$$

1)　v 自身は必ずしも右連続ではないかもしれないが，$v'(t)=v(t+0)$ $(a<t<b)$ として，右連続なものに直したとき，積分 (30.1) は $x(t)$ が連続函数のとき，v についてやっても v' についてやっても同じ結果を得るから，実は $f=Tv'$ とすればよい．

$$=\inf\{\mu(O);\ O:\text{開集合},\ \supset B\}$$

を満たすものを, **正則な測度**というが, $(C(S))^*$, $(C_0(S))^*$は, 有限な正則測度の一次結合(これを**ラドン測度**という)の空間となる. (証明は[演§30. 例題3]).

例 30.6. $(L^p)^*=L^q \quad \left(1<p<\infty,\quad \dfrac{1}{p}+\dfrac{1}{q}=1\right)^{1)}$.

$X=L^p$ とすれば, (24.6) から, $y\in L^q$ に対して,

$$f(x)=\int_a^b x(t)y(t)dt \qquad (x\in X)$$

が, X 上の有界線形汎函数を与えることは明らか. $f=Ty$ とすれば, T は L^q から $(L^p)^*$ への線形作用素で, $\|f\|\leqq\|y\|$.

逆に $f\in X^*$ とする. 例 30.5 で導入した空間 Y を考えれば, $y\in Y$ ならば, $y\in L^p$, かつ, $\|y\|_p\leqq\|y\|(b-a)^{1/p}$ 2) であるから, $y\to f(y)$ は, Y 上の有界線形汎函数となり, $v(t)=f(e_t)$ とすれば, $v(t)$ は有界変動である. ここで実は, $v(t)=\displaystyle\int_a^t y(s)ds$, $y\in L^q$ と表わされ, $f(x)=\displaystyle\int_a^b x(t)y(t)dt$ となることを示そう.

$a\leqq t(1)\leqq t(2)\leqq\cdots\leqq t(2m)=b$ に対して, $\displaystyle\sum_{k=1}^m|v(t(2k))-v(t(2k-1))|=\sum_{k=1}^m |f(e_{t(2k)}-e_{t(2k-1)})|=f\left(\sum_{k=1}^m\pm(e_{t(2k)}-e_{t(2k-1)})\right)\leqq\|f\|\left(\sum_{k=1}^m(t(2k)-t(2k-1))\right)^{1/p}$ となり, これから, $v(t)$ が t に関して絶対連続であることがわかる. したがって, $v(t)=\displaystyle\int_a^t y(s)ds$ と表わすことができる. ここで $y(t)$ は積分可能な函数である. さて, $f(e_t)=v(t)=\displaystyle\int_a^t y(s)ds=\int_a^b e_t(s)y(s)ds$. したがって $e_t(s)$ の一次結合すなわち階段函数 $x(t)$ に対して, $f(x)=\displaystyle\int_a^b x(t)y(t)dt$ である.

さて, $x(t)$ を有界可測函数とすれば, 階段函数の有界列 $x_1(t), x_2(t), \cdots$ を適当にとって, 殆んどいたるところ $\displaystyle\lim_{n\to\infty}x_n(t)=x(t)$ ならしめることが出来る. そうすれば, 優収束定理によって, $\displaystyle\lim_{n\to\infty}\int_a^b x_n(t)y(t)dt=\int_a^b x(t)y(t)dt$. またこのとき, $\displaystyle\int_a^b|x(t)-x_n(t)|^pdt\to 0$. すなわち, $\displaystyle\lim_{n\to\infty}x_n=x$ (L^p における

1) ここでは有限区間 $[a,b]$ における L^p, L^q についてやるが, 一般の $L^p(\Omega)$, $L^q(\Omega)$ で同じことが成立する.

2) ここで $\|y\|_p$ は L^p におけるノルム, $\|y\|$ は Y におけるノルム.

強収束)．故に $\lim_{n\to\infty} f(x_n)=f(x)$．これより $f(x)=\int_a^b x(t)y(t)dt$ となる．

任意の n に対して，$y_n(t)=(\mathrm{sign}\, y(t))|y(t)|^{q-1}$ ($|y(t)|\leqq n$ のとき)，$=(\mathrm{sign}\, y(t))n^{q-1}$ ($|y(t)|\geqq n$ のとき)　とすれば，$y_n(t)$ は有界であるから，$f(y_n)=\int_a^b y_n(t)y(t)dt=\int_a^b |y_n(t)||y(t)|dt\geqq\int_a^b |y_n(t)||y_n(t)|^{1/q-1}dt|$ $=\int_a^b y_n(t)|^p dt$. 一方 $|f(y_n)|\leqq\|f\|\|y_n\|$. 故に，

$$\int_a^b |y_n(t)|^p dt\leqq\|f\|\|y_n\|=\|f\|\left(\int_a^b |y_n(t)|^p dt\right)^{1/p}.$$

これより，$\left(\int_a^b |y_n(t)|^p dt\right)^{1/q}\leqq\|f\|$.　さて，$|y_1(t)|^p\leqq|y_2(t)|^p\leqq\cdots$.　かつ，$\lim_{n\to\infty}|y_n(t)|^p=|y(t)|^{p(q-1)}=|y(t)|^q$ であるから，単調収束定理により，$\left(\int_a^b |y(t)|^q dt\right)^{1/q}\leqq\|f\|$ が得られる．すなわち $y\in L^q$ で，$\|y\|_q\leqq\|f\|$.

そこで，任意に $x(t)\in L^p$ をとるとき，有界可測函数の列 $x_1(t), x_2(t), \cdots$ で，$\|x_n-x\|_p\to 0$ ならしめ得る．そのとき，$f(x)=\lim_{n\to\infty} f(x_n)=\lim_{n\to\infty}\int_a^b x_n(t)y(t)dt$ $=\int_a^b x(t)y(t)dt$.（最後のところはヘルダーの不等式による.）

これで T が L^q と $(L^p)^*$ の同型対応を与えることが示された．

例 30.7.　$(L^1)^*=L^\infty$.

前例とほとんど同様にして，有界可測函数 $x(t)$ に対して，$f(x)=\int_a^b x(t)$ $\times y(t)dt$ なるところまで得られる．ここで $y(t)\in L^\infty$，かつ $\|y\|\leqq\|f\|$ をいえばよい．任意の $\varepsilon>0$ に対して，$E_\varepsilon=\{t; |y(t)|\geqq\|f\|+\varepsilon\}$ とし，$x_\varepsilon(t)$ $=\mathrm{sign}\, y(t)$ $(t\in E_\varepsilon)$，$=0$ $(t\notin E_\varepsilon)$ とする．このとき $\|x_\varepsilon\|=\mu(E_\varepsilon)$．また，$f(x_\varepsilon)=\int_a^b x_\varepsilon(t)y(t)dt=\int_{E_\varepsilon}|y(t)|dt\geqq(\|f\|+\varepsilon)\mu(E_\varepsilon)$ 一方，$|f(x_\varepsilon)|\leqq\|f\|\|x_\varepsilon\|$ $=\|f\|\mu(E_\varepsilon)$．これから $\mu(E_\varepsilon)=0$ が知られる．故に，$|y(t)|\leqq\|f\|+\varepsilon$ (殆んどいたるところ)．ε は任意であるから，$\|y\|=\mathrm{ess.\,sup.}\,|y(t)|\leqq\|f\|$.

注. $L^\infty(\Omega)$ の共役空間は，$(\Omega, \mathcal{B})$ 上の有限加法的集合函数の全体となる．

問 1. X はノルム空間，Y はその閉部分空間で，$\neq$X とする．任意に $x_0\in$X，$\notin$Y をとるとき，$f\in$X* で，

$$\langle x_0, f\rangle=1, \qquad \langle y, f\rangle=0 \quad (y\in \mathrm{Y}), \qquad \|f\|=1/d$$

であるようなものが存在する．ここに $d=d(x_0, \mathrm{Y})=\inf\{\|x_0-y\|; y\in\mathrm{Y}\}=\|x_0+\mathrm{Y}\|$.

[練 6-A.7]

注. 系 30.2 よりも，f のノルムに関してやや精密である．証明は，(i) $\mathcal{V}\{x_0, \mathrm{Y}\}$ 上で，$\langle \alpha x_0+y, f_0\rangle=\alpha$ と定義して，f_0 のノルムを計算することにより，また，(ii) 定

理 30.3 と補題 30.1 を用いることにより，得られる．

問 2. X はノルム空間とし，A を X の部分集合とする．$x \in X$ が，$\overline{\mathcal{V}}(A)$ に属するための必要十分な条件は '任意の $f \in A^{\perp}$ に対して，$\langle x, f \rangle = 0$' であることである．
[練 6-A.8]

問 3. X をノルム空間，Y を X の稠密な部分空間とすれば，$X^* = Y^*$．

特に，X が Y の完備化 $\tilde{Y}$ である場合を考えれば，ノルム空間の共役空間は，いつもバナッハ空間の共役空間であるわけである．　[練 6-A.9]

問 4. X をノルム空間とする．$x_1, x_2, \cdots \in X$，$\alpha_1, \alpha_2, \cdots \in \mathbf{K}$，および $\gamma > 0$ に対して，$f \in X^*$，$f(x_k) = \alpha_k$ $(k = 1, 2, \cdots)$，$\|f\| \leqq \gamma$ であるような f が存在するための必要十分条件は，任意の正整数 n，および $\beta_1, \cdots, \beta_n \in \mathbf{K}$ に対して，

$$\left|\sum_{k=1}^{n} \alpha_k \beta_k\right| \leqq \gamma \left\|\sum_{k=1}^{n} \beta_k x_k\right\|$$

となることである．

問 5. (i) X は有限次元ノルム空間とする．例 30.1 における如く，X の基 $e_1, \cdots, e_n$ $(\|e_1\| = \cdots = \|e_n\| = 1)$，および，$X^*$ の基 $f_1, \cdots, f_n$ を定めるとき，

$\|f_j\| = 1$ $(j = 1, \cdots, n)$ ⇄ 任意の $x = \sum_{k=1}^{n} \xi_k e_k \in X$ に対して，$\max\{|\xi_1|, \cdots, |\xi_n|\} \leqq \|x\|$．

(ii) X はノルム空間とする．X^* が有限 n 次元であるとすれば，X も n 次元である．
[練 6-A.10]

§ 31. 回　帰　性

ノルム空間 X に対し，X の共役空間 X^*，X^* の共役空間 $(X^*)^* = X^{**}$，X^{**} の共役空間 X^{***} 等が次々と考えられる．

定理 31.1. X をノルム空間とする．

各 $x \in X$ に対して，

$$F_x(f) = f(x) \qquad (f \in X^*)$$

によって，X^* 上の有界線形汎函数 F_x が得られる．

各 $x \in X$ に $F_x \in X^{**}$ を対応させる写像を T とすれば，T は X の X^{**} の中への同型を与える．すなわち，T は線形作用素で，$\|Tx\| = \|x\|$．

証明. F_x が X^* 上の線形作用素なことは明らか．$|F_x(f)| = |f(x)| \leqq \|f\|\|x\|$ から，F_x は有界で，$\|F_x\| \leqq \|x\|$．ところが，系 30.1 により，実は，$\|x\| = \|F_x\|$ である．　(証明終)

この定理によって，X と，T による X^{**} の中への像を同一視して，$X \subset X^{**}$ と考えることができる．

系 31.1. X がバナッハ空間であるとき，上のように $X \subset X^{**}$ と考えて，X

は X** の閉部分空間である.（問 31.1）

定義 31.1. X＝X** であるとき，X は回帰的であるという.

X** はバナッハ空間であるから(定理 30.2)，このとき X は必ずバナッハ空間である.

例 31.1. $(l^p), L^p(1<p<\infty)$ は回帰的である. $(c_0), (c), (l^1), (m), C(a,b)$, $L^1(a,b)$, $L^\infty(a,b)$ は回帰的でない.

定理 31.2. X はバナッハ空間とする. そのとき X が回帰的なことと，X* が回帰的なこととは同値である.

証明. X が回帰的なとき，(X*)**＝(X**)*＝X* となるから，X* は回帰的.

X が回帰的でなければ，X≠X** で，X は X** の閉部分空間となる. 系 30.3 により，X** 上の有界線形汎函数 $\Phi(F)$, $\Phi\neq 0$ で，任意の $x\in$X について，$\Phi(x)=0$ となるものが存在する. したがって $\Phi\in$(X**)* であるが，$\Phi\notin$X*. ($\Phi\in$X* とは適当な $f\in$X* に対して，$\Phi(F)=F(f)$ ($F\in$X**) が成立つことを意味するが，任意の $x\in$X について $\Phi(x)=0$ とは，この $f=0$ を意味することとなる. したがって，もし $\Phi\in$X*とすれば，$\Phi=0$ でなければならない.)　　(証明終)

定理 31.3. バナッハ空間 X が回帰的ならば，その任意の閉部分空間 Y は回帰的である.

証明. 定理 25.3 により，Y*＝X*/Y$^\perp$，Y**＝(X*/Y$^\perp$)*＝$\{F; F\in$X**$, F(f)=0(f\in$Y$^\perp)\}$. X は回帰的であるから，＝$\{x; x\in$X$, f(x)=0(f\in$Y$^\perp)\}$＝Y. すなわち Y は回帰的である.　　(証明終)

問 1. 系 31.1 を証明せよ.　　[練 6-A.11]

問 2. (X⊕Y)**＝X**⊕Y** であることを示せ. ここに X⊕Y では，$\|(x,y)\|=\|x\|+\|y\|$，X**⊕Y** では，$\|(F,G)\|=\|F\|+\|G\|$ とする.　　[練 6-A.12]

§ 32. 弱収束，＊弱収束

定義 32.1. バナッハ空間 X の要素列 $x_1, x_2, \cdots$ に対して，ある $x_0\in$X が存在して，

$$\lim_{n\to\infty}\langle x_n, f\rangle=\langle x_0, f\rangle \qquad (\text{すべての } f\in\text{X* に対して}) \tag{32.1}$$

となるとき， $x_1, x_2, \cdots$ は x_0 に**弱収束する**といい， また x_0 をその**弱極限**といって，

(32.2) $$\operatorname{w-lim}_{n\to\infty} x_n = x_0$$

で表わす．（時に，$\lim_{n\to\infty} x_n = x_0$（弱），$x_n \to x_0$（弱）とも書かれる．）

定義 32.1*． バナッハ空間 X の共役空間 X* の要素列 $f_1, f_2, \cdots$ に対して，ある $f_0 \in \mathrm{X}^*$ が存在して，

(32.3) $$\lim_{n\to\infty} \langle x, f_n \rangle = \langle x, f_0 \rangle \qquad (\text{すべての } x \in \mathrm{X} \text{ に対して})$$

となるとき，$f_1, f_2, \cdots$ は f_0 に**＊弱収束する**[1] といい，また f_0 をその**＊弱極限**といって，

(32.4) $$\operatorname{w^*-lim}_{n\to\infty} f_n = f_0$$

で表わす．

注． ＊弱極限は，共役空間でなければ定義されないから，バナッハ空間だけを論じているときは問題ない．

しかし，他の空間の共役空間となっているようなバナッハ空間を論ずる際には，弱極限と＊弱極限を厳重に区別しなければならない．この 2 つの概念はヒルベルト空間，また一般に回帰的バナッハ空間では一致する．

§ 11 において述べた弱収束に関する性質の多くは，そのまま，バナッハ空間に拡張される，

系 32.1． 弱極限，＊弱極限は一意的に定まる．

系 32.2． 強収束する要素列は，弱収束，または＊弱収束する．そして，

$$\operatorname{w-lim}_{n\to\infty} x_n = \lim_{n\to\infty} x_n, \qquad \operatorname{w^*-lim}_{n\to\infty} f_n = \lim_{n\to\infty} f_n.$$

系 32.3． X* の要素列 $f_1, f_2, \cdots$ が弱収束ならば，＊弱収束する．逆は一般に成立たない．

証明． $f_n \to f_0$（弱）とは，すべての $F \in \mathrm{X}^{**}$ について，$\langle f_n, F \rangle \to \langle f_0, F \rangle$ となることである．これから，$\mathrm{X} \subset \mathrm{X}^{**}$ によって，$\langle x, f_n \rangle = \langle f_n, F_x \rangle \to \langle f_0, F_x \rangle = \langle x, f_0 \rangle$．すなわち $f_n \to f_0$（＊弱）である．

逆が一般に成立たない例としては，$\mathrm{X} = (c_0)$，$\mathrm{X}^* = (l^1)$，$\mathrm{X}^{**} = (m)$ で，$f_n = (0, \cdots, 0, \overset{n}{\breve{1}}, 0, \cdots)$ とすれば，$f_n \to 0$（＊弱）だが，$f_n \to 0$（弱）とはならない．

（証明終）

1) スター弱収束と読む．

定理 32.1. バナッハ空間 X の要素列 $x_1, x_2, \cdots$ が弱収束するならば，$\|x_1\|$，$\|x_2\|, \cdots$ は有界で，$x_0 = \text{w-}\lim_{n\to\infty} x_n$ とするとき，

$$\|x_0\| \leqq \varliminf_{n\to\infty} \|x_n\|. \tag{32.5}$$

バナッハ空間 X の共役空間 X* の要素列 $f_1, f_2, \cdots$ が＊弱収束するならば，$\|f_1\|, \|f_2\|, \cdots$ は有界で，$f_0 = \text{w*-}\lim_{n\to\infty} f_n$ とするとき，

$$\|f_0\| \leqq \varliminf_{n\to\infty} \|f_n\|. \tag{32.6}$$

証明. バナッハ・スタインハウスの定理の系(系 28.1)において，$x_1, x_2, \cdots$ は $X^* \to \mathbf{K}$ なる有界線形作用素の列，$f_1, f_2, \cdots$ は $X \to \mathbf{K}$ なる有界線形作用素の列と見れば，ただちに得られる.　(証明終)

系 32.4. バナッハ空間 X の集合 A は，　すべての $f \in X^*$ に対して，$\sup\{|\langle x, f\rangle|; x \in A\} < \infty$ であるとき**弱有界**であるというが，このとき，実は A は有界である.

また，同じく X* の集合 A′ に対して，＊**弱有界**が定義されるが，これも，A′ が有界と同じことになる.

証明. 定理 11.2 の証明と全く同じである.　(証明終)

定義 32.2. バナッハ空間 X の集合 A は，$f \in X^*$ がすべての $x \in A$ に対して $\langle x, f\rangle = 0$ を満すときは，必ず $f = 0$ となるというとき，**基集合**という.

また X* の集合 A′ は，$x \in X$ がすべての $f \in A'$ に対して $\langle x, f\rangle = 0$ を満たすときは，必ず $x = 0$ となるというとき，X* の**基集合**という．(正確には＊基集合とでも呼ぶ方がよいであろうが，通常同じ様に呼ばれる.)

系 32.5. A が X の基集合であるための必要十分条件は，A から生成された閉部分空間 $\overline{\mathcal{V}}(A)$ が X と一致することである[1].

証明. $Y = \overline{\mathcal{V}}(A)$ とする．$Y \neq X$ ならば，系 25.2 により $f \in X^*$，$f \neq 0$，$f(y) = 0$ $(y \in Y)$ であるような f が存在する．したがって，$A \subset Y$ から，A は基集合でない．逆に A が基集合でないときは，$f(y) = 0$ $(y \in A)$ を満たす $f \in X^*$，$f \neq 0$ が存在する．このとき，$Y = \{x; f(x) = 0\}$ は閉部分空間で，$Y \neq X$.

1)　X* の基集合に関しては，問 33.5 参照.

Y⊃A であるから，Y⊃$\overline{\mathcal{CV}}$(A)．故に $\overline{\mathcal{CV}}$(A)≒X． (証明終)

定理 32.2. $f_1, f_2, \cdots \in X^*$ が＊弱収束するための必要十分条件は，

(i) $\|f_1\|, \|f_2\|, \cdots$ は有界である．

(ii) X の1つの基集合 A に対して，$x \in A$ のとき，$\lim_{n\to\infty}\langle x, f_n\rangle$ が存在する．

証明. 定理 11.3 の証明と同じことである．(そこでは (x_n, x) となっているところを $\langle x, f_n\rangle$ でおきかえればよい．また定理 11.1 を引用したところは，定理 32.1 を引用する．) (証明終)

注. この定理は，弱収束に対しては一般に成立しない．次の定理は，逆に＊弱収束に対しては成立しない．

定理 32.3. バナッハ空間 X の要素列 $x_1, x_2, \cdots$ が，$x_0 \in X$ に弱収束するならば，$x_1, x_2, \cdots$ の適当な凸一次結合[1] $y_1, y_2, \cdots$ で，$\lim_{m\to\infty} y_m = x_0$ となるものが存在する．

証明. 集合 $A = \{x_1, x_2, \cdots\}$ の閉凸包 $\overline{\mathcal{C}}(A)$ が x_0 を含むことを示す．もしも，$x_0 \notin \overline{\mathcal{C}}(A)$ ならば，定理 30.4 により，$f(x_0) > \sup\{f(x); x \in \overline{\mathcal{C}}(A)\}$ となるような $f \in X^*$ が存在する．このとき $\lim_{n\to\infty} f(x_n) = f(x_0)$ ではあり得ない．

さて，$\overline{\mathcal{C}}(A) = \overline{\mathcal{C}(A)}$ である(系 7.1)から，$m = 1, 2, \cdots$ について，$y_m \in \mathcal{C}(A)$ を $\|y_m - x_0\| < 1/m$ であるようにとることができる．y_m は $x_1, x_2, \cdots$ の凸一次結合：

$$y_m = \alpha_{m1} x_1 + \cdots + \alpha_{m,n(m)} x_{n(m)} \qquad (0 \leqq \alpha_{mi} \leqq 1,\ \sum_i \alpha_{mi} = 1)$$

であり，かつ $\lim_{m\to\infty} y_m = x_0$． (証明終)

問 1. 系 32.1，系 32.2 を証明せよ． [練 6-A.13]

問 2. 弱収束(または＊弱収束)に関して，補題 2.1 の形の収束定理，すなわち，'$x_1, x_2, \cdots$ の任意の部分列 $x_{n(1)}, x_{n(2)}, \cdots$ から，適当な部分列 $x_{n(k(1))}, x_{n(k(2))}, \cdots$ をとり出して，$\text{w-}\lim_{j\to\infty} x_{n(k(j))} = x_0$ (x_0 は X の一定の要素) ならしめることができるならば，$\text{w-}\lim_{n\to\infty} x_n = x_0$' が成立する． [練 6-A.14]

問 3. 要素列 $x_1, x_2, \cdots$ の任意の部分列 $x_{n(1)}, x_{n(2)}, \cdots$ に対して，$\overline{\mathcal{C}}\{x_{n(1)}, x_{n(2)}, \cdots\} \ni x_0$ (x_0 は X の一定の要素) ならば，実は $\text{w-}\lim_{n\to\infty} x_n = x_0$． [練 6-A.15]

問 4. 定義 32.1，32.1* は，X がバナッハ空間でなくても通用する．X* は必ずバ

1) 定義 7.3.

ナッハ空間であるから，弱収束に関しては定理 32.1 は成立つ．しかし定理 32.1 は，$*$弱収束に関しては必ずしも成立たない．そのような反例をあげよ． [練 6-A. 16]

問 5. 定義 12.1 におけると同様，ノルム空間 X, Y において，$T, T_1, T_2, \cdots \in \boldsymbol{B}(\mathrm{X}, \mathrm{Y})$ に対して，すべての $x \in \mathrm{X}$, $g \in \mathrm{Y}^*$ について，$\lim_{n\to\infty}\langle T_n x, g\rangle = \langle Tx, g\rangle$ となるとき，$T_1, T_2, \cdots$ は T に弱収束するという．X がバナッハ空間であるならば，このとき，$\|T_1\|, \|T_2\|, \cdots$ が有界であることを証明せよ．(定理 12.3 参照) [練 6-A. 17]

問 6. X は可分なバナッハ空間であるとする．$f_1, f_2, \cdots$ を X* の有界な要素列とすれば，これから$*$弱収束する部分列を選び出すことができる． [練 6-B. 10]

問 7. 定理 32.1 を定理 11.1 の証明にならって，直接証明せよ． [練 6-B. 7]

§ 33. 弱位相，$*$弱位相

§11 において注意したように，弱収束の概念は，トポロジーの概念として不十分である．たとえば，A の閉包を定義するとき，定義 2.4 のように A の中から弱収束するような要素列をとり出して，その弱極限を A にすべてつけ加えたものを $\bar{\mathrm{A}}$ としても，トポロジー的概念の閉包としての条件[1] を満たさない．

例えば，(l^2) において，$x_{mn} = (0, \cdots, 0, \overset{m}{\breve{1}}, 0, \cdots, 0, \overset{n}{\breve{m}}, 0, \cdots)$ $(\xi_m = 1,\ \xi_n = m,\ \xi_l = 0\ (l \neq m, n))$ という要素の全体 $(m, n = 1, 2, \cdots, m \neq n)$を考え A とする．$\|x_{mn}\| = \sqrt{1+m^2}$ であるから，いま，$x_{m(1),n(1)}, x_{m(2),n(2)}, \cdots$ なる弱収束する要素列を A の中から取出したとき，定理 11.1 または定理 32.1 によって，$\|x_{m(k),n(k)}\| = \sqrt{1+m(k)^2}$ は有界．したがって $m(1), m(2), \cdots$ は有界．また各座標が収束していなければならないから，$m(k)$ は或番号から先一定でなければならない．したがって $n(k)\to\infty$ で，$\bar{\mathrm{A}}$ は A の要素の他に $(0, \cdots, 0, \overset{m}{\breve{1}}, 0, \cdots) = e_m$ がつけ加わったものになる．$e_m \to 0$ (弱) であるから，もう一度同じ操作をくりかえせば，$\bar{\bar{\mathrm{A}}} \ni 0$ となるが，$\bar{\mathrm{A}} \not\ni 0$ であるから，$\bar{\bar{\mathrm{A}}} \neq \bar{\mathrm{A}}$.

そこで，この弱収束の概念と両立するトポロジーを導入することにする．

定義 33.1. X はノルム空間，X* はその共役空間とする．

いま，各 $x_0 \in \mathrm{X}$ の基本近傍系として，任意有限個の X* の要素 $f_1, \cdots, f_n$ および $\varepsilon > 0$ をとって，

$$\mathrm{W}(x_0; f_1, \cdots, f_n; \varepsilon) = \{x; |\langle x - x_0, f_k\rangle| < \varepsilon\ \ (k = 1, \cdots, n)\} \tag{33.1}$$

として得られる集合の全体を考える．これによって導入される X の位相を**弱位相**といい，$\sigma(\mathrm{X}, \mathrm{X}^*)$ と表わされる[1]．

1) 「トポロジー」§16.

定義 33.1*. X はノルム空間，X* はその共役空間とする．

いま，各 $f_0 \in X^*$ の基本近傍系として，任意に有限個の X の要素 $x_1, \cdots, x_n$ および $\varepsilon > 0$ をとって，

(33.2) $$W(f_0; x_1, \cdots, x_n; \varepsilon) = \{f; |\langle x_k, f - f_0 \rangle| < \varepsilon \ (k=1, \cdots, n)\}$$

として得られる集合の全体を考える．これによって導入される X* の位相を＊**弱位相**といい，$\sigma(X^*, X)$ と表わされる．

これに対し，X または X* のノルムに関するトポロジー(定義 2.4 で導入されたもの)を，**強位相**というが，これに関して，

系 33.1. 強位相は，弱位相，＊弱位相よりも強い．

また X* のトポロジーとしては，弱位相 $\sigma(X^*, X^{**})$ は＊弱位相 $\sigma(X^*, X)$ よりも一般に強い．特に X が回帰的な空間のときは，弱位相と＊弱位相は一致する．

X が回帰的でないときは，弱位相と＊弱位相が一致しないことは，後に証明する．(系 33.4)

系 33.2. $x_1, x_2, \cdots, x_0 \in X$ に対して，$x_n \to x_0$ (弱) とは，$x_1, x_2, \cdots$ が弱位相に関して x_0 に収束する．すなわち，

> x_0 の任意の弱位相に関する近傍 $W(x_0; f_1, \cdots, f_m; \varepsilon)$ をとったとき，適当な番号 N をとって，$n \geqq N$ ならばつねに，$x_n \in W(x_0; f_1, \cdots, f_m; \varepsilon)$ であるようにできる．

ことと同じことである．

$f_1, \cdots, f_n \in X^*$ のとき，$f_n \to f_0$ (＊弱) とは，$f_1, f_2, \cdots$ が＊弱位相に関して f_0 に収束することと同じことである．

記号. X の集合 A に対し，$A^\circ = \{f;\ \langle x, f \rangle \leqq 1 \ (x \in A)\}$,

X* の集合 A′ に対し，$^\circ(A') = \{x;\ \langle x, f \rangle \leqq 1 \ (f \in A')\}$.

$A^\circ, {}^\circ(A')$ をそれぞれ A, A′ の**極集合**という．

定理 33.1. ノルム空間 X の凸集合 A が強位相に関して閉じていれば，弱位相に関しても閉じている．

---

1) σ は simple convergence のトポロジーの意味でつけてある．

逆は明らかであるから，凸集合に関しては，強閉であることと弱閉であることとは同じである[1]．

証明． 実ノルム空間の場合について示す．

$x_0 \notin \mathrm{A}$ とすれば，定理 30.5 により，$f(x_0)-\sup\{f(x);x\in\mathrm{A}\}=\varepsilon>0$ であるような $f\in\mathrm{X}^*$ が存在する．そこで，x_0 の弱近傍 $\mathrm{W}(x_0;f;\varepsilon/2)$ を考えると，この中には A の要素は存在しない．すなわち，$\mathrm{W}(x_0;f;\varepsilon/2)\frown\mathrm{A}=\phi$．故に，$x_0\notin$(A の弱閉包)．故に，$\mathrm{A}\supset$(A の弱閉包)．故に，A は弱位相に関して閉じている． （証明終）

補題 33.1． 実ノルム空間 X の共役空間 X^* において，A' をその1つの $*$弱閉凸集合とする．もしも，$f_0\notin\mathrm{A}'$ ならば，

$$x\in\mathrm{X},\qquad f_0(x)>\sup\{f(x);f\in\mathrm{A}'\}$$

を満たす $x\in\mathrm{X}$ が存在する．(定理 30.5 参照)

証明． f_0 のある$*$弱近傍 $\mathrm{W}(f_0;x_1,\cdots,x_n;\varepsilon)$ は A' の要素を含んでいない．いま $\mathrm{X}^*\to\mathbf{R}^n$ なる線形作用素 T を，

$$Tf=(f(x_1),\cdots,f(x_n))$$

によって定義すれば，$T\mathrm{A}'$ は $\mathbf{R}^n$ の集合である．$\mathbf{R}^n$ は (l^∞) ノルム(例 24.1) によってバナッハ空間であると考えると，$f\in\mathrm{A}'$ に対して，
$f\notin\mathrm{W}(f_0;x_1,\cdots,x_n;\varepsilon)$ であるから，

$$\|Tf-Tf_0\|=\max\{|f(x_k)-f_0(x_k)|;k=1,\cdots,n\}\geqq\varepsilon.$$

故に，$\overline{T\mathrm{A}'}\not\ni Tf_0$．$\overline{T\mathrm{A}'}$ は $\mathbf{R}^n$ の閉凸集合(定義 7.3, 7.4)であるから，$\mathbf{R}^n$ 上の有界線形汎関数 Φ が存在して，

$$\Phi(Tf_0)>\sup\{\Phi(Tf);f\in\mathrm{A}'\}.$$

さて，$(\mathbf{R}^n)^*$ の要素は，適当な $\alpha_1,\cdots,\alpha_n\in\mathbf{R}$ によって，

$$\langle(\xi_1,\cdots,\xi_n),\Phi\rangle=\sum_{k=1}^n\alpha_k\xi_k$$

と表わされる(例 30.1)から，$f\in\mathrm{X}^*$ に対し，$\Phi(Tf)=\sum_{k=1}^n\alpha_kf(x_k)=f\left(\sum_{k=1}^n\alpha_kx_k\right)$．
そこで $x=\sum_{k=1}^n\alpha_kx_k$ とすれば，この x について補題が成立する． （証明終）

---

1) これが凸集合に関して，単に閉凸集合といっていた理由である(p. 45. 10–12 行)．

定理 33.1*. ノルム空間 X の共役空間 X^* の0を含む凸集合 B^* が，＊弱位相に関して閉じているための条件は，これが，X のある集合 B の極集合 B° と一致することである．(この B は，$={}^\circ(B^*)$ ととれる.)

証明. X^* において，極集合 B° が0を含む凸集合なことは明らかであるが，＊弱閉であることを次に示す．$f_0\in(B^\circ$ の＊弱閉包) とすれば，任意の $x_1,\cdots,x_n\in X$，$\varepsilon>0$ に関して，$W(f_0;x_1,\cdots,x_n;\varepsilon)\frown B^\circ\neq\phi$ となる．特に，$x\in B$ とするとき $W(f_0;x;\varepsilon)\frown B^\circ\neq\phi$．したがって，この中から f をとれば，$|\langle x,f-f_0\rangle|<\varepsilon$ である．これから，$\langle x,f_0\rangle\leqq\langle x,f\rangle+|\langle x,f-f_0\rangle|<1+\varepsilon$．($x\in B,f\in B^\circ$であるから.) $\varepsilon>0$ は任意であるから，$\langle x,f_0\rangle\leqq1$．$x\in B$ は任意であるから，$f_0\in B^\circ$．

逆に B^* が X^* の0を含む＊弱閉な凸集合であるとすれば，$B={}^\circ(B^*)$ とおくとき，$B^*=B^\circ$ である．実際，$B^*\subset B^\circ$ なことは明らかであるから，$B^*\supset B^\circ$ を示す．いま $f_0\notin B^*$ とすれば，補題 33.1 によって，ある $x\in X$ が存在して，

$$f_0(x)>\sup\{f(x);f\in B^*\}$$

となる．この右辺$=\beta$ とするとき，$0\in B^*$ から $\beta\geqq0$．そこで $\alpha>0$ を $\alpha f_0(x)>1$，$\alpha\beta\leqq1$ であるようにとることができる．さて $\alpha\beta\leqq1$ から，$f\in B^*$ のとき $\alpha f(x)=f(\alpha x)\leqq1$．これがすべての $f\in B^*$ について成立つから，$\alpha x\in{}^\circ(B^*)=B$．そして $f_0(\alpha x)=\alpha f_0(x)>1$ から $f_0\notin B^\circ$．これで $B^*\supset B^\circ$ が示された．(証明終)

系 33.3. ノルム空間Xの部分空間が強閉であることと弱閉であることとは同じである．

系 33.3*. 共役空間 X^* の部分空間 Y' が，＊弱閉であるための条件は，それが，X のある集合 A に対して，$Y'=A^\perp$ (この Y は $={}^\perp(Y')$ ととれる.) となっていることである．

証明. 部分空間は円形凸集合であり，X の部分空間 Y に対し，$Y^\circ=Y^\perp$．X^* の部分空間 Y' に対し，${}^\circ(Y')={}^\perp(Y')$ であるから，定理 33.1* により，この系が得られる．(証明終)

定理 33.2. ノルム空間 X 上の線形汎函数 $f\in X^*$ は弱位相に関して連続である．逆に X 上の線形汎函数 f が，弱位相に関して連続ならば，$f\in X^*$．

証明. 各 $x_0\in X$ において，$\varepsilon>0$ を任意に与えるとき，$\{x;|f(x-x_0)|<\varepsilon\}$ が x_0 の弱近傍を含むことをいえばよいが，これ自身が弱近傍 $W(x_0;f;\varepsilon)$ である．

逆の証明のために，f が弱位相に関して連続であるとして，$Y=\{x;f(x)=0\}$ とすれば，Y は X において弱位相に関して閉じている．したがって，系 33.3 によって，Y は強閉である．いま，f は恒等的に 0 でないものとして，$f(x_0)=1$ であるような $x_0\in X$ をとると，$x_0\notin Y$ であるから，$\gamma=\inf\{\|x_0+y\|;y\in Y\}$ $(=\|x_0+Y\|$ (定理 24.3)$)>0$．また，任意の $x\in X$ は，$x=f(x)x_0+y\ (y\in Y)$ と書くことができる．$f(x)\neq 0$ ならば，$\|x\|=|f(x)|\|x_0+(1/f(x))y\|\geqq|f(x)|\gamma$．故に，$|f(x)|\leqq(1/\gamma)\|x\|$．$f(x)=0$ ならばこの式は明らかである．故に f は有界線形汎函数である．　（証明終）

定理 33.2*. X^* 上の線形汎函数 $F_x(x\in X)$ は＊弱連続である．逆に X^* 上の＊弱連続な線形汎函数 F に対しては，適当な $x\in X$ が存在して $F=F_x$ となる．(あるいはこのことを，$F\in X$ と書くこともできる.)

証明. F_x が＊弱連続なことは，定理 33.2 と同様にして知られる．

次に，逆を証明するために，F は＊弱連続であるとして，$Y'=\{f;f\in X^*,$ $F(f)=0\}$ とすれば，Y' は＊弱閉，そして部分空間である．故に $Y={}^{\perp}(Y')$ に対して，$Y'=Y^{\perp}$ となる(系 33.3)．いま $F(f_0)=1$ なる $f_0\in X^*$ をとれば，任意の $f\in X^*$ は，$f=F(f)f_0+g$，$g\in Y'$ と書けるわけであるから，X^*/Y' は 1 次元．そして，定理 30.3 によって $Y^*=X^*/Y^{\perp}=X^*/Y'$．故に Y^* は 1 次元．したがって Y も 1 次元である(例 30.1)．$Y=\mathcal{CV}\{x\}$ とすれば，$\langle x,f_0\rangle\neq 0$．(もしも，$\langle x,f_0\rangle=0$ とすれば，$\langle x,f\rangle=\langle x,F(f)f_0+g\rangle=F(f)\langle x,f_0\rangle+\langle x,g\rangle$ $=0$ ($g\in Y'=Y^{\perp}, x\in Y$ であるから) がすべての $f\in X^*$ について成立つことになり，$x=0$．故に $Y=\{0\}$．$Y'=X^*$．$F=0$．この場合は，もともと定理は明らかである.) そこで，α を適当にとって $\alpha\langle x,f_0\rangle=1$ とすれば，

$$\langle\alpha x,f\rangle=\langle\alpha x,F(f)f_0+g\rangle=F(f)\alpha\langle x,f_0\rangle+\alpha\langle x,g\rangle=F(f)$$

がすべての $f\in X^*$ について成立する．故に $F\in X$．　（証明終）

系 33.4. X が回帰的でないときは，X^* 上の有界線形汎函数で＊弱連続でないものが存在する．また X^* の閉部分空間で＊弱閉でないものが存在する．

したがって，弱位相と＊弱位相は一致しない．

証明． $F\in X^{**}$, $\notin X$ をとれば，F は＊弱連続でない．また $\{f;\langle f,F\rangle=0\}$ は X^* の閉部分空間であるが，＊弱閉でない．（もし＊弱閉であるとすれば，上の定理の証明によって，$F\in X$ ということになる．） （証明終）

X が回帰的でないとき，＊弱閉でない集合の最も顕著な例は，X^{**} の部分空間としての X である．X は X^{**} の弱位相 $\sigma(X^{**},X^{***})$ に関しては閉じているが，＊弱位相 $\sigma(X^{**},X^*)$ に関しては，閉じていない．

定理 33.3． ノルム空間 X の共役空間 X^* の有界＊弱閉集合は，＊弱位相に関しコンパクトである． **（アラオグルーの定理）**

証明． いま A^* を X^* の有界＊弱閉集合であるとする．各 $x\in X$ に対して，$\Xi_x=\overline{\{\langle x,f\rangle;f\in A^*\}}$ とすれば，Ξ_x は $\mathbf{K}$ の有界閉集合．したがって，コンパクト集合である．よって，この直積空間 $\Xi=\Pi_{x\in X}\Xi_x$ はチコノフの定理[1] によって，コンパクトである．

任意の $f\in A^*$ に対して，$(\langle x,f\rangle|x\in X)$ はこの直積空間の点を与える．この対応を T で示すとき，T は1対1対応である．

TA^* は閉集合である．実際，いま $(\xi_x|x\in X)\in\Xi$ が $\overline{TA^*}$ に属するとすれば，Ξ における基本近傍系のとり方から，任意有限個の $x_1,\cdots,x_n$ および $\varepsilon>0$ に対して，$|\langle x_k,f\rangle-\xi_{x_k}|<\varepsilon$ $(k=1,\cdots,n)$ を満たす $f\in A^*$ が存在することになる．いま $f_0(x)=\xi_x$ $(x\in X)$ とおくと，$f_0(x)$ は X 上の有界線形汎函数であることを見よう．任意の $x\in X$ および $\alpha\in\mathbf{K}$ に対して，$x_1=x$, $x_2=\alpha x$ として，上のことを用いれば，$|\langle x,f\rangle-f_0(x)|<\varepsilon$, $|\langle\alpha x,f\rangle-f_0(\alpha x)|<\varepsilon$ を満たす $f\in A^*$ が存在する．故に，

$$\begin{aligned}|f_0(\alpha x)-\alpha f_0(x)|&\leqq|\langle\alpha x,f\rangle-f_0(\alpha x)|+|\alpha\langle x,f\rangle-\alpha f_0(x)|\\&<(1+|\alpha|)\varepsilon.\end{aligned}$$

$\varepsilon>0$ は任意であるから，これは $f_0(\alpha x)=\alpha f_0(x)$ を示している．また，$x,y\in X$ に対して，$x_1=x, x_2=y, x_3=x+y$ として同様の考察を繰返すことにより，$f_0(x+y)=f_0(x)+f_0(y)$ も知られる．次に A^* が有界であることから，適当な $\gamma>0$ をとれば，すべての $f\in A^*$ について $\|f\|\leqq\gamma$．したがって，すべての $\xi\in\Xi_x$ について $|\xi|\leqq\gamma\|x\|$．故に，$|f_0(x)|=|\xi_x|\leqq\gamma\|x\|$．これによって

1) 「トポロジー」§ 42.

$f_0 \in \mathrm{X}^*$ であることが示された．さて，f_0 の任意の＊弱近傍 $\mathrm{W}(f_0; x_1, \cdots, x_n; \varepsilon)$ をとるとき，これは $=\{f; |\langle x_k, f-f_0\rangle|<\varepsilon\ (k=1,\cdots,n)\}$ $=\{f; |\langle x_k, f\rangle - \xi_{x_k}|<\varepsilon\ (n=1,\cdots,n)\}$ であるから，A^* と空でない共通部分をもっている．$((\xi_x|x\in X)\in\overline{T\mathrm{A}^*}$ であるから)．したがって，$f_0\in$ (A^* の＊弱閉包)．A^* は＊弱閉という仮定であるから，$f_0\in\mathrm{A}^*$．故に $(\xi_x|x\in \mathrm{X})=Tf_0 \in T\mathrm{A}^*$．これは $T\mathrm{A}^*$ が直積空間 Ξ の閉集合であることを示している．

T は A^* の＊弱位相と，$T\mathrm{A}^*$ の直積空間の位相とに関して，位相同型を与えている．実際，$f_0\in\mathrm{A}^*$ の任意の＊弱近傍 $\mathrm{W}\{f_0; x_1,\cdots,x_n;\varepsilon\}\frown\mathrm{A}^*$ $=\{f; f\in\mathrm{A}^*, |\langle x_k, f-f_0\rangle|<\varepsilon\ (k=1,\cdots,n)\}$ は，Ξ における $Tf_0\in T\mathrm{A}^*$ の近傍 $\{(\langle x,f\rangle|x\in X);\ f\in\mathrm{A}^*, |\langle x_k,f\rangle-\langle x_k,f_0\rangle|<\varepsilon\ (k=1,\cdots,n)\}$ とちょうど対応しているからである．

さて Ξ はコンパクトであるから，その閉集合である $T\mathrm{A}^*$ もコンパクト．したがってそれと位相同型な A^* は，＊弱位相に関してコンパクトである．

（証明終）

定理 33.4. ノルム空間 X の共役空間 X^* の部分空間 Y' が＊弱閉であるためには $\bar{\mathrm{U}}_{\mathrm{Y}'}(0;1)=\{g; g\in\mathrm{Y}', \|g\|\leqq 1\}$ が＊弱閉であることが必要かつ十分である．

このとき，$\mathrm{Y}'=({}^{\perp}(\mathrm{Y}'))^{\perp}$．　　**（バナッハの定理）**

証明. $\bar{\mathrm{U}}_{\mathrm{Y}'}(0;1)=\mathrm{Y}'\frown\bar{\mathrm{U}}_{\mathrm{X}^*}(0;1)$ であるから，Y' が＊弱閉ならば，$\bar{\mathrm{U}}_{\mathrm{Y}'}(0;1)$ も＊弱閉である．($\bar{\mathrm{U}}_{\mathrm{X}^*}(0;1)$ は $=(\bar{\mathrm{U}}_{\mathrm{X}}(0;1))^{\circ}$ であるから，定理 33.1* により，＊弱閉.）

逆に $\bar{\mathrm{U}}_{\mathrm{Y}'}(0;1)$ が＊弱閉とする．まず Y' は強閉である．実際，$g_1, g_2, \cdots\in\mathrm{Y}'$, $\lim_{n\to\infty} g_n=f$ とすれば，$g_1, g_2, \cdots$ は有界．いま $\|g_n\|\leqq\gamma\ (n=1,2,\cdots)$ とする．そうすれば，同時に $\mathrm{w}^*\text{-}\lim_{n\to\infty} g_n=f$ で，したがって，$f\in\bar{\mathrm{U}}_{\mathrm{Y}'}(0,\gamma)\subset\mathrm{Y}'$（任意の $\gamma>0$ について，$\bar{\mathrm{U}}_{\mathrm{Y}'}(0,\gamma)$ は＊弱閉！）．

いま，Y' に属さない任意の f_0 をとる．このとき，f_0 が Y' の＊弱閉包に属さないことを示す．$\delta=\inf\{\|f_0-g\|; g\in\mathrm{Y}'\}$ とすれば，Y' が強閉であることから，$\delta>0$.

そこで，帰納法によって，X の有限部分集合の列 $\mathrm{A}_n\ (n=1,2,\cdots)$ を次の性質を満たすように定める：

$A_n \subset \bar{U}_X(0;1)$;

$f \in X^*$ が，$\|f-f_0\| \leqq \delta+n$,

$x \in A_1$ ならば，$|\langle x, f-f_0\rangle| \leqq \delta/2$,

$x \in A_{k+1}$ ならば，$|\langle x, f-f_0\rangle| \leqq \delta+k \qquad (k=1,\cdots,n-1)$

を満たすならば，$f \notin Y'$.

まず，A_1 を定める．いま $\bar{U}_X(0;1)$ の有限部分集合 A に対して，

$$\mathcal{K}_1(A)=\{f;\|f-f_0\| \leqq \delta+1, |\langle x, f-f_0\rangle| \leqq \delta/2 \ (x \in A)\}$$

とすれば，$\mathcal{K}_1(A)$ は X^* の有界な＊弱閉集合であるから，＊弱コンパクト．そして，$\mathcal{K}_1(A) \frown \mathcal{K}_1(A')=\mathcal{K}_1(A \smile A')$ であるから，有限交叉性をもつ．もし，どの A に対しても，$Y' \frown \mathcal{K}_1(A) \neq \phi$ であったとすれば，$Y' \frown \mathcal{K}_1(A) =Y' \frown \bar{U}_{X^*}(0, \|f_0\|+\delta+1) \frown \mathcal{K}_1(A)$ であるから，$Y' \frown \mathcal{K}_1(A)$ は＊弱コンパクトな集合の有限交叉性をもつような族となり，したがって，これらの集合全部の共通部分は $\neq \phi$. この中から，g をとれば，A として，$\{x\}$ $(\|x\| \leqq 1)$ を考えることにより，$|\langle x, g-f_0\rangle| \leqq \delta/2$ がすべての x $(\|x\| \leqq 1)$ について成立し，$\|g-f_0\| \leqq \delta/2$ であることとなる．$g \in Y'$ であるから，これは δ のとり方に反する．故に，$Y' \frown \mathcal{K}_1(A)=\phi$ であるような有限集合 A が存在することとなる．これを A_1 とする．

いま，$A_1, \cdots, A_n$ が定められたとして，A_{n+1} を定めるために，$\bar{U}_X(0;1)$ の有限部分集合 A に対して，

$$\mathcal{K}_{n+1}(A)=\left\{f; \begin{array}{ll} \|f-f_0\| \leqq \delta+n+1, \ |\langle x, f-f_0\rangle| \leqq \delta/2 & (x \in A_1) \\ |\langle x, f-f_0\rangle| \leqq \delta+k & (x \in A_{k+1}, \ k=1,2,\cdots,n-1) \\ |\langle x, f-f_0\rangle| \leqq \delta+n & (x \in A) \end{array}\right\}$$

とする．$Y' \frown \mathcal{K}_{n+1}(A_{n+1})=\phi$ となるように $\bar{U}_X(0;1)$ の有限部分集合 A_{n+1} が定められればよい．もし，すべての A について，$Y' \frown \mathcal{K}_{n+1}(A) \neq \phi$ ならば，上と同様，すべての A について $g \in Y' \frown \mathcal{K}_{n+1}(A)$ であるような g が存在することとなる．この g については，$|\langle x, g-f_0\rangle| \leqq \delta+n$ がすべての $\|x\| \leqq 1$ について成立することとなるから，$\|g-f_0\| \leqq \delta+n$. したがって $g \in Y' \frown \mathcal{K}_n(A_n)$. これは A_n のとり方に反する．故に $Y' \frown \mathcal{K}_{n+1}(A)=\phi$ であるような $\bar{U}_X(0;1)$

の有限部分集合 A が存在する．これを A_{n+1} とする．

このようにして，$A_1, A_2, \cdots$ が定められたから，いま，$A_n=\{x_{n1}, \cdots, x_{nk(n)}\}$ $(n=1,\ 2,\ \cdots)$ として，要素列 $(2/\delta)x_{11},\ \cdots,\ (2/\delta)x_{1k(1)},\ (1/(\delta+1))x_{21}, \cdots,$ $(1/(\delta+1))x_{2k(2)}, \cdots,\ (1/(\delta+n-1))x_{n1}, \cdots, (1/(\delta+n-1))x_{nk(n)}, \cdots$ をあらためて $y_1, y_2, \cdots$ とおけば，$\lim_{n\to\infty} y_n=0$．したがって，$X^*\ni f$ に対し，

$$Tf=(f(y_1), f(y_2), \cdots)$$

は，X^* から (c_0) への線形作用素で，かつ $\|Tf\|=\sup\{|f(y_n)|; n=1, 2, \cdots\}$ $\leqq\rho\|f\|$ ($\rho=\min\{2/\delta, 1\}$．$\|y_n\|\leqq\rho$ $(n=1, 2, \cdots)$ であるから)．故に，T は有界線形作用素である．そして，帰納法の仮定から，$f\in X^*$ が，$\|T(f-f_0)\|\leqq 1$ をみたせば，$f\notin Y'$．したがって，$Z=\overline{TY'}$ とすれば，$Tf_0\notin Z$．Z は (c_0) の閉部分空間であるから，$(\xi_1, \xi_2, \cdots)\in(l^1)=(c_0)^*$ を適当に選んで，

$$\langle Tg, (\xi_1, \xi_2, \cdots)\rangle=0 \qquad (g\in Y'),$$
$$\langle Tf_0, (\xi_1, \xi_2, \cdots)\rangle=1$$

であるようにできる．すなわち，$y_0=\xi_1 y_1+\xi_2 y_2+\cdots$ とすれば，

$$\langle y_0, g\rangle=0 \quad (g\in Y'), \qquad \langle y_0, f_0\rangle=1.$$

したがって，f_0 は Y' の＊弱閉包に属さない．

Y' が＊弱閉であるから，系 33.3 により，$Y'=({}^{\perp}(Y'))^{\perp}$．　　(証明終)

問 1. 定義 33.1，定義 33.1* によって，X, X* にトポロジーが導入されることを証明せよ．かつ，このトポロジーに関して，写像

$$X\times X\ni(x, y)\to x+y\in X, \qquad \mathbf{K}\times X\ni(\alpha, x)\to\alpha x\in X$$
$$X^*\times X^*\ni(f, g)\to f+g\in X^*, \qquad \mathbf{K}\times X^*\ni(\alpha, f)\to\alpha f\in X^*$$

が連続であることを示せ．

また，弱近傍，＊弱近傍の形としては，(33.1)，(33.2) で，$f_1, \cdots, f_n$; $x_1, \cdots, x_n$ が一次独立，$\varepsilon=1$ なるものに限ってもよいことを示せ．　[練 6-A.18]

問 2. 系 33.1 を証明せよ．特に強位相と弱位相が一致するのは，有限次元空間に限ることを示せ．　[練 6-A.19]

問 3. ノルム空間 X 上の線形汎函数 f に対し，$\{x; |f(x)|<1\}\supset W(0; f_1, \cdots, f_n; \varepsilon)$ ならば，f が $f_1, \cdots, f_n$ の一次結合となることを示し，これによって，定理 33.2，定理 33.2* の証明をせよ．　[練 6-A.20]

問 4. ノルム空間 X の共役空間 X* の集合 A′ が，X* の基集合であるための必要十分条件は，$\mathcal{V}(A')$ が X* で＊弱稠密．すなわち，その＊弱閉包が X* と一致することである．　[練 6-A.21]

問 5. X はバナッハ空間とする．X* の集合 A′ が＊弱コンパクト集合であるための必要十分条件は，A′ が＊弱閉な有界集合であることである． [練 6-A. 22]

問 6. 任意のノルム空間 X は，適当なコンパクト・ハウスドルフ空間 S に対する $C(S)$ のある部分空間と同型である． [練 6-B. 28]

問 7. バナッハ空間 X の共役空間 X* の凸集合 C′ が＊弱閉であるための必要十分条件は，任意の $\rho>0$ に対して，$C'\frown \bar{U}_{X^*}(0,\rho)$ が＊弱コンパクトなことである．

(クレイン・シュムリャンの定理) [練 6-B. 13]

〔ヒント〕 証明はバナッハの定理(定理 33.4)と殆んど同じことである．最後の部分を適当に変更すればよい．

§34. 共役作用素

定義 34.1. X, Y をノルム空間とする．T を X から Y への線形作用素で，$\mathcal{D}(T)$ は X で稠密なものとするとき，任意の $g\in Y^*$ に対して，X 上の線形汎函数 f が，$f(x)=g(Tx)$ $(x\in X)$ によって定義される．もしも，この f が，$\mathcal{D}(T)$ 上の有界線形汎函数，したがって X 上の有界線形汎函数として一意的に拡大される，すなわち $f\in X^*$ であるならば，g に f を対応させて，1つの作用素 T^* を得る．すなわち，

$$\langle x, T^*g\rangle=\langle Tx, g\rangle.$$

この作用素 T^* を，T に共役な作用素という．

$\mathcal{D}(T^*)$ は，$g\circ T$ ($g\circ T$ とは，上の f，すなわち $(g\circ T)(x)=g(Tx)$ であるような $\mathcal{D}(T)$ 上の線形汎函数のこと)が $\mathcal{D}(T)$ 上で有界であるような g の全体である．

系 34.1. 共役作用素 T^* は線形作用素である．すなわち，$\mathcal{D}(T^*)$ は Y* の部分空間で，かつ，任意の $g_1, g_2\in Y^*$，および，$\alpha,\beta\in \mathbf{K}$ に対して，$T^*(\alpha g_1+\beta g_2)=\alpha T^*g_1+\beta T^*g_2$.

注. 我々は定義 20.1 において，ヒルベルト空間の場合に共役作用素を定義した．ヒルベルト空間の場合に，定義 20.1 による共役作用素と，定義 34.1 によるものは同じものではない．それは，X がヒルベルト空間のとき，リースの定理(定理 8.2)によって，共役空間 X* は X と同一視されるが，そのスカラー倍をとる演算がくい違っているという事情による．実際，$f\in X^*$ を与える X の要素を x_f とすれば，$(x\ x_{\alpha f})=\langle x,\alpha f\rangle=\alpha f(x)=\alpha(x,x_f)=(x,\bar{\alpha}x_f)$．したがって $x_{\alpha f}=\bar{\alpha}x_f$ としなければならないのである．

行列でいえば，定義 34.1 によるものは，転置行列をつくることに相当し，定義 20.1

によるものは，転置行列をつくってから，複素共役なものをとることに相当する．

以上の相違があるために，定義 34.1 による共役作用素は，conjugate operator あるいは dual operator と称して，定義 20.1 による adjoint operator と区別する書もある．（その方が当然ではある．）しかし実際問題としては，概念を用いる場が異なるので，同じ名称をつけておいても，混乱はおこらない．（もしも，定義 20.1 の意味の adjoint operator であることを強調したいときには，‘ヒルベルト空間における意味の共役作用素’という言い方を用いることがある．）

定理 34.1. X, Y をノルム空間とする．T が X から Y への有界線形作用素（すなわち，$T\in\boldsymbol{B}(\mathrm{X},\mathrm{Y})$）ならば，$T^*$ は Y^* 全体で定義された有界線形作用素で，$\|T^*\|=\|T\|$.

証明. 任意の $g\in\mathrm{Y}^*$ に対して，$|(g\circ T)(x)|=|g(Tx)|\leqq\|g\|\|Tx\|\leqq\|g\|\|T\|\|x\|$. 故に，$g\circ T$ は X 上の有界線形汎函数となり，$g\in\mathscr{D}(T^*)$，かつ $\|T^*g\|=\|g\circ T\|\leqq\|g\|\|T\|$. 一方，系 34.1 によって T^* は線形作用素であるから，これは，T^* が，Y^* 全体で定義された有界線形作用素で，かつ $\|T^*\|\leqq\|T\|$ であることを示している．一方，$\|T\|=\sup\{\|Tx\|;\|x\|\leqq 1\}=\sup\{|\langle Tx,g\rangle|;\|x\|\leqq 1,\|g\|\leqq 1\}$ であるが，

$$|\langle Tx,g\rangle|=|\langle x,T^*g\rangle|\leqq\|x\|\|T^*\|\|g\|$$

であるから，$\|T\|\leqq\|T^*\|$ であることになり，$\|T^*\|=\|T\|$ が得られた．

（証明終）

系 34.2. $T\in\boldsymbol{B}(\mathrm{X},\mathrm{Y})$ に対して，$T^{**}(=(T^*)^*)$ は X^{**} 全体で定義された有界線形作用素で，かつ $x\in\mathrm{X}$ ならば $T^{**}x=Tx$.

定理 34.2. X, Y をノルム空間とする．$T\in\boldsymbol{B}(\mathrm{X},\mathrm{Y})$ に対し，T^* は，Y^*, X^* の＊弱位相に関して連続である．

証明. X^* における 0 の＊弱近傍 $\mathrm{W}\{0;x_1,\cdots,x_n;\varepsilon\}$ に対して，

$$T^*\mathrm{W}\{0;Tx_1,\cdots,Tx_n;\varepsilon\}\subset\mathrm{W}\{0;x_1,\cdots,x_n;\varepsilon\}$$

となることより明らかである．　　　　（証明終）

定理 34.3. X, Y をノルム空間とする．X から Y への線形作用素 T に対して，T^* は閉作用素である[1]．

証明. $g_1,g_2,\cdots\in\mathscr{D}(T^*)$, $\lim_{n\to\infty}g_n=g\in\mathrm{Y}^*$, $\lim_{n\to\infty}T^*g_n=f\in\mathrm{X}^*$ とする．

1)　定理 20.2 参照．

$g\circ T=f$ であることを示せば，$g\circ T$ が X 上の有界線形汎函数なことが知られ，$g\in\mathcal{D}(T^*)$ である．

$$(g\circ T)(x)=g(Tx)=\lim_{n\to\infty}g_n(Tx)=\lim_{n\to\infty}T^*g_n(x)=f(x)$$

から，このことはただちに知られる． （証明終）

定理 34.4. X, Y をバナッハ空間とする．$T\in\boldsymbol{B}(\mathrm{X},\mathrm{Y})$ に対して，

T がコンパクト $\rightleftarrows$ T^* がコンパクト[1]．

証明. [⇒] 任意に Y* の要素の有界列 $g_1, g_2, \cdots$ ($\|g_n\|\leqq\gamma$ $(n=1,2,\cdots)$) をとる．いま $T\mathrm{U_X}(0;1)$ を考えると，この集合は，Y の強相対コンパクト集合であるから，系 19.3 によって，任意に $\varepsilon>0$ を与えるとき適当な有限部分集合 $\mathrm{B}(\varepsilon)$ をとって，任意の $y\in T\mathrm{U_X}(0;1)$ に対し，必ず，ある $y'\in\mathrm{B}(\varepsilon)$ で，$\|y-y'\|<\varepsilon$ を満たすものが存在するようにできる．

$\varepsilon=1, 1/2, 1/3, \cdots$ として，集合 $\mathrm{B}(1), \mathrm{B}(1/2), \mathrm{B}(1/3\cdots)$，を考える．そして，$g_1, g_2, \cdots$ の部分列 $g_{11}, g_{12}, \cdots$; またその部分列 $g_{21}, g_{22}, \cdots$; そのまた部分列 $g_{31}, g_{32}, \cdots; \cdots$ を，$\mathrm{B}(1/n)$ の任意の要素 y に対して $g_{n1}(y), g_{n2}(y), \cdots$ が収束し，かつ，$|g_{nj}(y)-g_{nk}(y)|<1/n$ $(j, k=1,2,\cdots)$ であるように選ぶことができる ($g_1, g_2, \cdots$ が有界，$\mathrm{B}(1/n)$ が有限集合であるから)．そして，g_{11}, $g_{22}, \cdots$ を考えれば，任意の $y\in\mathrm{B}(1/n)$ $(n=1,2,\cdots)$ に対して，$g_{11}(y), g_{22}(y)$, $\cdots$ は収束し，かつ $m, l\geqq n$ のとき，$|g_{mm}(y)-g_{ll}(y)|\leqq|g_{mm}(y)-g_{n1}(y)|+|g_{ll}(y)-g_{n1}(y)|<2/n$ となっている(対角線論法)．さて，$x\in\mathrm{X}$, $\|x\|<1$ ならば，$x\in\mathrm{U_X}(0;1)$ であるから，Tx に対して，適当な $y\in\mathrm{B}(1/n)$ をとれば，$\|Tx-y\|<1/n$. 故に，

$$\begin{aligned}|(T^*g_{mm}-T^*g_{ll})(x)|&=|g_{mm}(Tx)-g_{ll}(Tx)|\\&\leqq|g_{mm}(y)-g_{ll}(y)|+|g_{mm}(Tx-y)|+|g_{ll}(Tx-y)|\\&<2/n+\gamma\cdot 1/n+\gamma\cdot 1/n=2(\gamma+1)/n.\end{aligned}$$

したがって，任意の $\varepsilon>0$ に対して，$n>2(\gamma+1)/\varepsilon$ であるように選んでおけば，$m, l\geqq n$ のとき，$\|x\|<1$ ならば，必ず $|(T^*g_{mm}-T^*g_{ll})(x)|<\varepsilon$ であることとなる．これは，$\|T^*g_{mm}-T^*g_{ll}\|<\varepsilon$ であることを示しているから，結局

1) 定理 19.5 参照．

$T^*g_{11}, T^*g_{22}, \cdots$ は基本列であることとなり，X^* のある要素に強収束する．

故に T^* はコンパクト作用素である．

[$\Leftarrow$]． T^{**} は $T^*\in \boldsymbol{B}(Y^*, X^*)$ の共役作用素として，X^{**} から Y^{**} へのコンパクト作用素である．そして $x\in X$ に対しては，$T^{**}x=Tx$．

いま，$x_1, x_2, \cdots$ を X の有界な要素列とすれば，これを X^{**} の要素列と考えても有界．T^{**} がコンパクトであることから，この適当な部分列 $x_{n(1)}, x_{n(2)}, \cdots$ をとるとき，$Tx_{n(1)}, Tx_{n(2)}, \cdots$ は Y^{**} において強収束する．しかるに，Y は Y^{**} の閉部分空間である(系 31.1)から，この要素列は Y において強収束である．これは T がコンパクト作用素であることを示している．

（証明終）

問 1. 系 34.1 を証明せよ． [練 6-A.23]

問 2. 系 34.2 を証明せよ． [練 6-A.24]

問 3. $T\in\boldsymbol{B}(X,Y)$，$S\in\boldsymbol{B}(Y,Z)$ に対し，$(S\circ T)^*=T^*\circ S^*$． [練 6-A.25]

問 4. X, Y をノルム空間とする．T' が Y^* から X^* への線形作用素で，$\mathcal{D}(T')=Y^*$，かつ Y^*, X^* の $*$弱位相に関して連続であるとする．そのとき，ある $T\in\boldsymbol{B}(X,Y)$ が存在して，$T'=T^*$．（定理 34.2 の逆） [練 6-A.26]

問 5. X, Y をノルム空間とする．T が X から Y への等距離作用素(すべての $x\in X$ について，$\|Tx\|=\|x\|$ であるような線形作用素)であるならば，T^{**} も等距離作用素である． [練 6-A.27]

§ 35. 閉値域定理

バナッハ空間の間の線形作用素に関し，その値域の状態が作用素におよぼす影響を考察する．

補題 35.1. X, Y をノルム空間とし，T を X から Y への稠密な定義域を有する線形作用素とする．

（i） $(\mathcal{R}(T))^{\perp}=(\overline{\mathcal{R}(T)})^{\perp}=\mathcal{N}(T^*)$，$\overline{\mathcal{R}(T)}={}^{\perp}(\mathcal{N}(T^*))$．

（ii） ${}^{\perp}(\mathcal{R}(T^*))\supset\mathcal{N}(T)$，$\overline{\mathcal{R}(T^*)}\subset(\mathcal{N}(T))^{\perp}$．

証明. （i）．$g\in Y^*$ がすべての $x\in\mathcal{D}(T)$ について $\langle Tx, g\rangle=0$ を満たす $\rightleftarrows g\in\mathcal{D}(T^*)$，かつ $\langle x, T^*g\rangle=0$ $(\forall x\in\mathcal{D}(T))\rightleftarrows g\in\mathcal{D}(T^*)$，かつ $T^*g=0\rightleftarrows g\in\mathcal{N}(T^*)$．これから，$(\mathcal{R}(T))^{\perp}=\mathcal{N}(T^*)$ となる．また，

$(\overline{\mathcal{R}(T)})^{\perp}=(\mathcal{R}(T))^{\perp}$ は容易である．そして，$\overline{\mathcal{R}(T)}={}^{\perp}((\overline{\mathcal{R}(T)})^{\perp})$ （系

30.3) $={}^{\perp}(\mathcal{N}(T^*))$.

(ii). $\langle x, T^*g\rangle=0$ $(x\in\mathcal{N}(T), g\in\mathcal{D}(T^*))$ から，ただちに知られる. $=$ にならない例としては問 35.1 参照. (証明終)

定理 35.1. X, Y をバナッハ空間とし，T は X から Y への稠密な定義域を有する線形作用素とする.

(i) $\mathcal{R}(T)$ は Y で稠密である $\rightleftarrows$ T^* は 1 対 1，したがって逆作用素を有する.

(i′) $\mathcal{R}(T)=$Y ならば，$(T^*)^{-1}$ は連続である(逆については，系 35.1).

(ii) $\mathcal{R}(T^*)=$X* $\rightleftarrows$ T は連続な逆作用素を有する.

(ii′) $\mathcal{R}(T)$ は Y で稠密であり，かつ T は連続な逆作用素を有する $\rightleftarrows$ $\mathcal{R}(T^*)=$X*，かつ T^* は連続な逆作用素を有する.

(iii) ${}^{\perp}(\mathcal{R}(T^*))=\{0\}$ ならば，T は 1 対 1，したがって逆作用素を有する.

(iv) T^* が連続な逆作用素を有すれば，$\mathcal{R}(T^*)$ は X* の閉部分空間である.

証明. 逆作用素を有するための条件，また連続な逆作用素を有するための条件については，定理 6.2 参照.

(i). $\mathcal{R}(T)$ は Y で稠密 $\rightleftarrows$ $\mathcal{N}(T^*)=\{0\}$ (補題 35.1 (i)) $\rightleftarrows$ T^* は逆作用素を有する.

(i′). $(T^*)^{-1}$ が連続でないとすれば，$g_1, g_2, \cdots\in\mathcal{D}(T^*)$，$\lim_{n\to\infty}\|g_n\|=\infty$，$\lim_{n\to\infty}\|T^*g_n\|=0$ であるような $g_1, g_2, \cdots$ が存在する. しかるに，任意の $y\in$Y に対し，$Tx=y$ であるような $x\in\mathcal{D}(T)$ をとれば，

$$\langle y, g_n\rangle=\langle Tx, g_n\rangle=\langle x, T^*g_n\rangle\to 0$$

であるから，$g_1, g_2, \cdots$ は 0 に＊弱収束する. 故に有界(定理 32.1). これは $\lim_{n\to\infty}\|g_n\|=\infty$ と矛盾する.

(ii). [⇒] (i′) の証明と殆んど同じであるから省略する.

[⇐] 任意の $f\in$X* に対して，$f\circ T^{-1}$ を考えると，これは $\mathcal{R}(T)$ 上で定義された連続，したがって有界な線形汎函数となる. これを Y 上の有界線形汎函数として拡大したものの 1 つを g とすれば，$\mathcal{D}(T)$ 上で $f=g\circ T$. 故

に，$g\in\mathscr{D}(T^*)$，$T^*g=f$ となる．すなわち $\mathscr{R}(T^*)=X^*$.

(ii′)．[⇒]（ii）から $\mathscr{R}(T^*)=X^*$.　また T^* は閉作用素であり（定理34.3），かつ（i）により1対1であるから，系 27.4 によって，$(T^*)^{-1}$ は有界である．

[⇐]（i），（ii）からただちに知られる．（$(T^*)^{-1}$ の連続性は不要である．）

(iii)．補題 35.1（ii）から，$\mathscr{N}(T)=\{0\}$.

(iv)．$(T^*)^{-1}$ が連続であるから，任意の $g\in\mathscr{D}(T^*)$ に対して，$\|T^*g\|\geqq\delta\cdot\|g\|$ となる $\delta>0$ が存在する．いま $\mathscr{R}(T^*)\ni f_1, f_2, \cdots, \lim_{n\to\infty} f_n=f$ とすれば，$f_n=T^*g_n$ $(g_n\in\mathscr{D}(T^*),\ n=1,2,\cdots)$ として，$\|g_n-g_m\|\leqq(1/\delta)\|T^*g_n-T^*g_m\|=(1/\delta)\|f_n-f_m\|\to 0$ $(n, m\to\infty)$ であるから，$g_1, g_2, \cdots$ は基本列となり，ある Y^* の要素 g に強収束する．T^* は閉作用素である（定理 34.3）から，$g\in\mathscr{D}(T^*)$，$f=T^*g\in\mathscr{R}(T^*)$．故に，$\mathscr{R}(T^*)$ は閉部分空間となる．　　　　（証明終）

系 35.1. $(T^*)^{-1}$ が連続ならば，

$$\|T^*g\|\geqq\delta\|g\| \qquad (g\in\mathscr{D}(T^*))$$

なる $\delta>0$ が存在するが，このとき，$T(U_X(0;1)\frown\mathscr{D}(T))$ は $U_Y(0,\delta)$ で稠密である（p. 172. 脚注 2 参照）.

もし更に，T が閉作用素であれば，$T(U_X(0;1)\frown\mathscr{D}(T))\supset U_Y(0,\delta)$.　これから $\mathscr{R}(T)=Y$ が知られる．

証明. $A=T(U_X(0;1)\frown\mathscr{D}(T))$ とすれば，$\bar{A}$ は円形凸集合である．もしも　$y\in U_Y(0,\delta), \notin\bar{A}$　であるような y が存在したとすれば，定理 30.5 により，

$$g\in Y^*, \qquad g(y)>\sup\{\langle Tx, g\rangle; x\in\mathscr{D}(T), \|x\|<1\}$$

であるような g が存在する．　$\pm(g\circ T)(x)=\pm\langle Tx, g\rangle<g(y)$　がすべての $x\in\mathscr{D}(T), \|x\|\leqq 1$ について成立するから $g\circ T$ は $\mathscr{D}(T)$ 上有界な線形汎函数で，したがって $g\in\mathscr{D}(T^*)$．かつ，$\|T^*g\|<g(y)$ であることもこの関係から知られる．さて $\|T^*g\|\geqq\delta\|g\|$ であり，また $g(y)\leqq\|g\|\|y\|<\delta\|g\|$ であるが，これらの関係は同時に成立できない．故に $\bar{A}\supset U_Y(0,\delta)$.

次に，T が閉作用素であるときは，実は $A\supset U_Y(0,\delta)$ であることは，補題 26.1 の証明と全く同様にして知られる．これから，また $\mathscr{R}(T)=T(\mathscr{D}(T))$

$$=T(\bigcup_{r>0}\mathrm{U_X}(0,r)\frown\mathcal{D}(T))=\bigcup_{r>0}T(\mathrm{U_X}(0,r)\frown\mathcal{D}(T))\supset\bigcup_{r>0}\mathrm{U_Y}(0,r\delta)=\mathrm{Y}.$$

(証明終)

補題 35.2. X, Y をノルム空間とし，T を X から Y への稠密な定義域を有する線形作用素とする．$\mathrm{Y_1}$ は Y の部分空間で，$\mathcal{R}(T)\subset\mathrm{Y_1}$ であるとすれば，T は X から $\mathrm{Y_1}$ への線形作用素と考えられる．そのように考えた T を T_1 と書くことにすれば，

$$\mathcal{R}(T)=\mathcal{R}(T_1),\quad \mathcal{N}(T)=\mathcal{N}(T_1);\quad \mathcal{R}(T^*)=\mathcal{R}(T_1{}^*).$$

証明. 最後の関係だけが問題である．いま $g\in\mathrm{Y}^*$ に対して，g を $\mathrm{Y_1}$ に制限したものを g' とすれば，$g'\in\mathrm{Y_1}^*$ で $g\circ T=g'\circ T_1$．逆に $g'\in\mathrm{Y_1}^*$ に対しては，これを Y 上の有界線形汎函数として拡大できるが，そのようにしたものを g とすれば，やはり $g\circ T=g'\circ T_1$．これから，$\mathcal{R}(T^*)=\mathcal{R}(T_1{}^*)$ はただちに知られる．

(証明終)

補題 35.3. X, Y をノルム空間とし，T を X から Y への稠密な定義域を有する線形作用素とする．いま $\mathrm{X_1}$ を，$\mathcal{N}(T)$ に含まれる X の閉部分空間であるとし，$\bar{\mathrm{X}}=\mathrm{X}/\mathrm{X_1}$ として，ノルム空間 $\bar{\mathrm{X}}$ から Y への線形作用素 T' が，

$$T'\bar{x}=Tx\qquad(x\in\bar{x}=x+\mathrm{X_1},\ x\in\mathcal{D}(T))$$

によって定義される．$(\bar{\mathrm{X}})^*$ は $\mathrm{X_1}^\perp$ と同一視されるから，$(T')^*$ は Y^* から $(\bar{\mathrm{X}})^*$，したがって $\mathrm{X_1}^\perp$ への線形作用素と考えられる．このように考えて，

$$\mathcal{R}(T)=\mathcal{R}(T');\quad \mathcal{R}(T^*)=\mathcal{R}((T')^*),\quad \mathcal{N}(T^*)=\mathcal{N}((T')^*)$$

証明. $\mathcal{R}(T)=\mathcal{R}(T')$ は明らかであろう．

いま $g\in\mathrm{Y}^*$ に対して，$g\circ T$ が $\mathcal{D}(T)$ 上有界な線形汎函数であれば，$x\in\mathcal{D}(T)$ に対し，$|(g\circ T)(x)|\leqq r\|x\|$ であるような $r>0$ が存在する．したがって，$|(g\circ T')(\bar{x})|=|(g\circ T)(x)|\leqq r\|x\|\,(x\in\bar{x})$ となり，右辺の inf をとって，$|(g\circ T')(\bar{x})|\leqq r\|\bar{x}\|$．したがって $g\in\mathcal{D}(T'^*)$．この関係はそのまま逆にたどれるから，$g\in\mathcal{D}(T^*)\rightleftarrows g\in\mathcal{D}(T'^*)$．そして，$(T^*g)(x)=(T'^*g)(\bar{x})\ (x\in\bar{x})$．故に補題の陳述中に述べた意味で，これから $\mathcal{R}(T^*)=\mathcal{R}(T'^*)$ が従うことになる．また $T^*g=0\rightleftarrows T'^*g=0$ もこの関係から得られるから，$\mathcal{N}(T^*)=\mathcal{N}(T'^*)$．

(証明終)

定理 35.2. X, Y をバナッハ空間とし，T は X から Y への稠密な定義域を有する閉作用素とする．そのとき，次の4つの命題は同値である．

(i)　$\mathcal{R}(T)$ は Y の閉部分空間である．

(ii)　$\mathcal{R}(T^*)$ は X* の閉部分空間である．

(iii)　$\mathcal{R}(T)={}^{\perp}(\mathcal{N}(T^*))$．

(iv)　$\mathcal{R}(T^*)=(\mathcal{N}(T))^{\perp}$．　**(閉値域定理)**

証明. いま，$Y_1=\overline{\mathcal{R}(T)}$ として補題 35.2 を用いれば，T_1 はまた閉作用素で，$\mathcal{R}(T_1)=\mathcal{R}(T)$，$\mathcal{R}(T_1{}^*)=\mathcal{R}(T^*)$．また $\mathcal{N}(T_1)=\mathcal{N}(T)$ で，これは X の閉部分空間である(系 27.1)から，$X_1=\mathcal{N}(T_1)$ と，作用素 T_1 に関して補題 35.3 を用いれば，$\mathcal{R}(T_1{}')=\mathcal{R}(T_1)$，$\mathcal{R}((T_1{}')^*)=\mathcal{R}(T_1{}^*)$．そして $T_1{}'$ も閉作用素である(系 27.2)．

(ii)⇒(i)．$\mathcal{R}(T_1{}')$ は Y_1 で稠密であるから，定理 35.1 (i) によって，$(T_1{}')^*$ は 1 対 1．また $\mathcal{R}((T_1{}')^*)=\mathcal{R}(T^*)$ は，仮定により，X* の閉部分空間，したがってバナッハ空間である．そして $(T_1{}')^*$ は閉作用素(定理 34.3)．したがって系 27.4 によって，$((T_1{}')^*)^{-1}$ は連続である．系 35.1 によって，これから $\mathcal{R}(T_1{}')=Y_1$ が得られ，$\mathcal{R}(T)=Y_1=$閉部分空間 となる．

(i)⇒(iv)．このときは，$Y_1=\mathcal{R}(T)=\mathcal{R}(T_1{}')$ であるから，上と同様，系 27.4 を用いて，$(T_1{}')^{-1}$ は連続．定理 35.1 (ii′) から $\mathcal{R}((T_1{}')^*)=(\overline{X})^*=(\mathcal{N}(T))^{\perp}$．すなわち $\mathcal{R}(T^*)=(\mathcal{N}(T))^{\perp}$ である．

(iii)⇒(i)，(iv)⇒(ii) は明らか．

(i)⇒(iii) は補題 35.1 (i) から知られる．　(証明終)

問 1. いま，$X=(l^1)$ から $Y=(l^2)$ への作用素 T を，

$$(l^1)\ni(\xi_1,\xi_2,\cdots)\to(\xi_1,\xi_2,\cdots)\in(l^2)$$

によって定義すれば，$T\in\boldsymbol{B}(X,Y)$，$\|T\|=1$．この T に関して，$\overline{\mathcal{R}(T^*)}\neq(\mathcal{N}(T))^{\perp}$ であることを示せ．　[練 6-A.28]

問 2. X, Y はバナッハ空間とする．$T\in\boldsymbol{B}(X,Y)$ に対して，T が Y 全体で定義された有界な逆作用素 T^{-1} を有することと，T^* が X* 全体で定義された有界な逆作用素 $(T^*)^{-1}$ をもつこととは同等である．そして，これが成立っているときは，$(T^{-1})^*=(T^*)^{-1}$．　[練 6-A.29]

問 3. X, Y はバナッハ空間とする．T が X から Y への閉作用素であるとき，$\mathcal{N}(T)$ が有限次元でかつ $\mathcal{R}(T)$ が Y の閉部分空間であることと，X の任意の有界強閉集合

$A\subset\mathcal{D}(T)$ に対して，TA が強閉集合であることとは同値である．　[練 6-B.25]

〔ヒント〕 T が 1 対 1 の場合をまず示す．$\mathcal{R}(T)$ が強閉でないとして，$y_1, y_2, \cdots \in\mathcal{R}(T)$，$\lim_{n\to\infty} y_n=y$ が存在して，$\notin\mathcal{R}(T)$ とする．$y_n=Tx_n(n=1,2,\cdots)$として，(i)．$\lim_{n\to\infty}\|x_n\|=\infty$ のとき，$x_n'=(1/\|x_n\|)x_n$ $(n=1,2,\cdots)$ として，集合 $A'=\{x_1', x_2', \cdots\}$ を考える．(i_1) A' が集積点をもたなければ，$0\in A'$．(i_2) A' が集積点をもてば，それは 0 でなければならぬことを結論する．(ii)．(i) でないとき，$x_1, x_2, \cdots$ 自身有界としておいてよい．(ii_1) $A=\{x_1, x_2, \cdots\}$ が集積点をもたなければ，$y\in TA$．(ii) A が集積点 x をもてば，$y=Tx\in\mathcal{R}(T)$ を結論する．一般の場合は補題 35.3 を援用する．

問　題　6

1. ノルム空間 X, Y の直和 $X\oplus Y$ にノルムを導入することを考える．このノルムは，

（1） $\|(x, 0)\|=\|x\|$，$\|(0, y)\|=\|y\|$ $(x\in X, y\in Y)$．

（2） $X\oplus Y$ の共役空間 $(X\oplus Y)^*=X^*\oplus Y^*$．

（3） $(X\oplus Y)^*$ でも，$\|(f, 0)\|=\|f\|$，　$\|(0, g)\|=\|g\|$．

を満足すべきものとする．このための必要十分条件は，$X\oplus Y$ のノルムが，

$$\max\{\|x\|, \|y\|\}\leqq\|(x, y)\|\leqq\|x\|+\|y\|$$

を満たしていることである．

例えば，$\|(x, y)\|=(\|x\|^p+\|y\|^p)^{1/p}$ $(p\geqq1)$ はこの条件を満足する．特に $p=2$ ととれば，$(X\oplus Y)^*$ でも，同じ形でノルムが与えられる：$\|(f, g)\|=(\|f\|^2+\|g\|^2)^{1/2}$．　[練 6-B.3]

2. ノルム空間 X に対して，$X^{***}=X^*\oplus X^\perp$（直和）．そして，$X^{***}\ni\Phi=f+\Phi'$，$f\in X^*$，$\Phi'\in X^\perp$ とするとき，$\|f\|\leqq\|\Phi\|$．　[練 6-B.4]

3. 数列 $(\eta_1, \eta_2, \cdots)$ に対し，すべての $(\xi_1, \xi_2, \cdots)\in(l^p)$ $(1\leqq p<\infty$ とする) について，級数 $\sum_{k=1}^{\infty}\xi_n\eta_n$ が収束すれば，$(\eta_1, \eta_2, \cdots)\in(l^q)$．(ただし $1/p+1/q=1$)．[練 6-B.26]

4. X をノルム空間とする．$f_1, \cdots, f_n\in X^*$。$\alpha_1, \cdots, \alpha_n\in\mathbf{K}$ および $\gamma>0$ に対して，どのように $\varepsilon>0$ をとっても，

$$x\in X, \quad \|x\|\leqq\gamma+\varepsilon, \quad \langle x, f_k\rangle=\alpha_k \ (k=1, \cdots, n)$$

であるような x が存在するための必要十分条件は，任意の $\beta_1, \cdots, \beta_n\in\mathbf{K}$ に対して，

$$\left|\sum_{k=1}^{n}\alpha_k\beta_k\right|\leqq\gamma\left\|\sum_{k=1}^{n}\beta_k f_k\right\|$$

となることである．　[練 6-B.2]

5. X, Y はバナッハ空間とし，T は X から Y への線形作用素で，$\mathcal{D}(T)=X$ とする．もしも，任意の $g\in Y^*$ に対して，$g\circ T$ が X 上の有界線形汎函数であるならば，T は有界線形作用素である．　[練 6-B.5]

6. X, Y はバナッハ空間とし，T は X から Y への線形作用素で，$\mathcal{D}(T)=X$ とする．このとき，次の 3 つの条件は同値である．

(i) T は X の強位相, Y の強位相に関して連続.

(ii) T は X の強位相, Y の弱位相に関して連続.

(iii) T は X の弱位相, Y の弱位相に関して連続.

(第2章問題 24 参照) [練 6-B.6]

7. ノルム空間 X について, X* が可分ならば, X も可分である. [演 §30. 例題]

〔ヒント〕 $f_1, f_2, \cdots$ が X* で稠密とするとき, $x_n \in X$, $\|x_n\|=1$, $\langle x_n, f_n\rangle > \|f_n\|/2$ ($n=1,2,\cdots$) とすれば, $\overline{\mathcal{V}}\{x_1, x_2, \cdots\}=X$.

8. X は可分, 回帰的バナッハ空間とすれば, X* も可分である. [練 6-B.9]

9. X は回帰的なバナッハ空間であるとする.

(i) X の要素列 $x_1, x_2, \cdots$ は, すべての $f \in X^*$ に対して有限な極限値 $\lim_{n\to\infty}\langle x_n, f\rangle$ を有しているものとすれば, $x_1, x_2, \cdots$ は X のある要素 x_0 に弱収束している. すなわち, 任意の $f \in X^*$ について, $\lim_{n\to\infty}\langle x_n, f\rangle=\langle x_0, f\rangle$. (この性質は, X は**弱列的完備**と表現される.)

(ii) X の要素列 $x_1, x_2, \cdots$ が有界ならば, これから弱収束する部分列をとり出すことができる. (この性質は, X は**局所弱列的コンパクト**と表現される.) [練 6-B.11]

10. X はノルム空間とする. X の単位球 $U_X(0;1)$ は, X** の単位球 $U_{X^{**}}(0;1)$ の中で, *弱位相に関し稠密である. [練 6-B.8]

11. X はバナッハ空間とする. X が回帰的であるための必要十分条件は, X の単位閉球 $\bar{U}(0;1)$ が弱位相に関してコンパクトなことである.

この条件は, また, X の任意の有界弱閉集合が, 弱位相に関してコンパクトであることといってもよい. [練 6-B.16]

12. X はバナッハ空間とする. X が弱位相に関するコンパクト集合 A から生成されている: $X=\mathcal{CV}(A)$ ならば, X は回帰的である. [練 6-B.17]

13. X はバナッハ空間とする. X が弱位相に関して第 2 可算公理を満足するならば, X は有限次元である. [練 6-B.18]

14. X はバナッハ空間とする. X が弱位相に関して稠密な可算集合を有するならば, X は可分である. [練 6-B.19]

15. X はバナッハ空間とする. X の単位球 U(0;1) が X の弱位相 $\sigma(X, X^*)$ からの相対位相に関して第2可算公理をみたすための必要十分条件は, X* が可分なことである. [練 6-B.21]

16. X はバナッハ空間とする. X* の単位球 U*(0;1) が, X* の*弱位相 $\sigma(X^*, X)$ に関して距離付け可能となるための必要十分条件は, X が可分なことである. [練 6-B.20]

17. X は可分なノルム空間, C′ は X* の凸集合とする. C′ が*弱閉であるための必要十分条件は, C′ の要素より成る*弱収束する要素列に対して, その*弱極限が, 必らずまた C′ に属することである. [練 6-B.14]

〔ヒント〕 問 33.7 を利用する.

18. H はヒルベルト空間とする. H の有界集合 A に対して, x が弱位相に関する A

の閉包に属するならば，$x_1, x_2, \cdots \in \mathrm{A}$ で，$\mathrm{w}\text{-}\lim_{n\to\infty} x_n = x$ であるようなものが存在する．
[練 6-B.15]

19. X をノルム空間とする．X* の閉部分空間 Y′ が回帰的であれば，Y′ は＊弱閉であり，したがって，$\mathrm{Y}' = ({}^{\perp}\mathrm{Y}')^{\perp}$．　[練 6-B.22]

20. X はバナッハ空間とする．X* の部分空間 Y′ が，＊弱閉であるための必要十分条件は，Y′ の有界集合 A′ で，X* において＊弱閉，かつ Y′ のある球を含んでいるようなものが存在することである．　[練 6-B.23]

21. X はバナッハ空間，C′ は X* の 1 つの＊弱閉凸集合であるとする．$\mathrm{Y}' = \mathcal{V}(\mathrm{C}')$ とするとき，

Y′ は X* の閉部分空間である ⇄ Y′ は X* の＊弱閉部分空間である．[練 6-B.24]

22. Y は可分なバナッハ空間とすれば，$\mathrm{X} = (l^1)$ から Y の上への有界線形作用素 T で，T^* が Y* から $(\boldsymbol{m})$ の中への同型を与えているようなものが存在する．[練6-B.29]

〔ヒント〕　$\{y; \|y\|=1, y \in \mathrm{Y}\}$ で稠密な $y_1, y_2, \cdots$ を，(l^1) の基 $e_1, e_2, \cdots$ $(e_n = (0, \cdots, 0, \overset{n}{\breve{1}}, \cdots))$ に対応させるようなものを考える．

23. X はバナッハ空間とする．λ はコンパクト空間 S (実数または複素数の有界閉集合，または一般のコンパクト位相空間)を動く変数とし，各 λ に $x(\lambda) \in \mathrm{X}$ が対応して定まり，かつ任意の $f \in \mathrm{X}^*$ に対して，λ の(実または複素)数値函数 $\langle x(\lambda), f \rangle$ が S 上で連続であるならば，$x(\lambda)$ は有界である．すなわち，ある定数 $\gamma > 0$ があって，すべての $\lambda \in S$ について，$\|x(\lambda)\| \leqq \gamma$．　[練 6-B.30]

24. X, Y はバナッハ空間とする．λ はコンパクト空間 S を動く変数とし，各 λ に $T(\lambda) \in \boldsymbol{B}(\mathrm{X}, \mathrm{Y})$ が対応して定まり，かつ任意の $x \in \mathrm{X}, g \in \mathrm{Y}^*$ に対して，λ の函数 $\langle T(\lambda)x, g \rangle$ が S 上で連続であれば，$T(\lambda)$ は一様に有界である．すなわち，ある定数 $\gamma > 0$ があって，すべての $\lambda \in S$ について，$\|T(\lambda)\| \leqq \gamma$．　[練 6-B.31]

25. X は複素バナッハ空間とする．複素平面内の 1 点 λ_0 ($\neq \infty$) の近傍で定義された X の値をとる函数 $x(\lambda)$ に対して，強極限

$$\lim_{\lambda\to\lambda_0} \frac{x(\lambda) - x(\lambda_0)}{\lambda - \lambda_0} = \lim_{\Delta\lambda\to 0} \frac{x(\lambda_0 + \Delta\lambda) - x(\lambda_0)}{\Delta\lambda} = x'(\lambda_0)$$

が存在するならば，$x(\lambda)$ は $\lambda = \lambda_0$ で**強微分可能**であるという．この条件は，次の形にも述べられる：任意の $\varepsilon > 0$ に対して，$\delta = \delta(\varepsilon) > 0$ を適当に選ぶと，

$$0 < |\lambda - \lambda| < \delta \Rightarrow \left\| \frac{x(\lambda) - x(\lambda_0)}{\lambda - \lambda_0} - x'(\lambda_0) \right\| < \varepsilon.$$

複素平面内の領域 **D** で定義された X の値をとる函数 $x(\lambda)$ が，**D** の各点で微分可能であるとき，**D** で正則であるという．かような函数 $x(\lambda)$ に対しては，**D** の各点で微係数の値をとる函数——導函数——$x'(\lambda)$ が定義される．

正則な函数に対して，通常の複素数値函数と同様に，次の性質があることをたしかめよ．

(i) **D** で正則な函数はそこで連続である．

(ii)　$x(\lambda), y(\lambda)$ が $\mathbf{D}$ で正則ならば，$x(\lambda)\pm y(\lambda)$，$\alpha(\lambda)x(\lambda)$ ($\alpha(\lambda)$ は複素数値正則函数)も $\mathbf{D}$ で正則である．

(iii)　T が，X からバナッハ空間 Y への有界線形作用素で，$x(\lambda)$ が領域 $\mathbf{D}$ で定義された X の値をとる正則な函数であるとき，$Tx(\lambda)$ は Y の値をとる正則な函数で，$(Tx)'(\lambda)=Tx'(\lambda)$．特に，$f\in X^*$ に対して，$\xi(\lambda)=\langle x(\lambda),f\rangle$ は複素数値正則函数である．

(iv)　(コーシーの積分定理) $\mathbf{D}$ が単連結領域であるとき，$\mathbf{D}$ 内の任意の閉曲線 $\mathbf{L}$ に対して，$\oint_{\mathbf{L}} x(\lambda)d\lambda=0$．ただし，ここに線積分 $\oint_{\mathbf{L}}$ は，$\mathbf{L}$ のパラメーター表示を $\lambda=\lambda(t)$ $(0\leqq t\leqq 1,\ \lambda(0)=\lambda(1))$ として，通常のように，$\sum_{i=1}^{n} x(\lambda(\tau_i))(\lambda(t_i)-\lambda(t_{i-1}))$ $(t_0=0<t_1<\cdots<t_n=1,\ \tau_i\in[t_{i-1},t_i])$ の極限として定義される．問題 5.14 と同じく，普通の複素積分の性質は，だいたいそのまま成立つ．

(v)　(コーシーの積分公式) 長さのある単一閉曲線 $\mathbf{L}$ の上およびその内部で，$x(\lambda)$ が正則ならば，$x(\lambda)$ は $\mathbf{L}$ の内部で無限回微分可能で，$\mathbf{L}$ の内部にある各点 λ に対して，

$$x^{(n)}(\lambda)=\frac{n!}{2\pi i}\oint_{\mathbf{L}}\frac{x(\zeta)}{(\zeta-\lambda)^{n+1}}d\zeta \qquad (n=0,1,2,\cdots).$$

(vi)　(リュウビルの定理) 複素平面全体で正則で，かつ有界な函数は，一定値函数だけである．　[練 6-B.32]

〔ヒント〕　大部分は普通の函数論そのままである．(小松「函数論」(朝倉数学講座)，第3章)　(iv)，(v)，(vi) は直接にやるよりも，X^* の要素をかぶせてやる，すなわち，$\xi(\lambda)=\langle x(\lambda),f\rangle$ を考察する方が早い．

26. X は複素バナッハ空間とする．

(i)　X の値をとる複素変数函数 $x(\lambda)$ が，$|\lambda|<\rho$ において正則であれば，$x(\lambda)$ は $|\lambda|<\rho$ において強収束する整級数に展開される：

$$x(\lambda)=x_0+\lambda x_1+\lambda^2 x_2+\cdots \qquad (x_0, x_1, x_2, \cdots\in X).$$

この右辺の級数に対しては，通常の数値整級数と同じく収束半径 ρ_0 が定義される．(すなわち，$|\lambda|<\rho_0$ ならば強収束，$|\lambda|>\rho_0$ ならば強収束しない．)

$$\rho_0=1/\overline{\lim_{n\to\infty}}\sqrt[n]{\|x_n\|} \qquad (\text{コーシー・アダマールの公式}).$$

(ii)　$x(\lambda)$ が $|\lambda|>\rho$ において正則，かつ $\lim_{\lambda\to\infty} x(\lambda)$ が存在するならば，$x(\lambda)$ は $|\lambda|>\rho$ において強収束するローラン級数に展開される：

$$x(\lambda)=x_0+\frac{1}{\lambda}x_1+\frac{1}{\lambda^2}x_2+\cdots \qquad (x_0, x_1, x_2, \cdots\in X).$$

この右辺の級数の収束半径 $\rho_0=\overline{\lim_{n\to\infty}}\sqrt[n]{\|x_n\|}$．　[練 6-B.34]

27. X は複素バナッハ空間，T は X の有界線形作用素とする：$T\in\boldsymbol{B}(X)$．

(i)　T のリゾルベント $R(\lambda)=(\lambda I-T)^{-1}$ は，リゾルベント集合 $\rho(T)$ において正則である．

(ii)　T のスペクトルは空集合でない．

(iii)　$\overline{\lim_{n\to\infty}}\sqrt[n]{\|T^n\|}$ が存在して，$=\sup\{|\lambda|;\lambda\in\sigma(T)\}$．この値を T の**スペクトル半径**という．　[練 6-B.35]

〔ヒント〕(i)　リゾルベント方程式(問題 5.17 (iv))を用いて，$R(\lambda)$ の連続性，微分可能性を証明する．

(ii)　リュウビルの定理(問題 6.25 (vi))を利用する．

(iii)　$R(\lambda)$ のローラン展開(問題 6.26 (ii))を考える．

参　考　書

まえがきにも述べたように，本書の大部分は，フォンノイマン，バナッハの理論の紹介で，

[1]　John von Neumann. Collected Works, vol. 2 (Pergamon Press) 1961.

[2]　Stefan Banach : Théorie des Opérations Linéaires (Warsaw) 1932.

は専門家にとって金字塔である．

本書と同程度の内容を有する著書としては，

[3]　吉田耕作「近代解析」(共立出版，基礎数学講座)

[4]　三村征雄「位相解析」(共立出版，現代数学講座)

[5]　コルモゴロフ・フォーミン「函数解析の基礎」(岩波書店)

[6]　カントロヴィチ他「函数解析」(東京図書)

[7]　L. H. Loomis : Abstract Harmonic Analysis (van Nostrand)

[8]　A. E. Taylor : Introduction to Functional Analysis (John Wiley & Sons)

[9]　Wilansky : Functional analysis (Blaisdell Publishing Co.)

[10]　F. Riesz & B. Sz-Nagy : Leçon d'Analyse Fonctionnelle (Gauthier-Villars) (英訳あり)

がある．更に専門的大著としては，

[11]　K. Yosida : Functional Analysis (Springer-Verlag)

[12]　N. Dunford & J. T. Schwartz : Linear operators, vols. 1–3 (Interscience Publishers)

[13]　R. E. Edwards : Functional Analysis (Holt, Rinehart & Winston)

[14]　E. Hewitt & K. A. Ross : Abstract Harmonic Analysis (Springer-Verlag)

[15]　I. M. Gelfand & others : Generalized Functions, vols. 1–6 (Academic Press)

がある．

索　　引

人 名 索 引

アスコリ　Ascoli, Guido (1887—1957)　115, 166
アダマール　Hadamard, Jacques Solomon (1865—)　226
アラオグルー　Alaoglu, L.　211
アルツェラ　Arzelà, C.　115, 166
エルミット　Hermite, Charles (1822—1901)　37, 51

グラム　Gram　37
クレイン　Krein, Mark Grigorievitch　215
ケイリー　Cayley, Arthur (1821—1895)　133
ゲルファント　Gelfand, I. M.　176
コーシー　Cauchy, Augustin Louis (1789—1857)　6, 10, 18, 226

シャウダー　Schauder, Juliusz. P. (?—1943)
シュミット　Schmidt, Erhaldt (1876—?)　27, 117, 120
シュムリャン　Šmulian, V. L. (Šmul'yan, Yu. L.)　215
シュワルツ　Schwarz, Hermann Amandus (1843—1921)　6, 10
ジョルダン　Jordan, P.　6
スタインハウス　Steinhaus, H.　65, 177
スティルチェス　Stielties, Th. J. (1856—1894)　88
ストウン　Stone, Marshall Harvey (1903—)　152

チェッシュ　Čech, Eduard　196
ドラヴァレープーサン　de la Vallée Poussin, Charles (1866—?)　14

ノイマン　Neumann, Carl Gottfried (1832—1925)　169

ハウスドルフ　Hausdorff, F. (1868—1942)　166
パーセバル　Parseval　25, 27
ハーディー　Hardy, Godfrey Horold (1877—1947)　16
バナッハ　Banach, Stefan (1892—1945)　18, 65, 160, 177, 182, 188, 212
ハーン　Hahn, H. (1879—)　182

ピタゴラス Pythagoras (572—492 B.C.) 22
ヒルベルト Hilbert, David (1862—1943) 18, 117, 120
フィッシャー Fischer, E. 20, 167
フォンノイマン von Neumann, John (1903—1957) 6
プランシュレル Plancherel, M. 148
ベッセル Bessel, Friedrich Wilhelm (1784—1846) 24, 27
ベール Baire, René (1874—1932) 171
ヘルダー Hölder, Otto (1859—1937) 163, 165, 167
ベルンシュタイン Bernstein, Serge (1880—) 14

ミンコフスキー Minkowski, Hermann (1864—1909) 5, 10, 164, 165, 167, 186

ユークリッド Euclid 10

ラドン Radon, J. (1887—1956) 199
ランダウ Landau, Edmund (1877—1938) 14
リース Riesz, Frigyes (1880—1956) 20, 49, 167, 197
リーマン Riemann, Georg Friedrich (1826—1866) 88
リュウビル Liouville, Joseph (1809—1882) 226
ルベッグ Lebesgue, Henri (1875—1941) 14
ローラン Laurent, P. A. (1813—1854) 226

ワイヤストラス Weierstrass, Karl (1815—1897) 13

事 項 索 引

アスコリ・アルツェラの定理(Ascoli-Arzelà theorem) 115, 166
アラオグルーの定理(Alaoglu theorem) 211
一次結合(linear combination) 2
一次従属(linearly dependent) 3
一次独立(linearly independent) 3
1パラメーター群(one-parameter group) 149
一様収束(有界線形作用素の)(uniformly convergent) 62
一様収束のノルム(uniform norm) 12
一様有界(uniformly bounded) 66, 115, 176
一般極限(generalized limit) 188
移動作用素(shift operator) 53
essential supremum 167
L^2 ノルム(L^2-norm) 12, 15
L^p ノルム(L^p-norm) 166
エルミット形式(hermitian norm) 4
エルミット作用素(hermitian operator) 51
円形凸集合(circular (or balanced) convex set) 186
ONS (orthonormal system (or set)) 23

回帰的(reflexive) 202
開球(open sphere) 7
開写像定理(open mapping theorem) 172
開集合(open set) 8, 160
可換(commutative) 80, 147
核型空間(nuclear space) 120
核型作用素(nuclear operator) 120
拡大(extension) 126
可分(separable) 8, 160
函数(エルミット作用素の)(function) 98
完全正規直交系(complete orthonormal system (or set)) 23
完全連続作用素(completely continuous operator) 109
完備(complete) 18
完備化(completion) 30, 34
基(base) 3
基集合 (fundamental set) 60, 204
基本列(fundamental sequence) 18
逆作用素(inverse operator) 42, 73, 169
吸収的凸集合(absorbing convex set) 186
強位相(strong topology) 207
共役一次形式(conjugate linear form) 4
共役空間(conjugate space) 191
共役作用素(adjoint operator) 50, 104, 126, 215
強極限(strong limit) 7, 160
強コンパクト(strongly compact) 37, 108
強集積点(strong cluster point) 7, 160
強収束(strongly convergent) 7, 160
強収束(有界線形作用素の) 62
強積分(strong integral) 180
強相対コンパクト(strongly relatively compact) 37, 108
強微分(strong differentiation) 225
強閉(strongly closed) 7
強閉包(strong closure) 7, 160
強連続(strongly continuous) 9, 152, 179
極形式(polar form) 106
極形式分解(polar decomposition) 106
極集合(polar set) 207
局所弱列的コンパクト(locally weakly

sequentially compact) 224
近似点スペクトル(approximate point spectrum) 76
近傍(neighbourhood) 7,160
グラフ(graph) 127,174
グラムの行列式(Gramian) 37
クレイン・シュムリャンの定理(Krein-Šmul′yan theorem) 215
ケイリー変換(Cayley transform) 133
ゲルファントの定理(Gelfand theorem) 176
交換可能(commutative) 80,147
恒等作用素(identity operator) 43
コーシー・アダマールの公式(Cauchy-Hadamard formula) 226
コーシー・シュワルツの不等式(Cauchy-Schwarz inequality) 6,10
コーシー・シュワルツの不等式(一般化された) 77
コーシーの積分公式(Cauchy's integral formula) 226
コーシーの積分定理(Cauchy's integral theorem) 226
コーシー列(Cauchy sequence) 18
固有空間(eigenspace) 73
固有値(eigenvalue) 73
固有値問題(eigenvalue problem) 19, 73,112
固有ベクトル(eigenvector) 73
conjugate operator 216
CONS(complete orthonormal system (or set)) 23
コンパクト作用素(compact operator) 109,169

作用素(operator) 40
次元(dimension) 3
自己共役作用素(self adjoint operator) 51,133
自然写像(natural mapping) 3
下に半連続(lower semi-continuous) 176,177
実ベクトル空間(real vector space) 1
射影作用素(projection operator) 54
弱位相(weak topology) 206
弱極限(weak limit) 58,203
弱収束(weakly convergent) 57,203
弱収束(有界線形作用素の)(weakly convergent) 62
弱積分(weak integral) 151
弱有界(weakly bounded) 60,204
弱列的完備(weakly complete) 224
弱連続(weakly continuous) 151
重複度(固有値の)(multiplicity) 120
主軸問題(Hauptachsenproblem) 19
シュミットの直交化(Schmidt orthonormalization) 27
準一次形式(sesquilinear form) 4
順序(エルミット作用素の間の)(order) 77
順序(射影作用素の間の) 55
商空間(quotient space) 3,162
剰余スペクトル(residual spectrum) 73
剰余類(coset) 3
ジョルダン・フォンノイマンの定理(Jordan-von Neumann theorem) 6
スカラー積(scalar product) 4
*基集合(star-weakly foundamental set) 204
*弱位相(weak star topology) 207
*弱極限(weak star limit) 203
*弱収束(star-weakly convergent) 203
*弱有界(star-weakly bounded) 204
ストウンの定理(Stone's theorem) 152

スペクトル(spectrum)　73
スペクトル写像定理(spectral mapping theorem)　181
スペクトル族(spectral family)　85
スペクトル半径(spectral radius)　181, 227
スペクトル分解(spectral decomposition)　94, 99, 143, 152
正規作用素(normal operator)　106
正規直交系(orthonormal system)　23
生成された部分空間(generated subspace)　2
生成された閉部分空間(generated closed subspace)　9
正斉次(positively homogeneous)　176, 182
正則な函数(holomorphic function)　225
正則な測度(regular measure)　199
正値エルミット行列(positive definite hermitian matrix)　37
正値内積(positive definite inner product)　4
正のエルミット作用素(positive hermitian operator)　77
正の部分(エルミット作用素の)(positive part)　82
絶対値(エルミット作用素の)(absolute value)　82
線形距離同型(linear isometric)　9
線形空間(linear space)　1
線形作用素(linear operator)　40
線形汎函数(linear functional)　3, 48
前コンパクト(precompact)　108
前ヒルベルト空間(pre-Hilbert space)　4
線分(segment)　44
全有界(totally bounded)　108
相対空間(位相的)(topological dual)　191

台(線形作用素の)(support projection)　71
対角化の問題(problem of diagonalization)　19, 74, 117
対称作用素(symmetric operator)　132
代表元(representative)　3, 31
単位の分解(resolution of unity)　85
値域(range)　40
値域射影作用素(range projection)　71
中線定理(parallelogram identity)　6
稠密(dense)　8, 160
重複度(固有値の)(multiplicity)　120
直交(orthogonal)　22
直交系(orthogonal system (or set))　23
直交射影(orthogonal projection)　47
直交分解(orthogonal decomposition)　47
直和(direct sum)　21, 174
直和(無限)(infinite direct sum)　38
定義域(domain)　40
dual operator　216
点スペクトル(point spectrum)　73
等距離作用素(isometric operator)　52, 106, 133
同型(isomorphic)　9
同値類(equivalence class)　31
同程度連続(equicontinuous)　115, 177
凸一次結合(convex combination)　45
凸集合(convex set)　44
凸包(convex hull)　44
トレイス・クラスの作用素(operator of trace class)　120

内積(inner product)　4
内点(線分の)(inner point)　44
ノイマン級数(Neumann series)　169
ノルム(norm)　6

ノルム(有界線形作用素の) 41
ノルム(有界線形汎函数の) 49
ノルム環(normed algebra) 169
ノルム空間(normed vector space) 6
ノルムのあるベクトル空間(normed vector space) 6

ハーディー族(Hardy class) 16
パーセバルの関係式(Parseval completeness relation) 25, 27
バナッハ環(Banach algebra) 169
バナッハ極限(Banach limit) 188
バナッハ空間(Banach space) 18, 160
バナッハ・スタインハウスの定理(Banach-Steinhaus theorem) 65, 177
バナッハの定理(theorem of Banach) 212
半正値エルミット行列(positive semi-definite hermitian matrix) 37
ハーン・バナッハの定理(Hahn-Banach theorem) 182
ピタゴラスの定理(Pythagoras theorem) 22
ヒルベルト空間(Hilbert space) 18
ヒルベルト・シュミット型の作用素(operator of Hilbert-Schmidt class) 120
ヒルベルト・シュミット型の積分作用素(integral operator of Hilbert-Schmidt class) 117
複素ベクトル空間(complex vector space) 117
複素ユークリッド空間(有限次元)(complex euclidean space) 10, 30, 58
不足指数(defect indices) 137
負の部分(エルミット作用素の)(negative part) 82
部分空間(subspace) 2
部分空間(前ヒルベルト空間の) 9
部分空間(ノルム空間の) 9, 160
部分的等距離作用素(partially isometric operator) 57
部分ベクトル空間(vector subspace) 2
閉球(closed sphere) 7
平均収束(mean convergence) 12, 15
閉グラフ定理(closed graph theorem) 130, 174
閉作用素(closed operator) 126, 174
閉値域定理(closed range theorem) 222
閉凸集合(closed convex set) 45
閉凸包(closed convex hull) 45
閉部分空間(closed subspace) 9
平方根(正のエルミット作用素の)(square root) 80
ベクトル空間(complex vector space) 1
ベッセルの不等式(Bessel inequality) 24, 27
ヘルダーの不等式(Hölder inequality) 163, 165, 167
ベールの性質(Baire property) 171

ミンコフスキーの不等式(Minkowski inequality) 5, 10, 164, 165, 167
ミンコフスキー汎函数(Minkowski functional) 186
無限遠で0(zero at infinity) 166
無限次元(infinite dimensional) 3
無限小生成作用素(infinitesimal generator) 157

有界(bounded) 8, 60, 204
有界線形作用素(bounded linear operator) 41, 168
有界線形汎函数(bounded linear functional) 49, 190

有限階の作用素(operator of finite rank) 111, 170
有限次元ノルム空間(finite dimensional normed vector space) 160, 163, 194
有限次元複素ユークリッド空間(finite dimensional complex euclidean space) 10, 30, 58
ユニタリ作用素(unitary operator) 51

ラドン測度(Radon measure) 199
リースの定理(Riesz theorem) 49, 197
リース・フィッシャーの定理(Riesz-Fischer theorem) 20, 167
リゾルベント(resolvent) 181, 226
リゾルベント集合(resolvent set) 73
リゾルベント方程式(resolvent equation) 181, 227
リュウビルの定理(Liouville's theorem) 226
零作用素(null operator) 43
劣加法的(subadditive) 176, 182
連続(作用素の)(continuity) 40
連続スペクトル(continuous spectrum) 73

ワイヤストラスの多項式近似定理(polynomial approximation theorem of Weierstrass) 13
1パラメーター群(one-parameter group) 149

記号索引

著者略歴

竹之内　脩

1925年　東京に生れる
1947年　東京大学理学部数学科卒業
1960年　岡山大学教授
1965年　大阪大学教授
現　在　大阪大学名誉教授・理学博士

近代数学講座 7

函　数　解　析

定価はカバーに表示

1968年1月5日　初版第1刷
2004年3月15日　復刊第1刷
2015年8月25日　　第6刷

著　者　竹之内　脩（たけのうち おさむ）
発行者　朝　倉　邦　造
発行所　株式会社　朝　倉　書　店
東京都新宿区新小川町6-29
郵便番号　162-8707
電　話　03(3260)0141
FAX　03(3260)0180
http://www.asakura.co.jp

〈検印省略〉

中央印刷・渡辺製本

ISBN 978-4-254-11657-1 C3341　Printed in Japan